高职高专"十三五"规划教材·计算机类

U0379273

Linux 网络操作系统(CentOS 6.5)

主 编 杨 幸 黄晗文

副主编 熊 鹏 王林春 蒲骁旻 成亚玲

主 审 李 健

西安电子科技大学出版社

内 容 简 介

　　本书以"服务器搭建"为项目原型，以任务驱动为主线，基于 CentOS 6.5 网络操作系统，介绍了 Linux 网络操作系统的基本概念、常规命令、用户和用户组管理、网络管理、基础安全管理，以及 DNS 服务器、FTP 服务器、Web 服务器、DHCP 服务器、文件共享服务器、数据库服务器等的搭建与管理，并详细介绍了基于 Heartbeat 的服务器集群搭建方法。

　　本书具有较强的实用性和可操作性，语言精练，通俗易懂，操作步骤描述详尽，并配有大量操作图例。

　　本书可作为高等职业院校云计算技术与应用专业、计算机网络技术专业、大数据应用专业、软件技术专业 Linux 网络操作系统课程的教材。

图书在版编目(CIP)数据

Linux 网络操作系统：CentOS 6.5 / 杨幸，黄晗文主编. —西安：西安电子科技大学出版社，2019.2
ISBN 978-7-5606-5207-8

Ⅰ. ① L… Ⅱ. ① 杨… ② 黄… Ⅲ. ① Linux 操作系统—高等职业教育—教材 Ⅳ. ① TP316.85

中国版本图书馆 CIP 数据核字(2019)第 014723 号

策划编辑 马乐惠
责任编辑 盛晴琴 马乐惠
出版发行 西安电子科技大学出版社(西安市太白南路 2 号)
电 话 (029)88242885 88201467 邮 编 710071
网 址 www.xduph.com 电子邮箱 xdupfxb001@163.com
经 销 新华书店
印刷单位 陕西华盛印务有限责任公司
版 次 2019 年 2 月第 1 版 2019 年 2 月第 1 次印刷
开 本 787 毫米×1092 毫米 1/16 印 张 19.5
字 数 462 千字
印 数 1~4000 册
定 价 42.00 元

ISBN 978-7-5606-5207-8 / TP

XDUP 5509001-1

如有印装问题可调换

本社图书封面为激光防伪覆膜，谨防盗版。

前　言

一、缘起

随着"互联网+"概念的兴起，云计算、物联网等新兴产业的发展，人们的生活越来越离不开网络。无论在生活中、工作中，网络已深入到各个方面，因为人们所需要的大多数服务均可以在网络中获取。

网络中种类繁多的服务都是由服务器提供的。服务器其实就是比个人计算机功能更为强大的计算机，它通过安装专业的服务软件，对外提供诸如 DNS、FTP、Web、DHCP 等服务。这些服务软件必须安装在专业的服务器操作系统上并接受其管理。这种专业的服务器操作系统一般称为网络操作系统。较之个人计算机大量使用 Windows 系列的操作系统，服务器则较多地使用 Linux 网络操作系统，因为目前大部分云计算、物联网等新兴产业的相关服务都是基于 Linux 构建的。

目前大部分中小企业对网络操作系统的要求为性价比高、兼容性强、运行稳定，因此 CentOS 系列网络操作系统成为这些企业的首选服务器操作系统。本书采用的 CentOS 6.5 版本就是目前中小企业选择最多的版本。

二、特点

本书以搭建常规服务器为项目原型，设计了"搭建个人服务器"(易)和"搭建中小企业服务器"(难)两条主线，可根据专业教学要求、课程学时等不同情况进行选择。全书教学内容设计如下：

1. 网络操作系统认知

通过学习 Linux 网络操作系统的安装、常规命令的使用、文件系统的管理、进程的管理、设备及存储的管理，为搭建服务器打下基础。

2. 个人服务器搭建

以搭建常规个人服务器为主线，通过学习用户管理、网络管理、基础安全管理以及 DNS、FTP、Web 三种服务器的搭建与管理，掌握个人服务器基础安全配置、常用服务配置与简单管理的方法。

3. 中小企业服务器搭建

以搭建中小企业服务器为主线，通过学习用户、用户组、网络参数、软件源、基础安全等配置与管理，掌握中小企业服务器基础配置与管理的方法；学习 DNS、FTP、Web、DHCP、Samba、NFS、MySQL 等配置与管理，掌握中小企业常用服务配置与管理的方法；学习基于 Heartbeat 技术的服务器集群搭建，掌握中小企业常用容灾的方法。

三、使用

1. 教学内容课时安排

本书建议授课 48～72 学时，教学单元与课时安排见表 1。

表 1　教学单元与课时安排

序号	项　目	任　务	学时	备　注
1	网络操作系统认知	认识网络操作系统	6	
2		了解 CentOS	16	
3	个人服务器搭建	服务器基础配置	8	教学难度低
4		DNS 服务器的配置与管理	6	
5		FTP 服务器的配置与管理	6	
6		Web 服务器的配置与管理	6	
7	中小企业服务器搭建	服务器基础配置	8	教学难度高
8		DNS 服务器的配置与管理	6	
9		FTP 服务器的配置与管理	6	
10		Web 服务器的配置与管理	6	
11		DHCP 服务器的配置与管理	6	
12		文件共享服务器的配置与管理	6	
13		数据库服务器的配置与管理	6	
14		服务器集群搭建	6	

教师可以根据专业教学要求、课程学时等情况选择教学难易程度。若课时较少且教学要求不高，则建议选择本书的项目 1 (网络操作系统认知)和项目 2 (个人服务器搭建)进行教学；若课时较多且教学要求高，则建议选择本书的项目 1 (网络操作系统认知)和项目 3 (中小企业服务器搭建)进行教学。

2. 课程教学资源一览表

本书为立体化教材，开发了丰富的数字化教学资源，具体资源如表 2 所示。

表 2　数字化教学资源

序号	资源名称	表现形式与内容
1	课程简介	Word 文档，包括对课程内容、项目设计、课时、适用对象等的介绍，以方便读者快速对本课程建立感性认知
2	课程标准	Word 文档，包括课程定位、课程目标要求以及课程内容与要求，为教师实施项目教学提供参考
3	PPT 和微课	PPT 文件和 mp4 视频文件，为读者学习 Linux 网络操作系统的相关任务提供指导和帮助
4	技能训练任务书	Word 文档，为每个任务设计科学合理的配套训练。为读者的实践提供指导和帮助
5	习题库、试题库	Word 文档，习题涵盖必要的理论知识和技能操作，试卷包括单元测试和课程测试

四、致谢

本书由杨幸、黄晗文主编，熊鹏、王林春、蒲骁旻、成亚玲任副主编；李健主审。在编写过程中，我们参阅了国内外同行编写的相关著作和文件，谨向各位作者致以深深感谢！

由于编者水平有限，以及本书所涉及技术更新发展很快，虽然力求完美，但书中难免出现不妥和错误之处，敬请读者批评指正。

作　者
2018 年 11 月

目　　录

项目 1　网络操作系统认知 1

　任务 1.1　认识网络操作系统 2

　　子任务 1.1.1　Linux 操作系统概述 3

　　拓展任务 1.1.1　VMware Workstation 的使用 9

　　拓展任务 1.1.2　SecureCRT 的使用 19

　任务 1.2　了解 CentOS 23

　　子任务 1.2.1　CentOS 的安装与基本使用 25

　　子任务 1.2.2　CentOS 的基础命令 38

　　子任务 1.2.3　CentOS 的文件管理 74

　　子任务 1.2.4　CentOS 的进程管理 83

　　子任务 1.2.5　CentOS 的存储管理 86

项目 2　个人服务器搭建 97

　任务 2.1　服务器基础配置 99

　　子任务 2.1.1　CentOS 6.5 的用户配置与管理 105

　　子任务 2.1.2　CentOS 6.5 的网络配置与管理 109

　　子任务 2.1.3　CentOS 6.5 的软件源配置 116

　　子任务 2.1.4　CentOS 6.5 的安全配置 124

　任务 2.2　DNS 服务器的配置与管理 130

　　子任务 2.2.1　DNS 服务的安装与基础配置 133

　　子任务 2.2.2　DNS 服务的管理与使用 137

　任务 2.3　FTP 服务器的配置与管理 143

　　子任务 2.3.1　FTP 服务的安装与基础配置 145

　　子任务 2.3.2　FTP 服务的管理与使用 150

　任务 2.4　WEB 服务器的配置与管理 158

　　子任务 2.4.1　Apache 服务的安装与基础配置 159

　　子任务 2.4.2　Apache 服务的管理与使用 162

项目 3　中小企业服务器搭建 169

　任务 3.1　服务器基础配置 171

　　子任务 3.1.1　CentOS 6.5 的用户配置 179

　　子任务 3.1.2　CentOS 6.5 的网络配置 183

子任务 3.1.3　CentOS 的软件源配置 198

子任务 3.1.4　CentOS 的安全配置 202

任务 3.2　DNS 服务器的配置与管理 214

子任务 3.2.1　DNS 服务的安装与基础配置 218

子任务 3.2.2　主、辅 DNS 服务器配置 225

子任务 3.2.3　DNS 服务器区域转发与区域委派 227

任务 3.3　FTP 服务器的配置与管理 232

子任务 3.3.1　FTP 服务的安装与基础配置 234

子任务 3.3.2　FTP 服务器的安全配置与管理 241

任务 3.4　Web 服务器的配置与管理 247

子任务 3.4.1　Web 服务的安装与基础配置 249

子任务 3.4.2　Web 服务的安全配置与管理 254

任务 3.5　DHCP 服务器的配置与管理 260

子任务 3.5.1　DHCP 服务的安装与基础配置 262

子任务 3.5.2　DHCP 中继配置 265

任务 3.6　文件共享服务器的配置与管理 269

子任务 3.6.1　Samba 服务的安装与配置 270

子任务 3.6.2　NFS 服务的安装与配置 279

任务 3.7　数据库服务器的配置与管理 285

子任务 3.7.1　MySQL 服务的安装与配置 286

子任务 3.7.2　MySQL 服务的基础安全配置 291

任务 3.8　搭建服务器集群 295

子任务 3.8.1　Heartbeat 服务的安装与配置 297

项目 1　网络操作系统认知

 【学习目标】

知识目标：

- 了解网络操作系统的含义；
- 了解网络操作系统的历史；
- 了解 Linux 操作系统的历史；
- 了解版权及 Linux 系统的特点；
- 了解 CentOS 系统的体系结构；
- 了解 CentOS 系统的基础命令；
- 了解 CentOS 系统的文件管理、进程管理和存储管理；
- 了解 VMware Workstation 和 Secure CRT 的使用。

技能目标：

- 掌握 CentOS 操作系统的基础命令；
- 掌握 CentOS 操作系统的文件管理；
- 掌握 CentOS 操作系统的进程管理；
- 掌握 CentOS 操作系统的存储管理；
- 掌握 VMware Workstation 和 Secure CRT 工具的使用方法。

素质目标：

- 具备自主学习的能力；
- 具备独立分析问题和解决问题的能力。

 【项目导读】

学习情境：

　　蓝雨公司作为一家新兴的 IT 企业，主要从事应用软件、网络系统集成、私有云搭建等项目的开发与建设。为了让新人小李尽快熟悉公司业务，经理决定让小李自学网络操作系统的相关知识。

项目描述：

　　对于小李而言，首先需要做的是详细了解网络操作系统的发展史及其分类；然后重点学习 CentOS 6.5 操作系统的基础命令、文件管理、进程管理、存储管理的相关知识。此外，还应掌握 VMware Workstation 和 Secure CRT 工具的使用方法。

任务 1.1　认识网络操作系统

【任务描述】

根据公司的要求,小李要逐步了解与操作系统相关的概念和内容,如操作系统的概念,Linux 操作系统的产生、发展、版本和特点等。

【问题引导】

1. 操作系统是什么?
2. Linux 是如何产生的?
3. Linux 系统有哪些特点?

【知识学习】

1. 操作系统的概念

操作系统是一种特殊的用于控制计算机(硬件)的程序(软件)。

操作系统在资源使用者和资源之间充当中间人的角色,为众多的消耗者协调分配有限的系统资源。系统资源包括 CPU、内存、磁盘及打印机等。

当用户要运行一个程序时,操作系统必须先将程序载入内存。当程序执行时,操作系统会让程序使用 CPU。在一个多任务系统中,通常会有多个程序在同一时刻试图使用 CPU。

操作系统控制应用程序有序地使用 CPU,就好像一个交通警察在复杂的十字路口指挥交通。十字路口就像 CPU;每一条在路口交汇的支路就像一个程序,在同一时间,只有一条路的车可以通过这个路口;而交通警察的作用就是指挥让哪一条路的车通过,直到让所有车辆都通过路口。

2. 操作系统的特点

操作系统具有四个基本特点:并发、共享、虚拟和异步。

1) 并发

并发是指两个或多个事件在同一时间间隔内发生。

在多道程序环境下,并发性是指在一段时间内,宏观上有多个程序在同时运行,但在单处理机系统中,每一时刻却仅能有一道程序执行,故微观上这些程序只能是分时地交替执行。若在计算机系统中有多个处理机,则这些可以并发执行的程序便可被分配到多个处理机上,实现并行执行,即利用每个处理机来处理一个可并发执行的程序,从而实现多个程序同时执行。

2) 共享

共享是指系统中的资源可供内存中多个并发执行的进程共同使用。由于资源的属性不同，故多个进程对资源的共享方式也不同，可以分为互斥共享方式和同时共享方式。

互斥共享方式：在一段时间内只允许一个进程访问该资源。如磁带机、打印机等，虽然可供多个进程使用，但为了打印或记录的结果不造成混淆，应规定某一时段内只允许一个进程访问该资源。

同时共享方式：某些资源，在一段时间内允许多个进程"同时"对它们进行访问，如可分时共享的磁盘等。

3) 虚拟

虚拟是指通过技术把一个物理实体变成若干个逻辑上的对应物。

物理实体是实际存在的，而逻辑上的对应物是虚的，即用户感觉有的东西。在操作系统中虚拟的实现主要是通过分时的使用方法。

4) 异步

在多道程序设计环境下，允许多个进程并发执行。由于资源等因素的限制，通常，进程的执行并非"一气呵成"，而是以"走走停停"的方式运行。内存中每个进程在何时执行，何时暂停，以怎样的方式向前推进，每道程序总共需要多少时间才能完成，都是不可预知的。尽管如此，只要运行环境相同，作业经过多次运行，都会获得完全相同的结果。

子任务 1.1.1 Linux 操作系统概述

1. Linux 系统简介

Linux 系统是一个类似 UNIX 的操作系统，是 UNIX 在微机上的完整实现，但又不等同于 UNIX，Linux 有其自身的发展历史和特点。Linux 系统的标志是一个名为 Tux 的可爱的小企鹅。UNIX 是 1969 年由 K.Thompson 和 D.M.Ritchie 在美国贝尔实验室开发的一种操作系统。由于其良好且稳定的性能而迅速在计算机界得到广泛的应用。

1990 年，芬兰人 Linus Torvalds 接触了为教学而设计的 Minix 系统后，开始着手研究、编写一个开放的与 Minix 系统兼容的操作系统。1991 年 10 月 5 日，Linus Torvalds 在赫尔辛基技术大学的一台 FTP 服务器上发布了一个消息，这也标志着 Linux 系统的诞生。Linus Torvalds 公布了第一个 Linux 的内核版本 0.02 版。起初，Linus Torvalds 的兴趣在于了解操作系统的运行原理，于是 Linux 早期的版本并没有考虑最终用户的使用，只是提供了最核心的框架，使得 Linux 编程人员可以享受编制内核的乐趣，同时也保证了 Linux 系统内核的强大与稳定。随着 Internet 的兴起，Linux 系统得到十分迅速的发展，之后许多程序员加入到 Linux 系统的编写行列之中。

随着编程小组的扩大和完整的操作系统基础软件的出现，Linux 开发人员认识到，它已经逐渐变成一个成熟的操作系统。1992 年 3 月，内核 1.0 版本的推出，标志着 Linux 第一个正式版本的诞生。这时能在 Linux 上运行的软件已经十分广泛了，从编译器到网络软件以及 X-Window 都有。现在，Linux 凭借优秀的设计、不凡的性能，加上 IBM、Intel、AMD、Dell、Oracle、Sybase 等国际知名企业的大力支持，市场份额逐步扩大，逐渐成为主流操作系统之一。

2. Linux 版权问题

Linux 是基于 Copyleft(无版权)的软件模式进行发布的,其实 Copyleft 是与 Copyright(版权所有)相对立的新名称。它是 GNU 项目制定的通用公共许可证(General Public License, GPL)。GNU 项目是由 Richard Stallman 于 1984 年提出的。Richard Stallman 建立了自由软件基金会(FSF),并提出 GNU 计划的目的是开发一个完全自由的、与 UNIX 类似但功能更强大的操作系统,以便为所有的计算机使用者提供一个功能齐全、性能良好的基本系统。

GPL 是由自由软件基金会发行的用于计算机软件的协议证书。使用证书的软件被称为自由软件,后来改名为开放源代码软件(Open source software)。大多数的 GNU 程序和超过半数的自由软件使用它。GPL 保证任何人有权使用、拷贝和修改该软件,任何人有权取得、修改和重新发布自由软件的源代码,并且规定在不增加附加费用的条件下可以得到自由软件的源代码;同时还规定自由软件的衍生作品必须以 GPL 作为它重新发布的许可协议。Copyleft 软件的组成更加透明化,这样当出现问题时,就可以准确地查明故障原因,及时采取相应对策,同时用户不用再担心有“后门”的威胁。

3. Linux 系统的特点

Linux 操作系统在短短的十多年里得到了迅猛的发展,这与 Linux 具有的良好特性是分不开的。Linux 包含了 UNIX 的全部功能和特性。简单地说,Linux 具有以下 8 个主要特点。

1) 开放性

开放性是指系统遵循世界标准规范,特别是遵循开放系统互联(OSI)国际标准。凡遵循国际标准所开发的硬件和软件,都能彼此兼容,可方便地实现互联。

2) 多用户

多用户是指系统资源可以被不同用户各自拥有并使用,即每个用户对自己的资源(如文件、设备)有特定的权限,互不影响。Linux 和 UNIX 都具有多用户的特点。

3) 多任务

多任务是现代计算机的最主要的一个特点。它是指计算机同时执行多个程序,而且各个程序的运行互相独立。Linux 系统调度每一个进程,平等地访问微处理器。由于 CPU 的处理速度非常快,其结果是,启动的应用程序看起来好像在并行运行。事实上,从处理器执行一个应用程序中的一组指令到 Linux 调度微处理器再次运行这个程序之间只有很短的时间延迟,用户是感觉不出来的。

4) 良好的用户界面

Linux 向用户提供了两种界面:用户界面和系统调用。Linux 的传统用户界面是基于文本的命令行界面,即 shell,它既可以联机使用,也可以以文件方式脱机使用。shell 有很强的程序设计能力,用户可方便地用它编制程序,从而为用户扩充系统功能提供更高级的手段。可编程 shell 是指将多条命令组合在一起,形成一个 shell 程序,这个程序可以单独运行,也可以与其他程序同时运行。

系统调用给用户提供编程时使用的界面。用户可以在编程时直接使用系统提供的系统调用命令。系统通过这个界面为用户程序提供低级、高效率的服务。Linux 还为用户提供了图形用户界面，它利用鼠标、菜单、窗口和滚动条等，给用户呈现一个直观、友好、易操作、交互性强的图形化界面。

5) 设备独立性

设备独立性是指操作系统把所有外部设备统一当作文件来看待，只要安装它们的驱动程序，任何用户都可以像使用文件一样操纵、使用这些设备，而不必知道它们的具体存在形式。

Linux 是具有设备独立性的操作系统。它的内核具有高度适应能力，随着更多的程序员加入 Linux 编程，也会把更多硬件设备加入到各种 Linux 内核和发行版本中。另外，由于用户可以免费得到 Linux 的内核源代码，因此，用户可以修改内核源代码，以便适应新增加的外部设备。

6) 提供了丰富的网络功能

完善的内置网络是 Linux 的一大特点。Linux 在通信和网络功能方面优于其他操作系统。Linux 为用户提供了完善的、强大的网络功能：其一是支持 Internet；其二是文件传输；其三是远程访问。

7) 可靠的系统安全

Linux 采取了许多安全技术措施，包括对读和写进行权限控制、带保护的子系统、审计跟踪、核心授权等，这些都为网络多用户环境中的用户提供了必要的安全保障。

8) 良好的可移植性

可移植性是指将操作系统从一个平台转移到另一个平台使它仍然能按其自身的方式运行的能力。Linux 是一种可移植的操作系统，能够在从微型计算机到大型计算机的任何环境中和任何平台上运行。可移植性为运行 Linux 的不同计算机平台与其他任何机器进行准确而有效的通信提供了手段，不需要额外增加特殊、昂贵的通信接口。

4. Linux 体系结构

Linux 一般有 3 个主要部分：内核(kernel)、命令解释层(shell 或其他操作环境)和实用工具。

1) Linux 内核

内核是系统的心脏，是运行程序和管理像磁盘和打印机等硬件设备的核心程序。由于内核提供的都是操作系统最基本的功能，如果内核发生问题，则整个计算机系统就可能会崩溃。

Linux 内核的源代码主要用 C 语言编写，只有部分与驱动相关的用汇编语言编写。Linux 内核采用模块化的结构，其主要模块包括存储管理、CPU 和进程管理、文件系统管理、设备管理和驱动、网络通信以及系统的引导、系统调用等。Linux 内核的源代码通常安装在/usr/src 目录，可供用户查看和修改。

当 Linux 安装完毕之后，一个通用的内核就被安装到计算机中。这个通用内核能满足绝大部分用户的需求，但也正是因为内核的这种普遍适用性，使得很多对具体的某一台计算机来说可能并不需要的内核程序将被安装并运行。Linux 允许用户根据自己机器的实际配置定制 Linux 的内核，从而提高系统启动速度，并释放更多的内存资源。

在 Linus Torvalds 领导的内核开发小组不懈努力下，Linux 内核的更新速度非常快。用户在安装 Linux 后可以下载最新版本的 Linux 内核，进行内核编译后升级计算机的内核，就可以使用到内核最新的功能。由于内核定制和升级的成败关系到整个计算机系统能否正常运行，因此用户对此必须非常谨慎。

2) Linux shell

shell 是系统的用户界面，提供了用户与内核进行交互操作的一种接口。它接收用户输入的命令，并且把它送入内核去执行。

操作环境在操作系统内核与用户之间提供操作界面，它可以描述为一个解释器。操作系统对用户输入的命令进行解释，再将其发送到内核。Linux 存在几种操作环境，分别是：桌面(desktop)、窗口管理器(window manager)和命令行 shell(command line shell)。

shell 是一个命令解释器，解释由用户输入的命令，并且把它们送到内核。不仅如此，shell 还有自己的编程语言用于对命令的编辑，它允许用户编写由 Shell 命令组成的程序。shell 编程语言具有普通编程语言的很多特点，例如，它也有循环结构和分支控制结构等，用这种编程语言编写的 shell 程序与其他应用程序具有同样的效果。

同 Linux 本身一样，shell 也有多种不同的版本。目前主要有下列版本的 shell：

- Bourne shell 是贝尔实验室开发的版本。
- BASH：是 GNU 的 Bourne Again shell，是 GNU 操作系统上默认的 shell。
- Korn shell：是对 Bourne shell 的发展，在大部分情况下与 Bourne shell 兼容。
- C shell：是 Sun 公司 shell 的 BSD 版本。

shell 不仅是一种交互式命令解释程序，而且还是一种程序设计语言，它跟 MS-DOS 中的批处理命令类似，但比批处理命令功能强大。shell 脚本程序是解释型的，不需要进行编译就能直接逐条解释，逐条执行脚本程序的源语句。shell 脚本程序的处理对象只能是文件、字符串或者命令语句，而不像其他的高级语言有丰富的数据类型和数据结构。

3) Linux 实用工具

标准的 Linux 系统都有一套称作实用工具的程序。它们是专门的程序，例如编辑器、执行标准的计算操作等。用户也可以产生自己的工具。实用工具可分为三类：

- 编辑器：用于编辑文件。
- 过滤器：用于接收数据并过滤数据。
- 交互程序：允许用户发送信息或接收来自其他用户的信息。

Linux 的编辑器主要有：Ed、Ex、vi 和 Emacs。Ed 和 Ex 是行编辑器，vi 和 Emacs 是全屏幕编辑器。

Linux 的过滤器(Filter)首先读取从用户文件或其他地方的输入，检查和处理数据，然后输出结果。从这个意义上说，它们过滤了经过它们的数据。Linux 有不同类型的过滤器，一些过滤器用行编辑命令输出一个被编辑的文件；另外一些过滤器按模式寻找文件并以这种模式输出部分数据；还有一些过滤器执行字处理操作，检测一个文件中的格式，输出一个格式化的文件。过滤器的输入可以是一个文件；也可以是用户从键盘键入的数据；还可以是另一个过滤器的输出。过滤器可以相互连接，因此，一个过滤器的输出可能是另一个过滤器的输入。在有些情况下，用户可以编写自己的过滤器程序。

5. Linux 发行版本介绍

一般情况下，人们讨论的 Linux 系统指的是 Linux 系统的发行版本。目前各种 Linux 发行版本超过 300 种，它们的发行版本号各不相同，使用的内核版本号也不相同，下面主要为读者介绍几个目前比较著名的发行版本。

1) Red Hat Linux(http://www.redhat.com/)

Red Hat 是一个比较成熟的 Linux 版本，无论在销售还是装机量上都比较可观。该版本从 4.0 开始同时支持 Intel、Alpha 及 Sparc 硬件平台，并且通过 Red Hat 公司的开发使得用户可以轻松地进行软件升级，彻底卸载应用软件和系统部件。Red Hat 最早由 Bob Young 和 Marc Ewing 在 1995 年创建，目前分为两个系列，即由 Red Hat 公司提供收费技术支持和更新的 Red Hat Enterprise Linux，以及由社区开发的免费的 Fedora Core。Fedora Core 1 发布于 2003 年年末，定位为桌面用户。Fedora Core 提供了最新的软件包，同时版本更新周期也非常短，一般为 6 个月。目前最新版本为 Fedora Core 6，而 Fedora Core 7 的测试版已经推出。适用于服务器的版本是 Red Hat Enterprise Linux。由于这是一个收费的操作系统，于是国内外许多企业或网络空间公司选择 CentOS。CentOS 可以算是 Red Hat Enterprise Linux 的克隆版，但它是免费的。

2) Debian Linux(http://www.debian.org/)

Debian 最早由 Ian Murdock 于 1993 年创建，可以算是迄今为止最遵循 GNU 规范的 Linux 系统。Debian 系统分为 3 个版本分支(Branch)，即 Stable、Testing 和 Unstable(Unstable 为最新的测试版本，包括最新的软件包)。截至 2005 年 5 月，这 3 个版本分支分别对应的具体版本为 Woody、Sarge 和 Sid。但是也有相对较多的 Bug，适合桌面用户 Testing 的版本都经过 Unstable 中的测试，相对较为稳定，也支持了不少新技术(比如 SMP 等)。而 Woody 一般只用于服务器，其中的软件包大部分比较过时，但是稳定性能和安全性能非常高。

3) Ubuntu Linux(http://www.ubuntulinux.org/)

简单而言，Ubuntu 就是一个拥有 Debian 所有优点并强化了这些优点的近乎完美的 Linux 操作系统。Ubuntu 是一个相对较新的发行版本，它的出现可能改变了许多潜在用户对 Linux 的看法。也许，以前人们会认为 Linux 难以安装和使用，但是 Ubuntu 出现后这些都成为了历史。Ubuntu 基于 Debian Sid，所以拥有 Debian 的所有优点，包括 Apt-Get。不仅如此，Ubuntu 默认采用的 GNOME 桌面系统也将 Ubuntu 的界面装饰得简易而华丽。当然如果你是一个 KDE 拥护者的话，Ubuntu 同样适合。Ubuntu 的安装非常人性化，只需按照提示安装操作，与 Windows 操作系统一样方便。并且 Ubuntu 被誉为是对硬件支持最好最全面的 Linux 发行版本之一，许多在其他发行版本上无法使用或者默认配置时无法使用的硬件，在 Ubuntu 上可以轻松实现。并且它采用自行加强的内核(Kernel)，安全性能更加完善。Ubuntu 默认不能直接 Root 登录，必须由第 1 个创建的用户通过 Su 或 Sudo 来获取 Root 权限(这也许不太方便，但无疑增加了安全性，避免用户由于粗心而损坏系统)。Ubuntu 的版本周期为 6 个月，弥补了 Debian 更新缓慢的不足。

4) Slackware Linux(http://www.slackware.com/)

Slackware 由 Patrick Volkerding 创建于 1992 年，应当是历史最悠久的 Linux 发行版本。它曾经非常流行，但是当 Linux 越来越普及，用户阶层越来越广后，就渐渐地被新用户所遗忘。在其他主流发行版本强调易用性时，Slackware 依然固执地要求所有的配置都要通过配置文件来实现。由于 Slackware 尽量采用原版的软件包而不进行任何修改，所以制造新 Bug 的概率便低了很多。其版本更新周期较长(大约 1 年)，但是新版本仍然不断地提供给用户下载。

5) SuSe Linux(http://www.suse.com/)

SuSe 是起源于德国的最著名的 Linux 发行版本，在全世界范围中也享有较高的声誉，其自主开发的软件包管理系统 YaST 也大受好评。SuSe 于 2003 年年末被 Novell 收购，SuSe 8.0 之后的发布显得比较混乱，比如 9.0 版本是收费的，而 10.0 版本(也许由于各种压力)又免费发布。这使得一部分用户感到困惑，转而使用其他发行版本。但是瑕不掩瑜，SuSe 仍然是一款非常专业优秀的发行版本。

6) Gentoo Linux(http://www.gentoo.org/)

Gentoo Linux 最初由 Daniel Robbins(前 Stampede Linux 和 FreeBSD 的开发者之一)创建。Gentoo 的首个稳定版本发布于 2002 年，其出名是因为高度的自定制性，它是一个基于源代码的(source-based)发行版。尽管安装时可以选择预先编译好的软件包，但是大部分使用用户都选择自己手动编译，这也是为什么 Gentoo 适合比较有 Linux 使用经验的用户使用的原因。但是要注意的是，由于编译软件需要消耗大量的时间，所以如果所有的软件都自己编译并安装 KDE 桌面系统等比较大的软件包，可能需要几天时间。

◇ 技能训练

训练目的：

让大家全面了解什么是操作系统，什么是 Linux 操作系统，Linux 操作系统的主要特点、体系结构以及目前比较流行的几个发行版本。

训练内容：

依据任务 1.1 中对 Linux 操作系统相关内容的介绍，使学生对 Linux 操作系统有一个整体和全面的认识。

技能训练 1-1

参考资源：

1. Linux 操作系统概述技能训练任务单；
2. Linux 操作系统概述技能训练任务书；
3. Linux 操作系统概述技能训练检查单；
4. Linux 操作系统概述技能训练考核表。

训练步骤：

1. 学生依据 Linux 操作系统的相关内容进行任务分类，并按知识点列出任务清单。
2. 制定工作计划，完成工作分工。
3. 首先结合任务 1.1 中的相关内容，查询网络相关资料并形成相应工作任务的规范化文档，然后在小组讨论和成果展示环节进行介绍。
4. 每组由小组长整合组员的工作任务文档，形成综述报告并在最后做综述性介绍。

拓展任务 1.1.1　VMware Workstation 的使用

VMware Workstation 是一个虚拟 PC 的软件，利用它可以在现有的操作系统上虚拟出一个或多个新的硬件环境，相当于模拟出多台新的 PC，以此来实现在一台机器上同时运行多个独立的操作系统。

VMware 的主要特点：

- 可以在同一台机器上同时运行多个操作系统；
- 本机系统可以与虚拟机系统进行网络通信；
- 可以随时修改虚拟机系统的硬件环境。

虚拟机的安装与配置讲解

1. VMware Workstation 的下载和安装

可以在 VMware 公司官网找到 VMware Workstation 的试用版，下载 VMware Workstation 的安装包后，直接安装即可。下面以 VMware Workstation 12 为例演示 VMware Workstation 的详细安装过程。

双击安装包，进入安装过程，如图 1-1-1 所示。

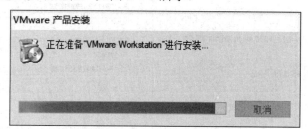

图 1-1-1　运行 VMware Workstation 安装程序

进入安装向导，如图 1-1-2 所示。

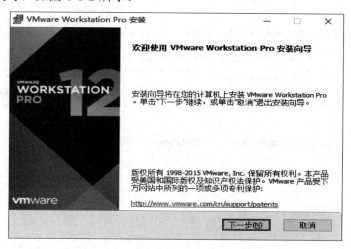

图 1-1-2　VMware Workstation 安装向导

点击"下一步"，同意许可协议，如图 1-1-3 所示。

点击"下一步"，选择安装位置，如图 1-1-4 所示。

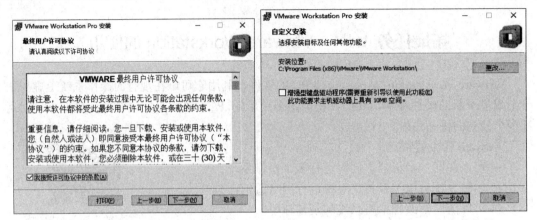

图 1-1-3　VMware Workstation 许可协议　　　图 1-1-4　VMware Workstation 安装位置

点击"下一步",选择用户体验设置,如图 1-1-5 所示。

点击"下一步",选择快捷方式设置,如图 1-1-6 所示。

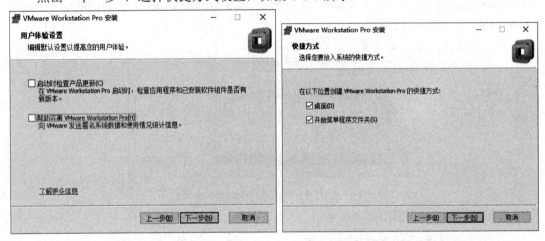

图 1-1-5　VMware Workstation 用户体验设置　　　图 1-1-6　VMware Workstation 快捷方式设置

点击"下一步",准备开始安装,如图 1-1-7 所示。

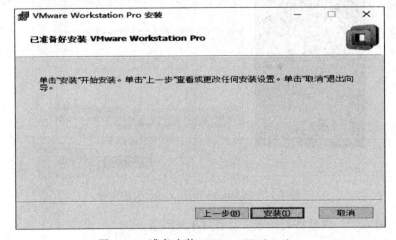

图 1-1-7　准备安装 VMware Workstation

点击"安装"，等待安装完成，安装过程如图 1-1-8 所示。

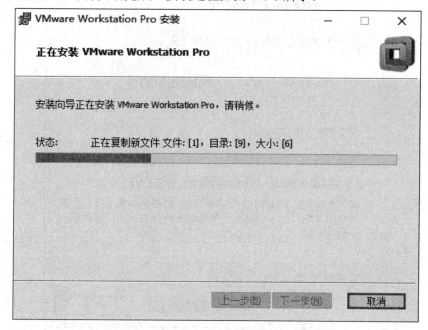

图 1-1-8　VMware Workstation 安装中

安装完成，如图 1-1-9 所示。

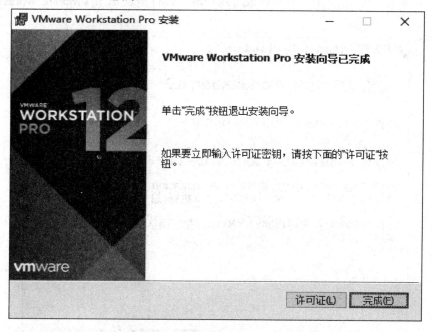

图 1-1-9　VMware Workstation 安装完成

2. 使用 VMware Workstation 创建虚拟机

双击桌面上 VMware Workstation Pro 的图标，打开 VMware Workstation，如图 1-1-10 所示。

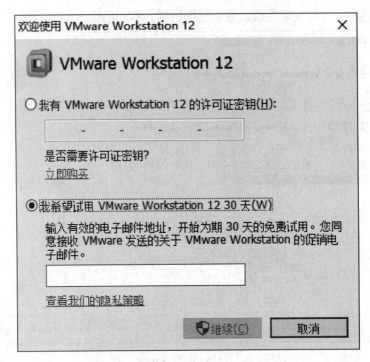

图 1-1-10　VMware Workstation 许可证

购买 VMware Workstation 许可证或者选择输入邮件地址试用 VMware Workstation 30
天，如图 1-1-11 所示。

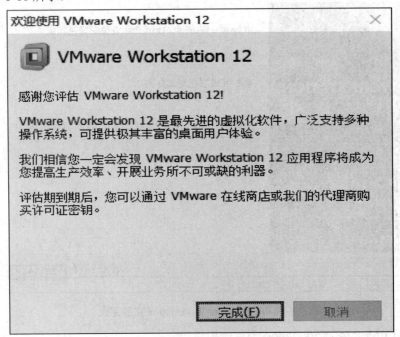

图 1-1-11　VMware Workstation 试用

点击"完成"，开始试用 VMware Workstation，进入 VMware Workstation 的主界面，
如图 1-1-12 所示。

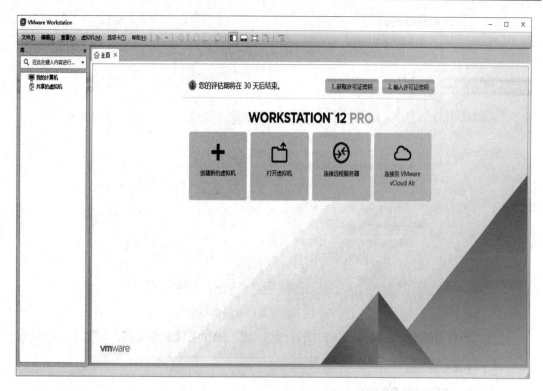

图 1-1-12　VMware Workstation 主界面

　　点击"创建新的虚拟机",进入 VMware Workstation 新建虚拟机向导,如图 1-1-13 所示。

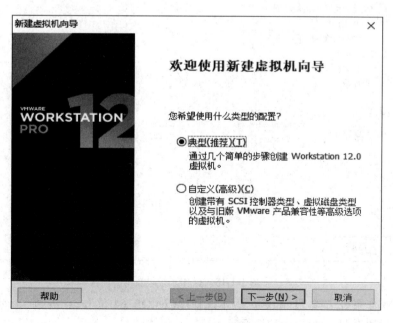

图 1-1-13　新建虚拟机

选择"典型"方式,点击"下一步",进入操作系统选项,如图 1-1-14 所示。

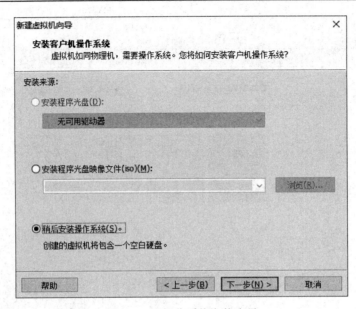

图 1-1-14　操作系统安装选项

选择"稍后安装操作系统",点击"下一步",进入操作系统类型选择,如图 1-1-15 所示。

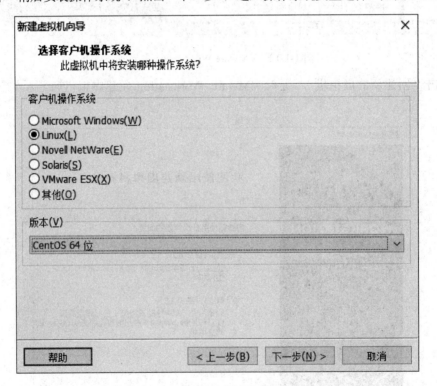

图 1-1-15　操作系统设置

客户机操作系统选择"Linux",版本选择"CentOS 64 位",点击"下一步",进入虚拟机名称及位置设置,如图 1-1-16 所示。

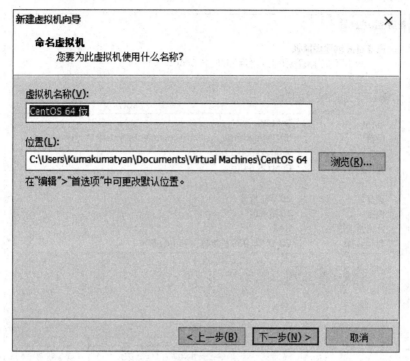

图 1-1-16　虚拟机名称设置

点击"下一步",进入虚拟机磁盘设置,如图 1-1-17 所示。

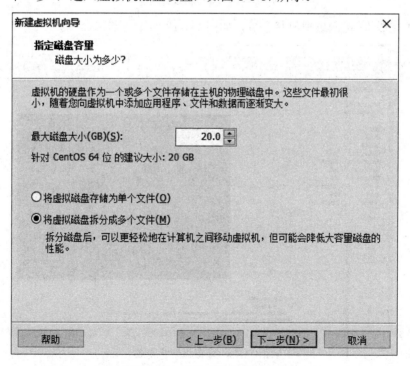

图 1-1-17　虚拟机磁盘空间设置

点击"下一步",进入虚拟机概览,如图 1-1-18 所示。

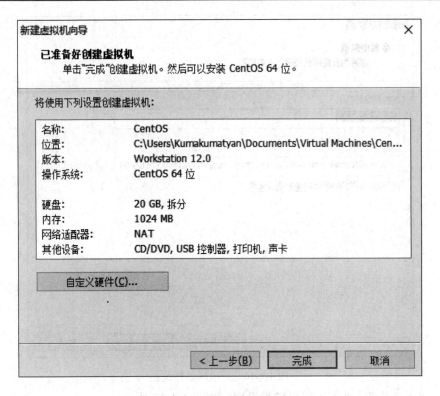

图 1-1-18　虚拟机硬件信息

点击"完成",进入虚拟机状态页,如图 1-1-19 所示。

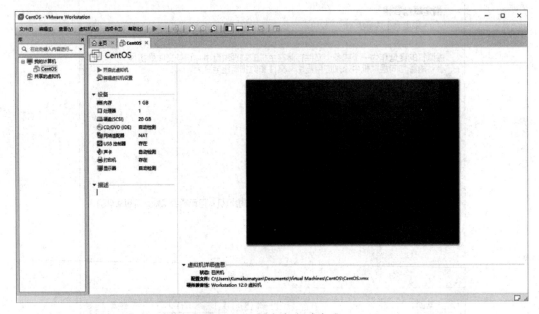

图 1-1-19　虚拟机创建完成

点击"编辑虚拟机设置",在硬件选项卡中选择"CD/DVD",可以查看虚拟机光驱配置状态,如图 1-1-20 所示。

图 1-1-20　虚拟机光驱设置

　　点击"浏览"，在对话框中找到 CentOS 的镜像文件，点击"确定"关闭虚拟机设置，即可开始安装操作系统。

　　如需修改虚拟机硬件配置，可以在虚拟机硬件设置中进行调整。例如，此处可以将虚拟机内存调整为 2 GB，如图 1-1-21 所示。

图 1-1-21　虚拟机内存设置

　　切换到处理器配置，可以调整处理器核心数。例如，此处可以将虚拟机 CPU 改为双核，如图 1-1-22 所示。

图 1-1-22　虚拟机 CPU 设置

　　切换到网络适配器配置，可以网卡连接方式。例如，此处可以将虚拟机网络连接方式改为桥接，如图 1-1-23 所示。

图 1-1-23　虚拟机网卡设置

拓展任务 1.1.2　SecureCRT 的使用

　　SecureCRT 是一款支持 SSH(SSH1 和 SSH2)的终端仿真程序，简单地说，是 Windows 下登录 UNIX 或 Linux 服务器主机的软件。

　　SecureCRT 支持 SSH，同时支持 Telnet 和 rlogin 协议。SecureCRT 是一款用于连接运行包括 Windows、UNIX 和 VMS 的理想工具，通过使用内含的 VCP 命令行程序可以进行加密文件的传输。它具有流行 CRTTelnet 客户机的所有特点，包括自动注册、对不同主机保持不同的特性、打印功能、颜色设置、可变屏幕尺寸、用户定义的键位图以及优良的 VT100、VT102、VT220 和 ANSI。它能从命令行中运行或从浏览器中运行，其他特点还包括文本手稿、易于使用的工具条、可定制的 ANSI 颜色等。SecureCRT 的 SSH 协议支持 DES、3DES 和 RC4 等。

Secure CRT 的
使用讲解

　　在配置好 linux 服务器 IP 地址之后，即可通过 SecureCRT 来连接 Linux 虚拟机。

　　切换到虚拟机设置，将网络适配器改为桥接模式，如图 1-1-24 所示。

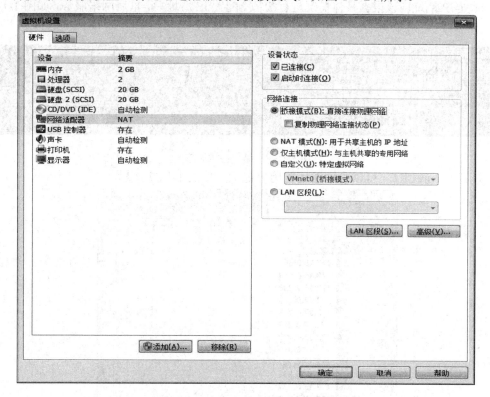

图 1-1-24　虚拟机网卡设置为桥接模式

　　进入虚拟机，使用 vi 编辑器打开 IP 地址配置文件，

```
[root@localhost ~]# vi /etc/sysconfig/network-scripts/ifcfg-eth0
```

将连接方式改为固定 IP 地址，并添加相对应的地址设置，如图 1-1-25 所示。

```
DEVICE=eth0
HWADDR=00:0C:29:1E:E5:3F
TYPE=Ethernet
UUID=840bfd97-3f4f-4d03-9c4b-055a225eb01e
ONBOOT=yes
NM_CONTROLLED=yes
BOOTPROTO=static
IPADDR=172.16.2.110
NETMASK=255.255.254.0
GATEWAY=172.16.2.254




:wq
```

图 1-1-25   修改 IP 地址配置文件

此处 IP 地址应该根据具体情况进行更改。配置 IP 地址后，重启网络服务，如图 1-1-26 所示。

```
[root@localhost ~]# service network restart
Shutting down interface eth0:                              [  OK  ]
Shutting down loopback interface:                          [  OK  ]
Bringing up loopback interface:                            [  OK  ]
Bringing up interface eth0:  Determining if ip address 172.16.2.110 is already i
n use for device eth0...
                                                           [  OK  ]
[root@localhost ~]# _
```

图 1-1-26   重启网络服务

打开 SecureCRT，可以看到连接的历史记录，如图 1-1-27 所示。

图 1-1-27   SecureCRT 连接主机的历史记录

　　点击"快速连接"，在主机名处填写 Linux 虚拟机的 IP 地址，用户名输入 root，如图 1-1-28 所示。

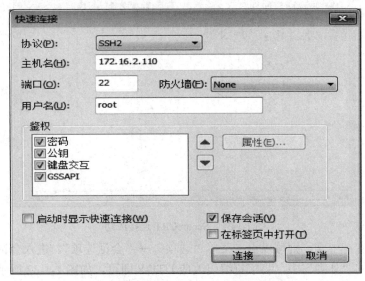

图 1-1-28　快速连接设置

点击"连接"，并接受密钥，如图 1-1-29 所示。

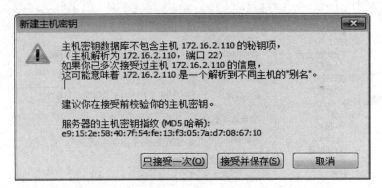

图 1-1-29　接受密钥

填写并保存密码，如图 1-1-30 所示。

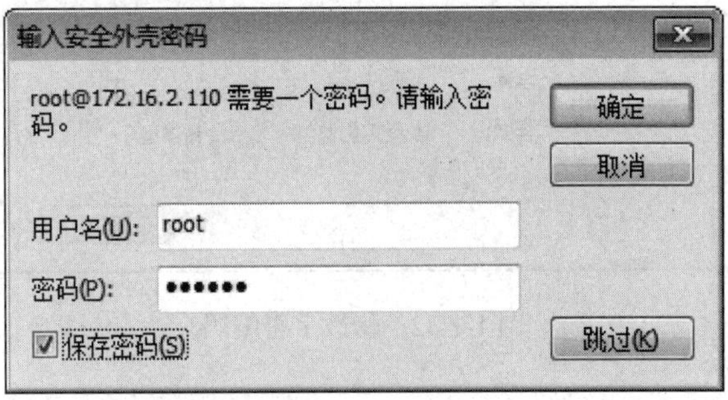

图 1-1-30　填写密码

SecureCRT 连接成功，可以开始输入命令，如图 1-1-31 所示。

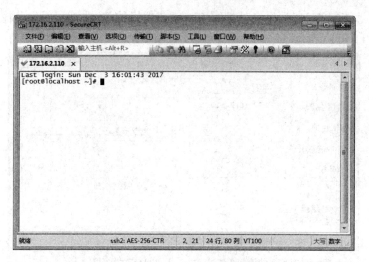

图 1-1-31 SecureCRT 连接成功

    如果需要支持中文，则可以点击菜单"选项"→"会话选项"，进入会话选项配置页，在"终端"中的"外观"中，将字符编码改成 UTF-8 即可，如图 1-1-32 所示。

图 1-1-32 修改字符编码

任务 1.2　了解 CentOS

【任务描述】

鉴于公司所用操作系统是 CentOS 6.5，所以当小李了解了网络操作系统的一些相关知识后，接下来需要做的是了解和学习 CentOS 6.5 的相关知识，如 CentOS 6.5 的体系结构、安装方法、基本操作、基础命令、文件管理、进程管理以及存储管理等。

【问题引导】

1. 什么是 CentOS 系统？
2. CentOS 6.5 包括哪些目录结构？
3. CentOS 6.5 包括哪些安装步骤？
4. CentOS 6.5 包括哪些基础命令？
5. CentOS 6.5 的文件、进程和存储管理涉及哪些内容？

【知识学习】

CentOS(Community Enterprise Operating System，社区企业操作系统)是 Linux 发行版之一，由 RedHat Enterprise Linux 依照开放源代码规定释出的源代码所编译而成。由于出自同样的源代码，因此对于部分要求高度稳定性的服务器以 CentOS 来替代商业版的 Red Hat Enterprise Linux 使用。两者的不同在于 CentOS 并不包含封闭源代码软件。

要学好 CentOS 操作系统，首先要了解 CentOS 文件系统的目录结构。下面通过一个图(图 1-2-1)和一个表格(表 1-2-1)来为大家简要介绍 CentOS 体系的目录结构。

表 1-2-1　CentOS 目录结构详解

目录	基 本 描 述
/	根目录。一般情况下根目录中只存放目录，不存放文件。/etc、/bin、/dev、/lib、/sbin 应该和根目录放置在一个分区中
/bin	bin 是 Binary 的缩写。该目录存放着常用的命令，例如 cp, ls
/boot	该目录用于存放 linux 系统启动时用到的一些文件，例如 GRUB 文件。建议单独分区，分区大小 100 MB 即可

续表

目录	基 本 描 述
/dev	该目录用于存放 linux 系统下的设备文件。访问该目录下某个文件，相当于访问某个设备，常用的是挂载光驱 mount /dev/cdrom /mnt
/etc	该目录用于存放系统管理时要用到的各种配置文件和子目录，例如网络配置文件、文件系统、X 系统配置文件、设备配置信息、设置用户信息等
/home	该目录为系统默认的用户主目录。新增用户账号时，用户的主目录都存放在此目录下，其中：~ 表示当前用户的主目录，~test 表示用户 test 的主目录
/lib	该目录用于存放系统使用的函数库，其中比较重要的目录为/lib/modules
/mnt	挂载目录，是系统管理员临时安装文件的系统安装点。通常挂载于/mnt/cdrom 下，也可以选择任意位置进行挂载
/opt	该目录为第三方软件的默认安装目录，当你没有安装此类软件时它是空的，但如果你把它删除了，以后再安装此类软件时就有可能碰到麻烦，该目录相当于 windows 里面的"C:\Program Files"文件夹
/proc	该目录用于存放操作系统运行时的进程信息以及内核信息。这些信息是在内存中由系统自己产生的，所以该目录的内容不在硬盘上而在内存里
/root	该目录为系统管理员 root 的主目录。鉴于系统第一个启动的分区为/，所以最好将/root 和/放置在一个分区下
/sbin	该目录用于存放系统管理员使用的可执行命令，例如 fdisk、shutdown、mount 等。与/bin 不同的是，这个目录是给系统管理员 root 使用的命令，一般用户只能查看而不能设置和使用
/srv	该目录为服务启动之后需要访问的数据目录，如 www 服务需要访问的网页数据存放在/srv/www 内
/sys	该目录是将内核的一些信息进行映射供应用程序所用
/tmp	该目录是一般用户或正在执行的程序临时存放文件的目录，任何人都可以访问，但重要数据不可放置在此目录下
/usr	该目录用于存放应用程序，如：/usr/share 用于存放共享数据
/var	该目录用于存放系统执行过程中经常变化的文件，例如随时更改的日志文件 /var/log，/var/log/message

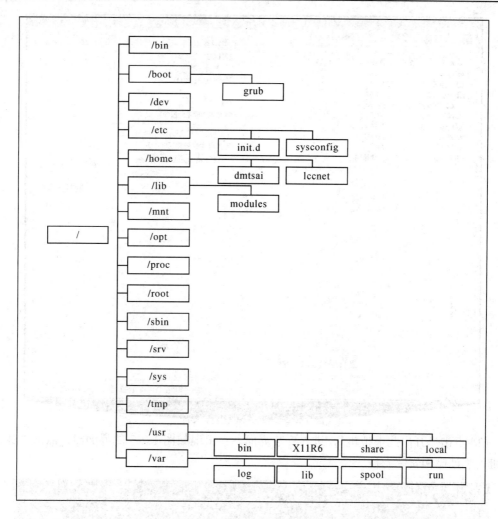

图 1-2-1　CentOS 目录结构

子任务 1.2.1　CentOS 的安装与基本使用

1. CentOS 的安装

CentOS 操作系统的安装有多种方式，如光盘安装方式、U 盘安装方式和虚拟机安装方式。下面主要为大家介绍的是虚拟机安装方式，前提是电脑中已经安装了 VMware 且创建了虚拟机(操作步骤请参见拓展任务一)。

安装步骤如下：

(1) 打开 VMware，先选择自己新建的虚拟机(如 CentOS-display)，接着点击"CD/DVD(IDE)"，弹出设置对话框，然后点击"使用 ISO 镜像文件(M)"来加载要安装的 CentOS 系统盘文件，最后点击"确定"即可，如图 1-2-2 所示。

VMware Workstation 虚拟
机操作系统的安装讲解

图 1-2-2　加载系统镜像文件

(2) 点击"开启此虚拟机",进入安装界面。当出现如图 1-2-3 的界面时,点击"Skip"按钮,跳过检测安装光盘。

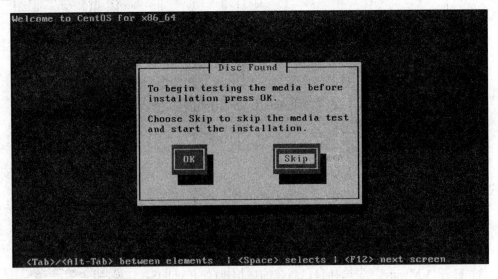

图 1-2-3　检测安装光盘

(3) 进入安装语言的选择界面,在此可以选择安装过程中使用的语言。这里选择"中文(简体)",点击"Next"按钮,如图 1-2-4 所示。

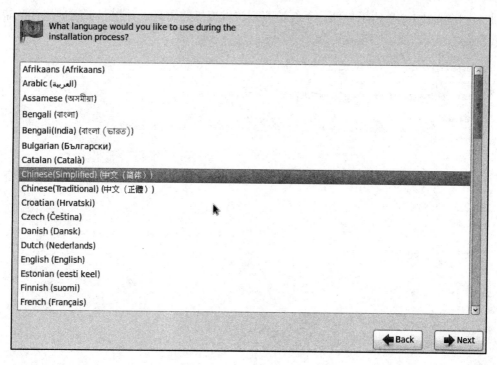

图 1-2-4　安装过程中选择使用语言

(4) 进入"请为您的系统选择适当的键盘"界面，安装程序会自动为用户选取一个通用的键盘类型(美国英语式)，使用该默认选择即可；然后点击"下一步"按钮，如图 1-2-5 所示。

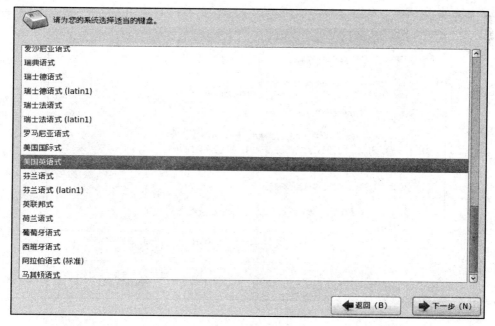

图 1-2-5　选择键盘类型

(5) 进入存储设备选择界面，选择"基本存储设备"，如图 1-2-6 所示；点击"下一步"

按钮，弹出如图 1-2-7 所示界面。系统检测到该虚拟机的磁盘，并提示该磁盘是否存储有价值数据，点击"是，忽略所有数据"即可。

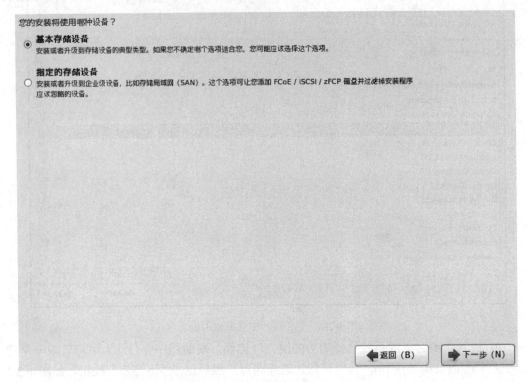

图 1-2-6　存储设备选择

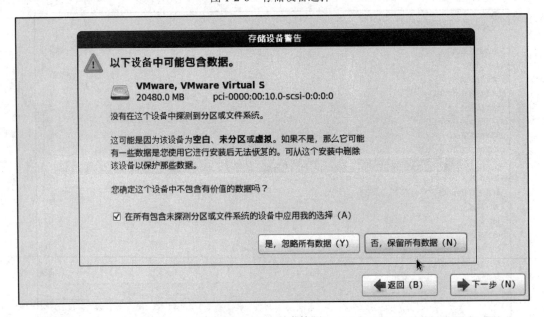

图 1-2-7　磁盘检测

（6）进入主机名配置界面，主机名默认为"localhost.localdomain"，设置后点击"下一步"，如图 1-2-8 所示。

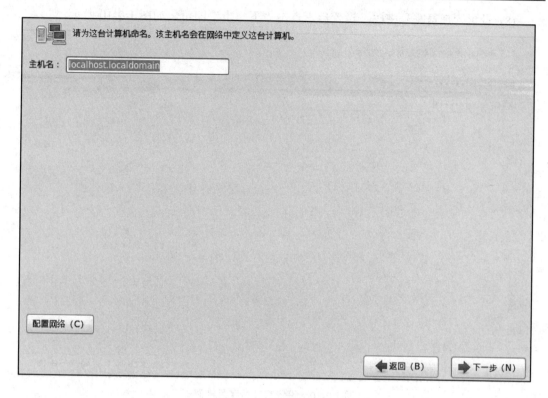

图 1-2-8 设置主机名

(7) 设置时区。默认选择"亚洲/上海"(如图 1-2-9 所示),点击"下一步"即可。

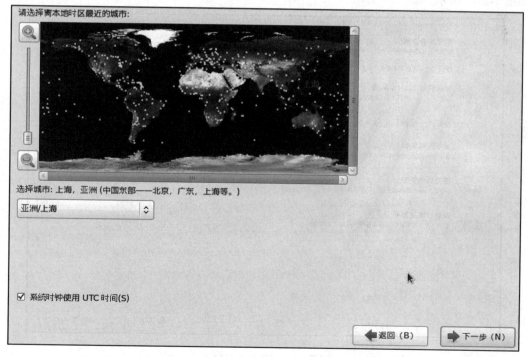

图 1-2-9 设置时区

(8) 设置管理员账号密码。设置后，点击"下一步"即可，如图 1-2-10 所示。

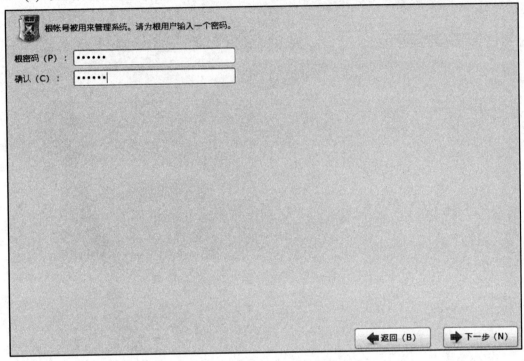

图 1-2-10　设置管理员账号密码

(9) 进入磁盘分区设置界面。该界面中共有 5 种分区方案，选择"创建自定义布局"，如图 1-2-11 所示。

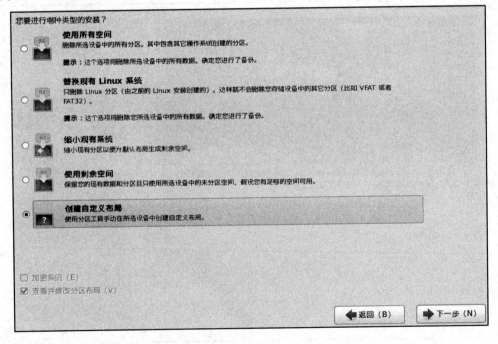

图 1-2-11　选择磁盘分区方案

点击"下一步",进入图 1-2-12 所示界面。

| Drive /dev/sda (20480 MB) (型号: VMware, VMware Virtual S) |
| 空闲 |
| 20473 MB |

设备	大小 (MB)	挂载点/ RAID/卷	类型	格式
▽ 硬盘驱动器				
▽ sda				
空闲	20473			

创建(C)　编辑(E)　删除 (D)　重设(s)

◀ 返回（B）　➡下一步（N）

图 1-2-12 磁盘分区

在此,以创建根分区为例来说明创建 Linux 磁盘分区方法。

第一步,选中图 1-2-12 所示"空闲"所在行,单击"创建"按钮,则出现如图 1-2-13 所示对话框。在其中选择分区类型,如果系统只有一块磁盘,可以选择"标准分区",再点击"创建",则弹出如图 1-2-14 所示界面。

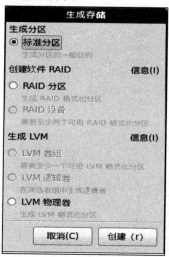

图 1-2-13 分区类型选择

第二步,在图 1-2-14 界面中,先点击"挂载点"下拉列表,选中" / ",即根分区;接着点击"文件系统类型"下拉列表,选中"ext4";再在"大小"文本框中输入 2048,

最后点击"确定",此时根分区设置结束。其他分区如 swap 分区、/boot 分区、/home 分区、/var 分区也可以用同样的方法进行设置,设置后会出现图 1-2-15 界面。

　　注意:/boot 分区要强制为主分区。

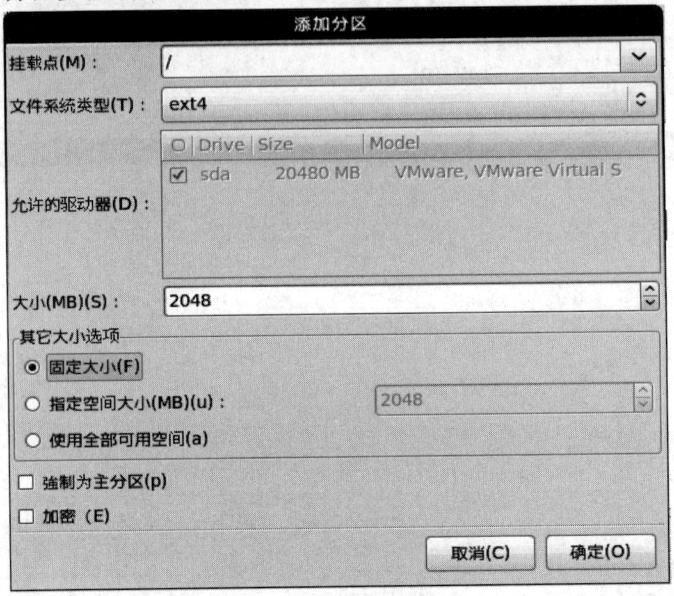

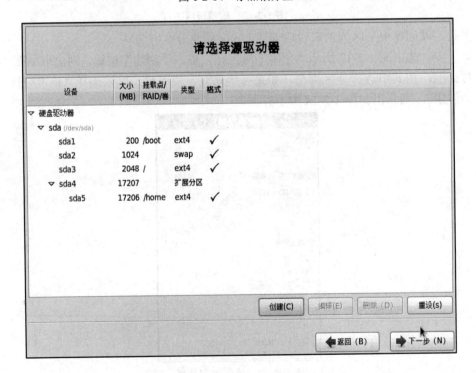

图 1-2-14　添加根分区

图 1-2-15　新建分区后的磁盘情况

　　(10) 设置引导装载程序的安装位置,默认安装在 /dev/sda 的 MBR 上。对于 Linux 而言,有两种常用的引导装载程序:LILO 和 GRUB。在 CentOS 6.5 中默认提供 GRUB。如

图 1-2-16 所示，选择 GRUB，引导装载程序将会被安装到/dev/sda 上，这样 GRUB 就可以引导 Linux 启动。点击"下一步"即可。

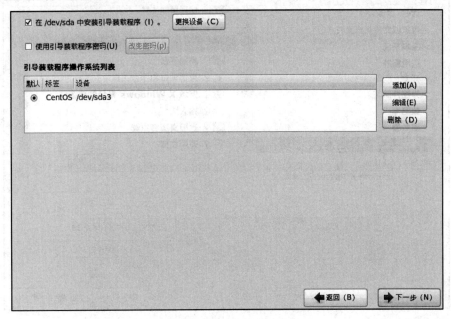

图 1-2-16　引导装载程序设置

（11）进入选择软件组界面。注意：默认是"基本服务器"，在字符界面安装时默认安装的就是这个软件组，但是它没有图形界面和网络管理。因此，要先选择"现在自定义"，再单击"下一步"，如图 1-2-17 所示。

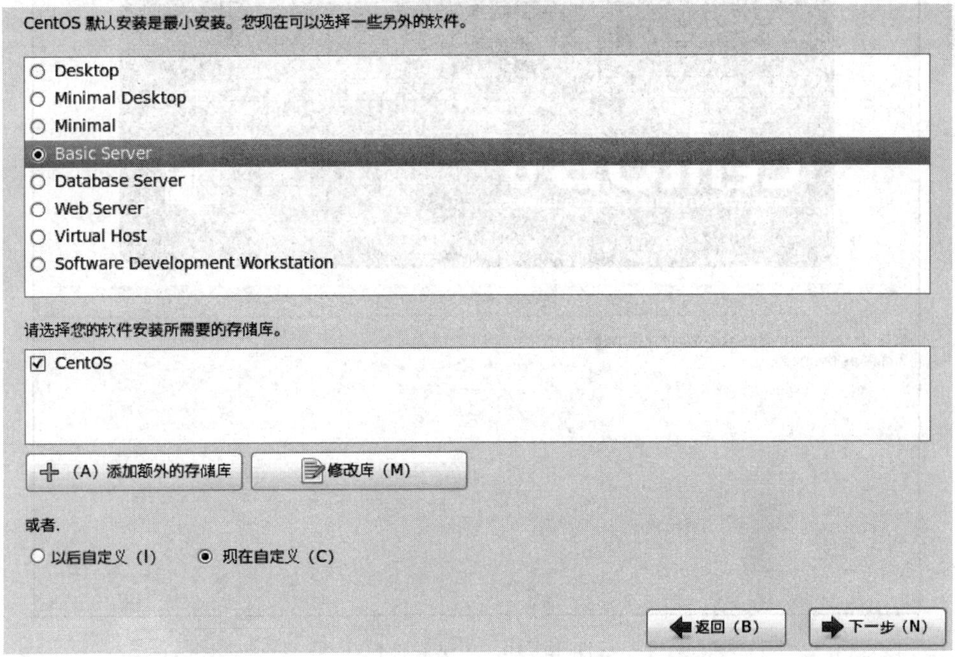

图 1-2-17　选择软件组

进入选择软件包界面，根据需要选择要安装的软件包，如图 1-2-18 所示。

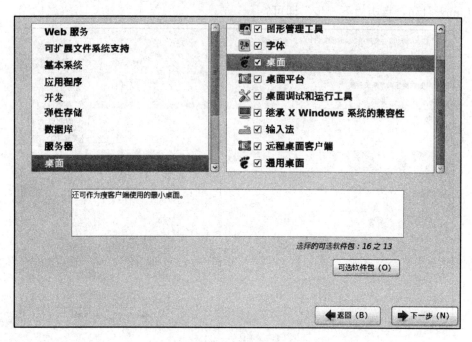

图 1-2-18　选择软件包

点击"下一步"，开始安装软件包，如图 1-2-19 所示。

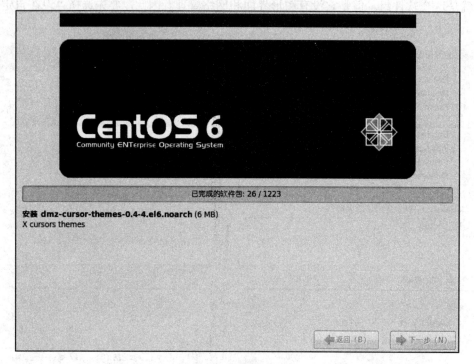

图 1-2-19　安装软件包

一段时间后软件包安装完成，点击"重新引导"即可，如图 1-2-20 所示。

图 1-2-20　重新引导

2. CentOS 的基本使用

1) 启动系统

假设 Linux 系统以虚拟机的方式安装于 VMware 中，则打开 VMware 后，先选择对应的虚拟机，然后点击"开启此虚拟机"，即可进入系统启动界面。如图 1-2-21 所示。

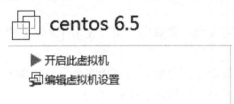

图 1-2-21　启动虚拟机系统

2) 登录系统

在介绍 CentOS 6.5 系统登录之前，先为大家介绍登录界面。CentOS 6.5 的登录界面有两种：命令行界面(如图 1-2-22)和图形化界面(如图 1-2-23)。

图 1-2-22　命令行界面登录

图 1-2-23　图形化界面登录

- 从图形化界面切换到命令行界面(快捷键)：Ctrl+Alt+F2。
- 从命令行界面切换到图形化界面(快捷键)：Ctrl+Alt+F1。

当登录界面为命令行界面时，用户先输入用户名，再输入密码即可。提示：输入密码时密码不会显示出来，光标也不会移动。

当登录界面为图形化界面时，若登录用户名为默认用户名，则直接输入密码即可。若需要使用其他用户登录，则只需先点击"其他…"，接着点击"登录"，再输入"密码"后点击"登录"即可。

3) 修改密码

为了更好地保护系统的安全，建议用户定期使用 passwd 命令来修改系统中相关用户的密码。步骤如下：

第一步，若当前界面为命令行界面，则直接在命令行中输入 passwd 命令(若当前界面为图形化界面，则打开桌面终端后输入 passwd 命令)。

第二步，输入原来的密码，若密码输入错误，则程序中止。

第三步，先输入新的密码，再根据提示重复输入一遍新的密码即可。若两次输入的新密码相吻合，则密码修改成功。

提示：若当前用户为 root 用户，则不需要输入原来的密码，也就是说，root 用户可以修改任何用户的密码。

4) 退出系统

退出系统包括两种：关闭系统和重启系统。

关闭 Linux 系统时，应遵循正确的关机步骤，否则文件系统可能被破坏，或者下次重启动时就需要很长的时间来执行 fsck 命令。Linux 系统使用了磁盘缓存技术，在系统繁忙时将数据暂存入内存中，等到系统空闲的时候再将数据写入磁盘中。如果直接关闭电源，则有可能使内存中的数据丢失。

- 关闭系统

➢ 若当前界面为命令行界面，则首先使用 su 命令切换到 root 用户，然后输入 shutdown -h　now 命令，即可关闭系统。

➢ 若当前界面为图形化界面，则依次选择"系统"→"关机"→"关闭系统"即可关闭系统，如图 1-2-24 所示。

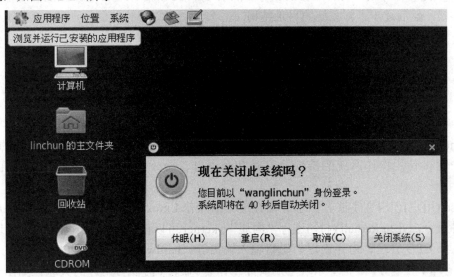

图 1-2-24　图形化界面关闭系统

• 重启系统

➢ 若当前界面为命令行界面，则首先使用 su 命令切换到 root 用户，然后输入 shutdown -r　now 或 reboot 命令，即可重启系统。

➢ 若当前界面为图形化界面，则依次选择"系统"→"关机"→"重启"即可重启系统，如图 1-2-24。

◇ **技能训练**

训练目的：

了解 CentOS 操作系统的目录结构，掌握 CentOS 操作系统的安装步骤及基本使用方法。

训练内容：

依据任务 1.2 中 CentOS 操作系统目录结构的介绍及 CentOS 操作系统的安装和基本使用方法，对蓝雨公司新配备的服务器进行系统安装和初步配置，逐步了解系统的目录结构。

技能训练 1-2

参考资源：

1. CentOS 操作系统安装和基本配置技能训练任务单；

2. CentOS 操作系统安装和基本配置技能训练任务书；

3. CentOS 操作系统安装和基本配置技能训练检查单；

4. CentOS 操作系统安装和基本配置技能训练考核表。

训练步骤：

1. 学生依据蓝雨公司的实际需求，认真阅读任务 1.2 相关内容，掌握其中涉及的知识点。

2. 制定工作计划，为新配备的服务器安装 CentOS 操作系统并对涉及的一些基本操作进行实践，然后逐步了解系统的目录结构。

3. 形成蓝雨公司服务器系统安装和使用的总结性报告文档。

子任务 1.2.2　CentOS 的基础命令

1. shell 概述

shell 是一个公用的具备特殊功能的程序。Linux 系统的 shell 作为操作系统的外壳，为用户提供使用操作系统的接口。它是命令语言、命令解释程序以及程序设计语言的统称。

user(用户)使用文字或者图形界面在屏幕前操作 Linux 操作系统。shell 接收用户输入的各种命令，并与 kernel(内核)进行"沟通"。kernel 可以控制 hardware(硬件)正确地进行工作，如 CPU 管理、内存管理、磁盘输入输出等。hardware 包含了 CPU、内存、磁盘、显卡、声卡、网卡等，是整个系统中的实际工作者。硬件、内核与用户的关联性如图 1-2-25 所示。

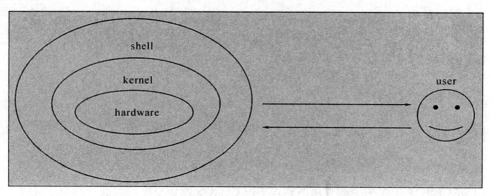

图 1-2-25　硬件、内核与用户的关联性

从狭义上讲，shell 仅仅指文字模式的 shell，而广义上的 shell，还可以包括 KDE 之类的图形界面控制软件。本书所说的 shell 是指狭义的，即文字模式的 shell。

shell 有着众多不同的版本，如 BASH(Bourne shell)、K shell、TCSH 等。在 CentOS 6.5 中，打开 etc 目录下的 shells 文件，有以下几种 shells 可用：

/bin/sh　　　　　　//已经被 **/bin/bash** 所取代

/bin/bash　　　　　// **Linux** 默认的 **shell**

/sbin/nologin　　　//特殊的 **shell**，供系统账号使用，不能用账号实际登录

/bin/tcsh　　　　　//整合 **C shell**，提供更多的功能

/bin/csh　　　　　//已经被**/bin/tcsh** 所取代

由此可见，CentOS 6.5 中提供了多种 shell，并写在了 etc/shells 文件中。这样做是因为系统某些服务在运行过程中会检查用户能够使用的 shells，而这些 shells 的查询就是通过 /etc/ shells 文件进行的。

2. shell 的优点

CentOS 6.5 中默认的是 BASH。BASH 有以下优点：

(1) 命令的记忆功能。在命令行按键盘的上下方向键，可以找到之前使用过的命令。这些命令会在系统注销时被记录到.bash_history 文件中。

(2) 命令与文件补全功能。在命令或者参数后使用 Tab 键可以列出想要知道的命令或者文件。

(3) 命令别名设置功能。利用 alias 可以自定义字母组合来替换 bash 原有的命令，这样便于在复杂命令中使用。如 alias la = 'ls -a'，可以实现 ls -a 的功能。

(4) 作业控制、前后台控制功能。如可以将作业调到后台执行；在单登录环境中达到多任务的目的。

(5) shell scripts。它可以将需要连续执行的命令写成一个文件，通过交互方式来执行；还可以通过 shell 提供的环境变量及相关命令来进行设计。

(6) 通配符。通过通配符来帮助用户查询与执行命令，加快操作速度。

3. shell 的启动

在 Linux 中，启动 shell 的方法有多种，其中最常见的方法有两种：终端窗口与虚拟终端启动。

4. Linux 命令的基本格式

Linux 命令格式如下：

　　command [-options] parameter1 parameter2 …
　　　　命令　　　　选项　　　参数 1　　　参数 2

注意：

• command：表示"命令"或"可执行文件名"。

• -options：命令的选项，以连字符开始，多个选项可以用一个连字符连起来，如：ls - 1 - a 与 ls - la 相同。

• parameter1、parameter2 …：命令运行的参数。

• command、-options、parameter1、paramete2 这几个选项中间用空格隔开，不论空几格，shell 都视为一个空格。

• 使用分号(;)可以将两个命令隔开，这样可以实现一行中输入多个命令。命令的执行顺序和输入的顺序相同。

• 按 Enter 键后，命令就立即执行。如果命令太长，需要用多行，则可使用反斜杠 "\" 来实现将一个较长的命令分成多行表达，以增强命令的可读性。换行后，shell 自动显示提示符 ">"。

• Linux 中严格区分大小写。

5. BASH shell 常用的快捷键

(1) Tab 键：命令补全、文件补全功能。提高命令的输入效率及正确性。

(2) Ctrl + C 组合键：终止命令或程序运行功能。可以终止正在运行中的命令或程序。

(3) Ctrl + D 组合键：结束键盘输入或文件输入。也可以用来取代 exit 的输入。

6. 通配符

通配符又称多义符。在描述文字时，有时在文件名部分用到一些通配符，以加强命令的功能。Linux 中有以下两种基本的通配符：

(1) ?(表示该位置可以是一个任意的字符)。

(2) *(表示该位置可以是若干个任意字符)。

7. 重定向

重定向用于改变命令的输入源与输出目标。一般情况下命令执行的结果都会默认输出到屏幕上。如果想把结果输出到其他地方，就需要使用重定向。

Linux 中的 4 种重定向符，如表 1-2-2 所示。

表 1-2-2　重 定 向 符

符　　号	功　　能
>	标准输出重定向
>>	追加输出重定向
<	标准输入重定向
<<	此处操作符(Here operator)

8. 管道

利用 Linux 所提供的管道符"|"连接若干命令，管道符左边命令的输出就会作为管道符右边命令的输入。

9. 常见的 Linux 基础命令

Linux 中有很多命令，按照类型可以划分为以下几类：

1) 系统常用工作命令

❖ 命令：**man**

man 命令可以通过一些选项，快速查询 linux 帮助手册，并且格式化显示。

Linux 常用命令讲解

命令格式：

　　man [选项] 命令名

选项说明：

选项说明如表 1-2-3 所示。

表 1-2-3　man 命令选项说明

选　　项		说　　明
man 命令 常用 选项	-a	显示所有匹配项
	-d	显示使用 man 命令查找手册文件时的搜索路径信息，不显示手册页内容
	-D	类似 -d，但显示手册页内容
	-f	同命令 whatis，将在 whatis 数据库查找以关键字开头的帮助索引信息
	-h	显示帮助信息
	-k	同命令 apropos，将搜索 whatis 数据库，并模糊查找关键字

续表

选　　项		说　　　明
man 命令 常用 选项	-S list	指定搜索的区域及顺序，如 -S 1:1p httpd 先将搜索 man1 然后 man1p 目录
	-t	使用 troff 命令格式化输出手册页。默认：groff 输出格式页
	-w	不带 title 关键字搜索时打印 manpath 变量；带 title 关键字时，打印找到手册 文件路径。默认搜索到一个文件后停止
	-W	同 -w
	section	搜索区域【限定手册类型】默认查找所有手册
Man 命令 其他 选项	-c	显示使用 cat 命令的手册信息
	-C	指定 man 命令搜索配置文件，默认是 man.config
	-K	在所有手册页中搜索一个字符串，搜索速度很慢
	-M	指定搜索手册的路径
	-P pro	使用程序 pro 显示手册页面，默认是 less
	-B pro	使用 pro 程序显示 HTML 手册页，默认是 less
	-H pro	使用 pro 程序读取 HTML 手册，并用 txt 格式显示。默认是 cat
	-p str	指定通过 groff 格式化手册之前，先通过其他程序格式化手册

实例：

使用 man 命令查看 pwd 命令的用法，则执行命令：man pwd，部分执行结果如图 1-2-26 所示。

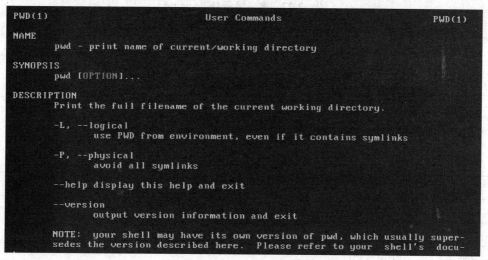

图 1-2-26　查看 pwd 命令的用法

❖ 命令：echo

echo 命令用于在终端显示字符串或变量。

命令格式：

echo [选项] 指定输出的内容

选项说明：

选项说明如表 1-2-4 所示。

表 1-2-4　echo 命令选项说明

选　项	说　　明
-n	不要在最后自动换行
-e	激活定义符。若字符串中出现以下字符，则特殊处理，而不会将它当成一般文字输出： \a 发出警告声 \b 删除前一个字符 \c 最后不加换行符号 \f 换行，但光标仍旧停留在原来的位置 \n 换行且光标移至行首 \r 光标移至行首，但不换行 \t 插入 tab \v 与\f 相同 \\ 插入\字符 \nnn 插入 nnn(八进制)所代表的 ASCII 字符

实例：

在终端显示字符串 "Hello world"，则执行命令：echo "Hello world"，如图 1-2-27 所示。

```
[root@centos-display /]# echo "Hello world"
Hello world
```

图 1-2-27　终端显示 Hello world

❖ 命令：date

date 命令可为用户显示/设置系统的时间或日期。

命令格式：

　　date [选项]

选项说明：

选项说明如表 1-2-5 所示。

表 1-2-5　date 命令选项说明

选　项	说　　明
%t	跳格[TAB 键]
%H	小时(00～23)
%I	小时(01～12)
%M	分钟(00～59)
%S	秒(00～60)
%X	相当于%H: %M: %S
%Z	显示时区

选　项	说　　明
%p	显示本地 AM 或 PM
%A	完整书写的星期几(Sunday～Saturday)
%a	缩写的星期几(Sun～Sat)
%B	完整书写的月份(January～December)
%b	缩写的月份(Jan～Dec)
%d	日(01～31)
%j	一年中的第几天(001～366)
%m	月份(01～12)
%Y	完整书写的年份

实例:

查看当前系统时间,则执行命令:date "+%Y-%m-%d %H:%M:%S",执行结果如图 1-2-28 所示。

```
[root@centos-display ~]# date "+%Y-%m-%d %H:%M:%S"
2017-12-12 17:09:39
```

图 1-2-28 查看当前系统时间

❖ **命令:shutdown**

shutdown 命令可以关闭所有程序,并可按用户的需要,重新开机或关机。

命令格式:

　　shutdown [选项] 时间/警告信息

选项说明:

选项说明如表 1-2-6 所示。

表 1-2-6 shutdown 命令选项说明

选　项	说　　明
-t seconds	设定在几秒钟之后进行关机程序
-k	并不会真正关机,只是将警告信息传送给所有使用者
-r	关机后重新开机
-h	关机后停机
-n	不采用正常程序来关机,用强迫的方式取消所有执行中的程序后自行关机
-c	取消正在进行中的关机动作
-f	关机时,不做 fcsk 动作(检查 Linux 文件系统)
-F	关机时,强迫进行 fsck 动作
time	设定关机的时间
message	传送给所有使用者的警告信息

实例：

若想在 5 分钟后关机并显示警告信息，则执行命令：shutdown +5 "System will shutdown after 5 minutes"，如图 1-2-29 所示。

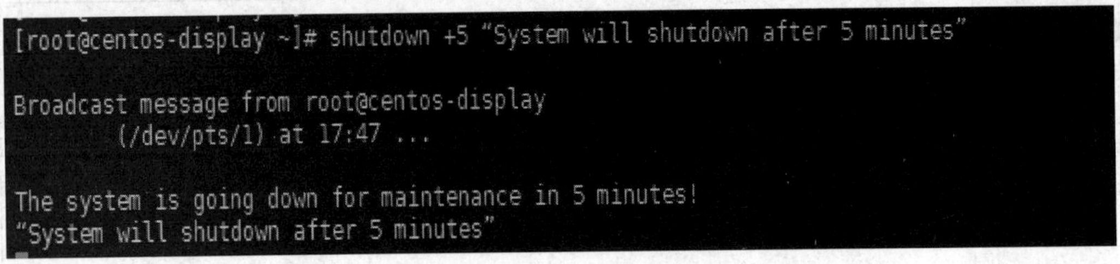

```
[root@centos-display ~]# shutdown +5 "System will shutdown after 5 minutes"

Broadcast message from root@centos-display
        (/dev/pts/1) at 17:47 ...

The system is going down for maintenance in 5 minutes!
"System will shutdown after 5 minutes"
```

图 1-2-29   五分钟后关机和显示警告信息的界面

❖ **命令：reboot**

reboot 命令用于重新启动计算机。若系统的 runlevel 为 0 或 6，则重新开机；否则以 shutdown 指令(加上 -r 选项)来取代。

命令格式：

    reboot [选项]

选项说明：

选项说明如表 1-2-7 所示。

表 1-2-7   reboot 命令选项说明

选 项	说 明
-n	在重新开机前不检查是否有未结束的程序
-w	仅做测试，不会真正重新开机，只是把记录写到 /var/log/wtmp 档案里
-d	重新开机时不把数据写到 /var/log/wtmp 档案里
-f	强迫重新开机，不调用 shutdown 指令
-i	在重新开机之前先关闭所有网络界面

实例：

重新启动系统，则执行命令：reboot。

❖ **命令：chkconfig**

chkconfig 命令用于检查、设置系统的各项服务。它是由 Red Hat 公司遵循 GPL 规则所开发的程序，可查询操作系统在每一个执行等级中会执行哪些系统服务，其中包括各类常驻服务。chkconfig 不是立即自动禁止或激活一个服务，它只是简单地改变了服务状态以便系统重启后生效。

命令格式：

    chkconfig [选项]

选项说明：

选项说明如表 1-2-8 所示。

表 1-2-8　chkconfig 命令选项说明

选　项	说　明
add	增加所指定的系统服务，让 chkconfig 指令得以管理它，同时在系统启动的描述文件内增加相关数据
del	删除所指定的系统服务，不再由 chkconfig 指令管理，同时在系统启动的描述文件内删除相关数据
level<等级代号>	指定在哪一个执行等级中开启或关闭的读系统服务

实例：

若要列出 chkconfig 管理的所有服务，可执行命令：chkconfig --list，如图 1-2-30 所示。

图 1-2-30　利用 chkconfig 列出所有系统服务

2）导航命令

❖ 命令：pwd

pwd 命令用于显示当前工作目录。

命令格式：

　　pwd [选项]

选项说明：

选项说明如表 1-2-9 所示。

表 1-2-9　pwd 命令选项说明

选　项	说　明
--help	在线帮助
--version	显示版本信息

实例：

查看当前工作目录，则执行命令：pwd，如图 1-2-31 所示。

```
[root@centos-display ~]# pwd
/root
```

图 1-2-31　查看当前工作目录

❖ 命令：cd

cd 命令用于改变当前工作目录。

命令格式：

　　cd [选项]

选项说明：

选项说明如表 1-2-10 所示。

表 1-2-10　cd 命令选项说明

选　项	说　　明
dirName	要切换的目标目录

实例：

若要切换到 /usr/bin/，可执行命令：cd /usr/bin；切换到自己的 home 目录，则执行：cd ~。

❖ 命令：ls

ls 命令用于显示指定工作目录下的内容(文件及子目录)。

命令格式：

　　ls [选项] 目录名

选项说明：

选项说明如表 1-2-11 所示。

表 1-2-11　ls 命令选项说明

选项	说　　明
-a	显示所有文件及目录(ls 默认将文件名或目录名称开头为"."的视为隐藏文档，不会列出)
-l	除文件名称外，也将文件形态、权限、拥有者、文件大小等信息详细列出
-r	将文件以相反次序显示(原定按英文字母次序)
-t	将文件按建立时间的先后次序列出
-A	同 -a，但不列出"."(目前目录)及".."(父目录)
-F	在列出的文件名后加一符号；例如可执行档加"＊"，目录加"／"
-R	若目录下有文件，则以下的文件也依序列出

实例：

若将 /bin 目录下所有目录及文件详细资料列出，则执行命令：ls -lR /bin，如图 1-2-32 所示。

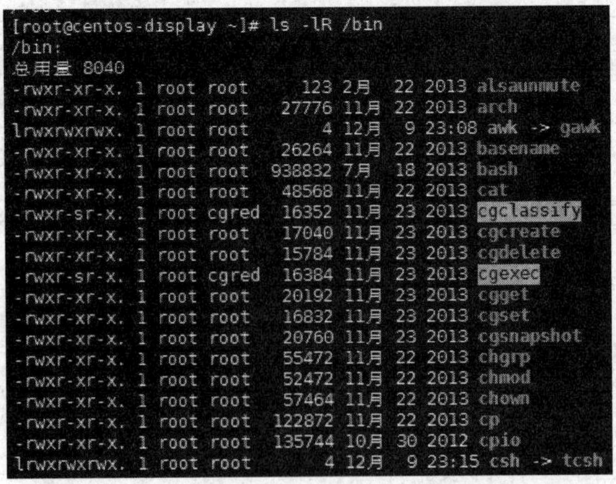

图 1-2-32　列出 bin 目录下所有目录及文件详情

❖ 命令：su

su 命令用于切换当前账户至其他账户。

命令格式：

　　su [选项] 用户名

选项说明：

选项说明如表 1-2-12 所示。

表 1-2-12　su 命令选项说明

选　项	说　明
-f 或 --fast	不必读启动文件(如 csh.cshrc 等)。仅用于 csh 或 tcsh
-m -p 或 --preserve-environment	执行 su 时不改变环境变量
-c command 或 --command = command	变更为指定账号并执行命令(command)后再变回原来账号
-s shell 或 --shell = shell	指定要执行的 shell (bash csh tcsh 等)，预设值为 /etc/passwd 内的该用户的 shell
--help	显示帮助文件
--version	显示版本信息
- -l 或 --login	使用该项后，类似账号重新登录，大部分环境变量(如: HOME 目录、使用的 SHELL 等)都是以切换账号为主，并且工作目录也会改变，如果没有指定账号，则默认是 root
USER	需变更的使用者账号
ARG	传入新的 shell 参数

实例：

变更账号为 root 并在执行 ls 命令后退出变回原账号，则执行命令：su -c ls root。

❖ **命令：who**

who 命令用于显示系统中有哪些在线的用户，显示的信息包含了用户的 ID、所使用的终端机、上线的位置、上线时间、在线时间、CPU 使用情况和动作等等。

命令格式：

　　who [选项]

选项说明：

选项说明如表 1-2-13 所示。

表 1-2-13　who 命令选项说明

选　项	说　明
-h	不显示标题列
-u	不显示用户的动作/工作
-s	使用简短的格式来显示
-f	不显示用户的上线位置
-V	显示程序版本

实例：

若只显示当前用户，则执行命令：who -m -H，如图 1-2-33 所示。

```
[linchun@centos-display root]$ who -m -H
名称    线路      时间              备注
root    pts/2     2017-12-13 01:08 (192.168.202.1)
```

图 1-2-33　只显示当前用户

❖ 命令：**which**

which 命令用于查找指定命令的绝对路径。

命令格式：

　　which [选项] 命令名

选项说明：

选项说明如表 1-2-14 所示。

表 1-2-14　which 命令选项说明

选　项	说　明
-n<文件名长度>	指定文件名的长度。指定的长度必须大于或等于所有文件中最长的文件名
-p<文件名长度>	与-n 选项相似，但此处的<文件名长度>包括了文件的路径
-w	指定输出时栏位的宽度
-V	显示版本信息

实例：

使用命令"which"查看命令"bash"的绝对路径，则执行命令：which bash。其界面如图 1-2-34 所示。

```
[linchun@centos-display root]$ which bash
/bin/bash
```

图 1-2-34　查看 bash 的绝对路径

3) 目录基本操作

❖ 命令：**mkdir**

mkdir 命令用于创建新目录。

命令格式：

　　mkdir [选项] 目录名

选项说明：

选项说明如表 1-2-15 所示。

表 1-2-15　mkdir 命令选项说明

选　项	说　明
-p	确保目录名存在，若不存在就建立一个

实例：

在当前工作目录下，建立一个名为 AAA 的子目录，则执行命令：mkdir AAA，如

图 1-2-35 所示。

图 1-2-35　在当前目录下新建子目录 AAA

❖ **命令：rmdir**

rmdir 命令用于删除空目录。

命令格式：

　　rmdir [选项] 目录名

选项说明：

选项说明如表 1-2-16 所示。

表 1-2-16　rmdir 命令选项说明

选　项	说　　明
-p	当子目录被删除后，该目录成为空目录时，则一并删除

实例：

在工作目录下的 AAA 目录中，删除名为 Test 的子目录。若 Test 被删除后，AAA 目录成为空目录，那么 AAA 也被删除。可执行命令：rmdir -p AAA/Test。

4）文件查找、管理、编辑、传输及归档命令

❖ **命令：cat**

cat 命令用于连接文件。

命令格式：

　　cat [选项] 文件名

选项说明：

选项说明如表 1-2-17 所示。

表 1-2-17　cat 命令选项说明

选　项	说　　明
-n 或 --number	由 1 开始对所有输出的行数编号
-b 或 --number-nonblank	和 -n 相似，但空白行不编号
-s 或 --squeeze-blank	当遇到有连续两行以上的空白行，就替换为一行的空白行
-v 或 --show-nonprinting	使用 ^ 和 M- 符号，除了 LFD 和 TAB 之外
-E 或 --show-ends	在每行结束处显示 $
-T 或 --show-tabs	将 TAB 字符显示为 ^I
-e	等同于 -vE
-A, --show-all	等同于 -vET
-t	等同于 "-vT" 选项

实例：

把 textfile1 的文档内容加上行号后输入到 textfile2 这个文档里，则执行命令：cat-n textfile1 > textfile2，如图 1-2-36 所示。

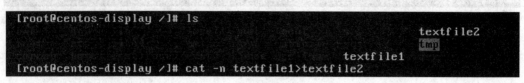

```
[root@centos-display /]# ls
                                                    textfile2
                                                    tmp
                                        textfile1
[root@centos-display /]# cat -n textfile1>textfile2
```

图 1-2-36　将一个文档中的内容加上行号输入到另一个文档中

❖ **命令：head**

head 命令用于显示文件开头部分的内容。在默认情况下，head 命令显示文件的头 10 行内容。

命令格式：

　　head [选项] 文件名

选项说明：

选项说明如表 1-2-18 所示。

表 1-2-18　head 命令选项说明

选　项	说　　明
-q	隐藏文件名
-v	显示文件名
-c<字节>	显示字节数
-n<行数>	显示的行数

实例：

显示文件 install.log 的前 5 行，则执行命令：head -n 5 install.log，如图 1-2-37 所示。

```
[root@centos-display ~]# head -n 5 install.log
安装 libgcc-4.4.7-4.el6.x86_64
warning: libgcc-4.4.7-4.el6.x86_64: Header V3 RSA/SHA1 Signature, key ID c105b9de: NOKEY
安装 fontpackages-filesystem-1.41-1.1.el6.noarch
安装 m17n-db-1.5.5-1.1.el6.noarch
安装 setup-2.8.14-20.el6_4.1.noarch
```

图 1-2-37　显示文件 install.log 的前 5 行

❖ **命令：tail**

用于显示指定文件末尾内容，不指定文件时，作为输入信息进行处理。常用查看日志文件。

命令格式：

　　tail [必要选项] [选择选项] 文件名

选项说明：

选项说明如表 1-2-19 所示。

表 1-2-19 　tail 命令选项说明

选　项	说　明
-f	循环读取
-q	不显示处理信息
-v	显示详细的处理信息
-c<数目>	显示的字节数
-n<行数>	显示行数
--pid = PID	与 -f 合用，表示在指定的进程终止之后结束
-q, --quiet, --silent	当有多个文件参数时，不输出各个文件名
-s, --sleep-interval = S	与 -f 合用，表示在每次循环读取的间隔休眠 S 秒

实例：

若显示文件 install.log 的最后 5 行内容，则执行命令：tail -n 5 install.log，如图 1-2-38 所示。

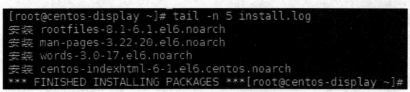

```
[root@centos-display ~]# tail -n 5 install.log
安装 rootfiles-8.1-6.1.el6.noarch
安装 man-pages-3.22-20.el6.noarch
安装 words-3.0-17.el6.noarch
安装 centos-indexhtml-6-1.el6.centos.noarch
*** FINISHED INSTALLING PACKAGES ***[root@centos-display ~]#
```

图 1-2-38 　显示文件 install.log 的最后 5 行内容

❖ **命令：more**

more 命令是一个基于 vi 编辑器的文本过滤器命令，它以全屏幕的方式按页显示文本文件的内容，支持 vi 中的关键字定位操作。more 命令中内置了若干快捷键，常用的有 H(获得帮助信息)、Enter(向下移动一行)、空格(向下滚动一屏)和 Q(退出命令)等。

命令格式：

　　more [选项] 文件名

选项说明：

选项说明如表 1-2-20 所示。

表 1-2-20 　more 命令选项说明

选　项	说　明
-num	一次显示的行数
-d	在画面下方显示 [Press space to continue, 'q' to quit.]，如果用户按错键，则会显示 [Press 'h' for instructions.] 而不是"哔"声
-num	一次显示的行数
-d	在画面下方显示 [Press space to continue, 'q' to quit.]，如果用户按错键，则会显示 [Press 'h' for instructions.] 而不是"哔"声
-l	取消遇见特殊字元 ^L(送纸字元)时会暂停的功能

续表

选　项	说　　明
-f	计算行数时,以实际的行数而非自动换行后的行数(有些单行字数太长的会被扩展为两行或两行以上)计算
-p	不是以滚动的方式,而是以先清除屏幕后再显示内容的方式显示每一页
-c	跟 -p 相似,不同的是先显示内容再清除其他原信息
-s	当遇到有连续两行以上的空白行,就替换为一行的空白行
-u	不显示下引号(依据环境变数 TERM 指定的 terminal 而有所不同)
+/pattern	在每个文档显示前搜寻该字符串(pattern),然后从该字符串之后开始显示
+num	从第 num 行开始显示
fileNames	欲显示内容的文档,可为复数个数

实例:

从第 20 行开始显示 testfile 的文档内容,则执行命令:more +20 testfile。

❖ **命令:less**

less 与 more 类似,但使用 less 可以向前或向后浏览文件,而 more 仅能向前移动,却不能向后移动。less 在查看之前不会加载整个文件。

命令格式:

　　　less [选项] 文件名

选项说明:

选项说明如表 1-2-21 所示。

表 1-2-21　less 命令选项说明

选　项	说　　明
-b	<缓冲区大小> 设置缓冲区的大小
-e	当文件显示结束后,自动离开
-f	强行打开特殊文件,例如外围设备代号、目录和二进制文件
-g	只标志最后搜索的关键词
-i	忽略搜索时的大、小写
-m	显示类似 more 命令的百分比
-N	显示每行的行号
-o <文件名>	将 less 输出的内容在指定文件中保存起来
-Q	不使用警告音
-s	显示连续空行为一行
-S	行过长时,将超出部分舍弃
-x <数字>	将"tab"键显示为规定的数字空格
/ 字符串	向下搜索"字符串"的功能

选　项	说　明
？字符串	向上搜索"字符串"的功能
n	重复前一个搜索(与 / 或 ？有关)
N	反向重复前一个搜索(与 / 或 ？有关)
b	向后翻一页
d	向后翻半页
h	显示帮助界面
Q	退出 less 命令
u	向前翻半页
y	向前移动一行
空格键	移动一行
回车键	翻一页
pagedown 键	向下翻一页
pageup 键	向上翻一页

实例：

查看命令历史使用记录并通过 less 分页显示，则执行命令：history | less。

❖ **命令：grep**

grep 是一种强大的文本搜索工具，它能使用正则表达式搜索文本，并把匹配的行打印出来。

命令格式：

　　grep [选项] 文件名

选项说明：

选项说明如表 1-2-22 所示。

表 1-2-22　grep 命令选项说明

选　项	说　明
-a 或 --text	不要忽略二进制的数据
-A<显示列数> 或 --after-context =<显示列数>	除了显示符合范本样式所在的列之外，还显示该列之后的内容
-b 或 --byte-offset	在显示符合范本样式所在的列之前，标示该列第一个字符的位置编号
-B<显示列数> 或 --before-context =<显示列数>	除了显示符合范本样式所在的列之外，还显示该列之前的内容
-c 或 --count	计算符合范本样式的列数
-C<显示列数> 或 --context = <显示列数> 或 -<显示列数>	除了显示符合范本样式所在的列之外，还显示该列之前和之后的内容

续表

选　项	说　明
-d<进行动作> 或 --directories = <进行动作>	当指定要查找的是目录而非文件时，必须使用本选项，否则 grep 命令将反馈信息并停止动作
-e<范本样式> 或 --regexp = <范本样式>	指定字符串作为查找文件内容的范本样式
-E 或 --extended-regexp	将范本样式视为延伸的普通表示法来使用
-f<范本文件> 或 --file = <范本文件>	指定范本文件。范本文件含有一个或多个范本样式
-F 或 --fixed-regexp	将范本样式视为固定字符串的列表
-G 或 --basic-regexp	将范本样式视为普通的表示法来使用
-h 或 --no-filename	在显示符合范本样式所在的列之前，不标示该列所属的文件名称
-H 或 --with-filename	在显示符合范本样式所在的列之前，表示该列所属的文件名称
-I 或 --ignore-case	忽略字符大小写的差别
-l 或 --file-with-matches	列出文件内容符合指定范本样式的文件名称
-L 或 --files-without-match	列出文件内容不符合指定范本样式的文件名称
-n 或 --line-number	在显示符合范本样式所在的列之前,标示出该列的列数编号
-q 或 –quiet 或 --silent	不显示任何信息
-s 或 --no-messages	不显示错误信息
-v 或 --revert-match	反转查找
-V 或 --version	显示版本信息
-w 或 --word-regexp	只显示全字符合的列
-x 或 --line-regexp	只显示全列符合的列
--help	在线帮助

实例：

若要显示/etc/passwd 中含有 root 字符串的行，则执行命令：grep root /etc/passwd，如图 1-2-39 所示。

```
[root@centos-display ~]# grep root /etc/passwd
root:x:0:0:root:/root:/bin/bash
operator:x:11:0:operator:/root:/sbin/nologin
```

图 1-2-39　显示 /etc/passwd 中含有 root 字符串的行

❖ 命令：locate

locate 命令用于查找符合条件的文档，它可以在保存文档和目录名称的数据库中，查找符合指定样式条件的文档或目录。

命令格式：

　　　　locate [选项] 需查找的字符串

选项说明：

选项说明如表 1-2-23 所示。

表 1-2-23　locate 命令选项说明

选　项	说　　　明
d 或--database =	配置 locate 指令使用的数据库
--help	在线帮助
--version	显示版本信息

实例：

搜索当前目录下以 log 为后缀的文件，则执行命令：locate *.log，如图 1-2-40 所示。

```
[root@centos-display ~]# locate *.log
/root/install.log
/root/install.log.syslog
```

图 1-2-40　搜索当前路径下以 log 为后缀的文件

❖ 命令：find

find 命令用来在指定目录下查找文件。任何位于选项之前的字符串都被视为欲查找的目录名。如果使用该命令时不设置任何参数，则 find 命令将在当前目录下查找子目录与文件。并且将查找到的子目录和文件全部显示出来。

命令格式：

　　　　find　起始路径 [选项] [-print] -exec/ -ok command {} \;

命令中的部分内容说明：

-print：将查找到的文件输出到标准输出。

-exec command {} \;：　将查到的文件执行 command 操作，{} 和 \; 之间有空格

-ok 和 -exec 相似，但在操作前要询问用户。

选项说明：

find 命令选项说明如表 1-2-24 所示。

表 1-2-24　find 命令选项说明

选　项	说　　　明
-name　　filename	查找名为 filename 的文件
-perm	按执行权限查找
-user　　username	按文件属主查找
-group groupname	按组查找
-mtime　　-n +n	按文件更改时间查找文件，-n 指 n 天以内，+n 指 n 天以前
-atime　　-n +n	按文件访问时间来查 GIN: 0px">
-ctime　　-n +n	按文件创建时间查找文件，-n 指 n 天以内，+n 指 n 天以前
-nogroup	查找有效属主的文件，即文件的属主在/etc/groups 中不存在

续表

选　项	说　　明
-nouser	查找有效属主的文件，即文件的属主在/etc/passwd 中不存在
-newer f1 !f2	查更改时间在 f1 与 f2 之间的文件
-type b/d/c/p/l/f	查找区块设备/目录/字符设备/管道/符号链接/普通文件
-size n[c]	查找长度为 n 块(或 n 字节)的文件
-depth	进入子目录前先查找本目录
-fstype	查找位于指定类型文件系统中的文件，这些文件系统类型通常可在 /etc/fstab 中找到
-mount	查文件时不跨越文件系统挂载点

实例：

在/root 目录下查找以 .log 结尾的文件名，可执行命令：find /root -name "*.log"，如图 1-2-41 所示。

```
[root@centos-display ~]# find /root -name "*.log"
/root/install.log
/root/.imsettings.log
```

图 1-2-41　查找 /root 下以 .log 结尾的文件名

❖ **命令：whereis**

whereis 命令用于查找二进制文件、源代码文件和 man 手册页所在的位置。一般文件的定位需使用 locate 命令。

命令格式：

whereis [选项] 命令名

选项说明：

选项说明如表 1-2-25 所示。

表 1-2-25　whereis 命令选项说明

选　项	说　　明
-b	只查找二进制文件
-B<目录>	只在设置的目录下查找二进制文件
-f	不显示文件名前的路径名称
-m	只查找说明文件
-M<目录>	只在设置的目录下查找说明文件
-s	只查找原始代码文件
-S<目录>	只在设置的目录下查找原始代码文件
-u	查找不包含指定类型的文件

实例：

查找 ssh，则执行命令：whereis ssh，如图 1-2-42 所示。

```
[root@centos-display ~]# whereis ssh
ssh: /usr/bin/ssh /etc/ssh /usr/share/man/man1/ssh.1.gz
```

图 1-2-42　查找 ssh

❖ **命令：sort**

sort 命令用于按文本文件内容多少排序。该命令可针对文本文件的内容，以行为单位来排序。

命令格式：

　　sort [选项] 文件名

选项说明：

选项说明如表 1-2-26 所示。

表 1-2-26　sort 命令选项说明

选　项	说　明
-b	忽略每行前面开始出现的空格字符
-c	检查文件是否已经按照顺序排序
-d	排序时，除处理英文字母、数字及空格字符外，忽略其他的字符
-f	排序时，将小写字母视为大写字母
-i	排序时，除了 040 至 176 的 ASCII 字符外，忽略其他的字符
-m	将几个已排序的文件进行合并
-M	将前面 3 个字母按月份的缩写进行排序
-n	按数值的大小排序
-o<输出文件>	将排序后的结果存入指定的文件
-r	以相反的顺序排序
-t<分隔字符>	指定排序时所用的栏位分隔字符
+<起始栏位>-<结束栏位>	以指定的栏位来排序，范围由起始栏位到结束栏位的前一栏位
--help	显示帮助信息
--version	显示版本信息

实例：

若将 testfile 文件中的内容以行为单位，按首字符的 ASCII 码值进行升序排序，可以先用 cat testfile 命令查看原顺序，然后执行 sort testfile 命令，结果如图 1-2-43 所示。

```
[root@centos-display ~]# cat testfile
test 30
Hello 95
Linux 85
[root@centos-display ~]# sort testfile
Hello 95
Linux 85
test 30
```

图 1-2-43　重排 testfile 文件内容的顺序

❖ 命令：**uniq**

uniq 命令用于检查及删除文本文件中重复出现的行列。

命令格式：

　　uniq [选项] 输入文件名 输出文件名

选项说明：

选项说明如表 1-2-27 所示。

表 1-2-27　uniq 命令选项说明

选　　　项	说　　　明
-c 或 --count	在每列旁边显示该行重复出现的次数
-d 或 --repeated	仅显示重复出现的行、列
-f<栏位> 或 --skip-fields = <栏位>	忽略比较指定的栏位
-s<字符位置> 或 --skip-chars = <字符位置>	忽略比较指定的字符
-u 或 --unique	仅显示一次的行、列
-w<字符位置> 或 --check-chars = <字符位置>	指定要比较的字符
--help	显示帮助信息
--version	显示版本信息
[输入文件]	指定已排序好的文本文件
[输出文件]	指定输出的文件

实例：

首先使用 cat 命令查看文件 testfile 中原来的内容,然后使用 uniq 命令删除文件 testfile 中重复的行，结果如图 1-2-44 所示。

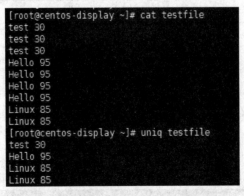

图 1-2-44　查看文件内容并删除重复的行

❖ 命令：**rcp**

rcp 指令用于将远程系统中的文件或目录复制到本地目录。

命令格式：

　　rcp [选项] 源文件或目录 目标文件或目录

选项说明：

选项说明如表 1-2-28 所示。

表 1-2-28　rcp 命令选项说明

选　项	说　　明
-p	保留源文件或目录的属性，包括拥有者、所属群组、权限与时间
-r	递归处理，将指定目录下的文件与子目录一并处理

实例：

将 IP 地址为 192.168.1.1 的计算机中的文件 /etc/hosts 复制到本地目录 /root 内，则执行命令：

　　　　rcp192.168.1.1:/etc/hosts/etc/hosts

❖ 命令：scp

scp 命令用于两个 Linux 主机之间复制文件和目录。

命令格式：

　　　　scp [选项] 源文件或目录│目标文件或目录

选项说明：

选项说明如表 1-2-29 所示。

表 1-2-29　scp 命令选项说明

选　项	说　　明
-1	强制 scp 命令使用协议 ssh1
-2	强制 scp 命令使用协议 ssh2
-4	强制 scp 命令只使用 IPv4 寻址
-6	强制 scp 命令只使用 IPv6 寻址
-B	使用批处理模式(传输过程中不询问传输口令或短语)
-C	允许压缩(将-C 标志传递给 ssh，从而打开压缩功能)
-p	保留原文件的修改时间、访问时间和访问权限等
-q	不显示传输进度条
-r	递归复制整个目录
-v	详细方式显示输出
-c cipher	以 cipher 方式将数据传输加密
-F ssh_config	指定一个替代的 ssh 配置文件并直接传给 ssh 进程
-i identity_file	从指定文件中读取传输时使用的密钥文件并直接传给 ssh
-l limit	限定用户所能使用的带宽，以 Kb/s 为单位
-o ssh_option	指定使用的 ssh 选项
-P port	指定数据传输用的端口号
-S program	指定加密传输时所使用的程序

实例：

将 IP 为 10.10.10.10 的计算机目录 /opt/soft/mongodb 到本地的目录/opt/soft/，则执行

命令：scp -r root@10.10.10.10:/opt/soft/mongodb　/opt/soft/

❖ 命令：wc

wc 命令用于计算文件的字数。

利用 wc 命令可以计算文件的字节数、字数或列数，若不指定文件名或所给予的文件名为"-"，则 wc 命令会从标准输入设备读取数据。

默认情况下，wc 将计算指定文件的行数、字数及字节数。

命令格式：

　　wc [选项] 文件名

选项说明：

选项说明如表 1-2-30 所示。

表 1-2-30　wc 命令选项说明

选　　项	说　　明
-c 或 --bytes 或--chars	只显示 Bytes 数
-l 或 --lines	只显示行数
-w 或 --words	只显示字数
--help	在线帮助
--version	显示版本信息

实例：

若要计算 testfile 文件的行数、单词数和字节数，则执行命令：wc testfile，如图 1-2-45 所示。

图 1-2-45　计算 testfile 文件的行数、单词数和字节数

5) 磁盘管理和磁盘维护

❖ 命令：dir

dir 命令用于显示目录和文件。

命令格式：

　　dir [选项] 目录名

选项说明：

选项说明如表 1-2-31 所示。

表 1-2-31　dir 命令选项说明

选　项	说　　明
+n	显示从左边算起第 n 个的目录
-n	显示从右边算起第 n 个的目录
-l	显示目录完整的记录

实例：

例如，若要列出 /root 中所有内容的详细信息，则执行命令：dir -l /root，如图 1-2-46 所示。

```
[root@centos-display ~]# dir -l /root
总用量 116
-rw-------. 1 root root  1602 12月  9 23:18 anaconda-ks.cfg
-rw-r--r--. 1 root root 50446 12月  9 23:17 install.log
-rw-r--r--. 1 root root 11184 12月  9 23:15 install.log.syslog
-rw-r--r--. 1 root root    95 12月 13 07:32 testfile
-rw-r--r--. 1 root root    26 12月 13 05:51 testfile1
-rw-r--r--. 1 root root    40 12月 13 05:53 testfile2
drwxr-xr-x. 2 root root  4096 12月 11 19:31 公共的
drwxr-xr-x. 2 root root  4096 12月 11 19:31 模板
drwxr-xr-x. 2 root root  4096 12月 11 19:31 视频
drwxr-xr-x. 2 root root  4096 12月 11 19:31 图片
drwxr-xr-x. 2 root root  4096 12月 11 19:31 文档
drwxr-xr-x. 2 root root  4096 12月 11 19:31 下载
drwxr-xr-x. 2 root root  4096 12月 11 19:31 音乐
drwxr-xr-x. 2 root root  4096 12月 11 19:31 桌面
```

图 1-2-46   显示/root 中所有内容的详细信息

❖ 命令：stat

stat 命令用于显示 inode 内容。

命令格式：

　　stat 文件名或目录名

实例：

例如，查看 testfile 文件的 inode 内容，则执行命令：stat testfile，如图 1-2-47 所示。

```
[root@centos-display ~]# stat testfile
  File: "testfile"
  Size: 95          Blocks: 8          IO Block: 4096   普通文件
Device: 803h/2051d  Inode: 7144        Links: 1
Access: (0644/-rw-r--r--)  Uid: (    0/    root)   Gid: (    0/    root)
Access: 2017-12-13 07:32:51.210756919 +0800
Modify: 2017-12-13 07:32:34.729766928 +0800
Change: 2017-12-13 07:32:34.731766688 +0800
```

图 1-2-47   查看 testfile 文件的 inode 内容

6）网络通讯

❖ 命令：telnet

telnet 命令用于远程登录。

命令格式：

　　telnet [选项] 主机名或 IP 地址

选项说明：

选项说明如表 1-2-32 所示。

表 1-2-32　　telnet 命令选项说明

选　项	说　　明
-8	允许使用 8 位字符，包括输入与输出信息
-a	尝试自动登录远程系统
-b<主机别名>	使用别名指定远程主机名
-c	不读取用户专属目录里的.telnetrc 文件
-d	启动排错模式
-e<脱离字符>	设置脱离字符
-E	滤除脱离字符
-f	此选项的效果和指定 "-F" 选项相同
-F	使用 Kerberos V5 认证时，加上此选项可把本地主机的认证数据上传到远程主机
-k<域名>	使用 Kerberos 认证时，加上此选项让远程主机采用指定的域名，而非远程主机原有的域名
-K	不自动登录远程主机
-l<用户名称>	指定要登录远程主机的用户名
-L	允许输出 8 位字符
-n<记录文件>	指定文件记录相关信息
-r	使用类似 rlogin 命令的用户界面
-S<服务类型>	设置 telnet 连线所需的 IP TOS 信息
-x	若主机有支持数据加密的功能，则启用
-X<认证形态>	关闭指定的认证形态

实例：

例如，要登录远程主机 192.168.0.5 可执行命令：telnet 192.168.0.5。

❖ **命令：route**

route 命令用来显示并设置 Linux 系统的网络路由表。route 命令设置的路由主要是静态路由。要实现两个不同的子网之间的通信，需要一台连接两个网络的路由器，或者同时位于两个网络的网关来实现。

命令格式：

route [选项]

选项说明：

选项说明如表 1-2-33 所示。

表 1-2-33　route 命令选项说明

选　项	说　　　明
-f	清除所有不是主路由(子网掩码为 255.255.255.255 的路由)、环回网络路由(目标地址为 127.0.0.0,子网掩码为 255.255.255.0 的路由)或多播路由(目标地址为 224.0.0.0,子网掩码为 240.0.0.0 的路由)条目的路由表。如果它与命令 add、change 或 delete 结合使用,路由表则会在运行命令之前清除
-p	与 add 命令共同使用时,指定路由被添加到注册表并在启动 TCP/IP 协议的时候初始化 IP 路由表。默认情况下,启动 TCP/IP 协议时不会保存添加的路由。与 print 命令一起使用时,则显示永久路由列表。所有其他的命令都忽略此参数。永久路由存储在注册表中的位置是:HKEY_LOCAL_MACHINE\SYSTEM\CurrentControlSet\Services\Tcpip\Parameters\PersistentRoutes
Destination	指定路由的网络目标地址。目标地址可以是一个 IP 网络地址(其中网络地址的主机地址位设置为 0),也可以是主机的 IP 地址,对于默认路由是 0.0.0.0
mask Netmask	指定与网络目标地址相关联的子网掩码
Gateway	本地网络出口设备的 IP 地址
metric	路由距离,到达指定网络所需的跃点数
if Interface	指定目标可以到达的接口索引。使用 route print 命令可以显示接口及其对应接口的索引列表。接口索引可以使用十进制或十六进制的值表示。对于十六进制值,要在它的前面加上 0x。忽略 if 参数时,接口由网关地址确定

实例:

例如要显示 IP 路由表的完整内容,则执行命令:route print。

❖ 命令:traceroute

traceroute 命令用于显示数据包到主机间的路径。

命令格式:

　　traceroute [选项] 主机名或 IP 地址

选项说明:

选项说明如表 1-2-34 所示。

表 1-2-34　traceroute 命令选项说明

选　项	说　　　明
-d	使用 Socket 层级的排错功能
-f<存活数值>	设置第一个检测数据包的存活数值 TTL 的大小
-F	设置勿离断位
-g<网关>	设置来源路由网关,最多可设置 8 个
-i<网络界面>	使用指定的网络界面送出数据包
-I	使用 ICMP 回应取代 UDP 资料信息

续表

选　项	说　　明
-m<存活数值>	设置检测数据包的最大存活数值 TTL 的大小
-n	直接使用 IP 地址而非主机名称
-p<通信端口>	设置 UDP 传输协议的通信端口
-r	忽略普通的 Routing Table，直接将数据包送到远端主机上
-s<来源地址>	设置本地主机送出数据包的 IP 地址
-t<服务类型>	设置检测数据包的 TOS 数值
-v	详细显示指令的执行过程
-w<超时秒数>	设置等待远端主机回报的时间
-x	开启或关闭数据包的正确性检验

实例：

例如显示到达 www.baidu.com 的数据包路由，则执行命令：traceroute www.baidu.com。

7) 系统管理和系统设置

❖ 命令：free

free 命令用于显示内存状态。

命令格式：

　　free [选项]

选项说明：

选项说明如表 1-2-35 所示。

表 1-2-35　free 命令参数说明

选　项	说　　明
-b	以 Byte 为单位显示内存使用情况
-k	以 KB 为单位显示内存使用情况
-m	以 MB 为单位显示内存使用情况
-o	不显示缓冲区调节列
-s<间隔秒数>	持续观察内存使用状况
-t	显示内存总和数据列
-V	显示版本信息

实例：

例如显示内存使用情况，则执行命令：free，如图 1-2-48 所示。

```
[root@centos-display ~]# free
             total       used       free     shared    buffers     cached
Mem:       1004412     597268     407144          0      72516     184816
-/+ buffers/cache:     339936     664476
Swap:      2097144          0    2097144
```

图 1-2-48　显示内存使用情况

❖ **命令：ps**

ps 命令用于显示当前进程 (process) 的状态。

命令格式：

　　ps [选项]

选项说明：

常用选项说明如表 1-2-36 所示。

表 1-2-36　ps 命令选项说明

选　项	说　　明
-A	列出所有的进程
-w	加宽显示。可以显示较多的信息
-au	显示较详细的信息
-aux	显示所有包含其他用户的进程

实例：

若要显示进程信息，则执行命令：ps -A，如图 1-2-49 所示。

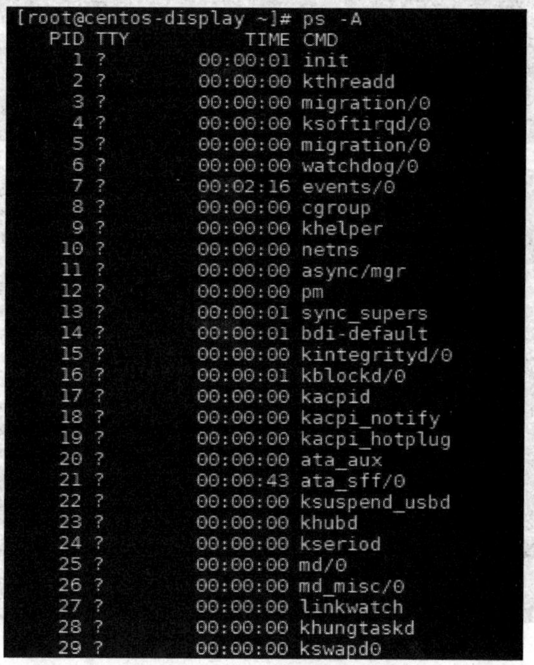

图 1-2-49　显示进程信息

❖ **命令：top**

top 命令用于实时显示 process 的动态。

命令格式：

　　top [选项]

选项说明：

选项说明如表 1-2-37 所示。

表 1-2-37   top 命令选项说明

选 项	说 明
d	改变显示的更新速度
q	实时更新显示信息，如果用户拥有 superuser 的权限，则 top 将以最高的优先顺序执行
c	切换显示模式。显示模式共有两种：一种是只显示执行栏的名称，另一种是显示完整的路径与名称
S	累积模式，会将已完成或消失的子行程（dead child process）的 CPU time 累积起来
s	安全模式，不执行交互式指令，避免潜在的危机
i	不显示任何闲置 (idle) 或无用 (zombie) 的进程
n	更新的次数，完成后将会退出 top
b	批处理模式，搭配"n"选项一起使用，可以将 top 的结果输出到档案内

实例：

显示进程信息，则执行命令：top，如图 1-2-50 所示。

```
[root@centos-display ~]# top
top - 13:31:21 up 1 day, 17:59,  4 users,  load average: 0.00, 0.00, 0.00
Tasks: 152 total,   1 running, 151 sleeping,   0 stopped,   0 zombie
Cpu(s):  0.3%us,  1.3%sy,  0.0%ni, 98.0%id,  0.0%wa,  0.0%hi,  0.3%si,  0.0%st
Mem:   1004412k total,   598124k used,   406288k free,    74000k buffers
Swap:  2097144k total,        0k used,  2097144k free,   184992k cached

  PID USER      PR  NI  VIRT  RES  SHR S %CPU %MEM    TIME+  COMMAND
11823 root      20   0 15036 1272  944 R  0.7  0.1   0:00.24 top
    1 root      20   0 19356 1540 1228 S  0.3  0.2   0:01.59 init
 1743 root      20   0 52652 4188 2988 S  0.3  0.4   0:00.64 polkitd
 1905 linchun   20   0  350m  15m  10m S  0.3  1.6   0:06.62 gnome-panel
    2 root      20   0     0    0    0 S  0.0  0.0   0:00.00 kthreadd
    3 root      RT   0     0    0    0 S  0.0  0.0   0:00.00 migration/0
    4 root      20   0     0    0    0 S  0.0  0.0   0:00.15 ksoftirqd/0
    5 root      RT   0     0    0    0 S  0.0  0.0   0:00.00 migration/0
    6 root      RT   0     0    0    0 S  0.0  0.0   0:00.39 watchdog/0
    7 root      20   0     0    0    0 S  0.0  0.0   2:17.41 events/0
    8 root      20   0     0    0    0 S  0.0  0.0   0:00.00 cgroup
    9 root      20   0     0    0    0 S  0.0  0.0   0:00.00 khelper
   10 root      20   0     0    0    0 S  0.0  0.0   0:00.00 netns
   11 root      20   0     0    0    0 S  0.0  0.0   0:00.00 async/mgr
   12 root      20   0     0    0    0 S  0.0  0.0   0:00.00 pm
   13 root      20   0     0    0    0 S  0.0  0.0   0:01.37 sync_supers
   14 root      20   0     0    0    0 S  0.0  0.0   0:01.04 bdi-default
   15 root      20   0     0    0    0 S  0.0  0.0   0:00.00 kintegrityd/0
   16 root      20   0     0    0    0 S  0.0  0.0   0:01.47 kblockd/0
```

图 1-2-50   显示进程信息

❖ 命令：sudo

sudo 是一种权限管理机制。管理员可以授权一部分普通用户去执行某些 root 执行的操作，而不需要知道 root 的密码。

命令格式：

     sudo [选项] 指令

选项说明：

选项说明如表 1-2-38 所示。

表 1-2-38 sudo 命令选项说明

选 项	说 明
-b	在后台执行命令
-h	显示帮助信息
-H	将 HOME 环境变量设为新身份的 HOME 环境变量
-k	下次执行 sudo 时需要输入密码
-l	分别列出目前用户可执行与无法执行的指令
-p	改变询问密码的提示符号
-s	执行指定的 shell
-u <用户>	以指定的用户作为新的身份。若不加上此选项，则预设以 root 作为新的身份
-v	把密码有效期限延长 5 分钟
-V	显示版本信息
-S	用标准输入流替代终端来获取密码

❖ **命令：halt**

若系统的 runlevel 为 0 或 6，则可使用 halt 命令关闭系统，否则用 shutdown 命令(加上 -h 选项)。

命令格式：

    halt [选项]

选项说明：

选项说明如表 1-2-39 所示。

表 1-2-39 halt 命令选项说明

选 项	说 明
-n	在关机前不将缓存信息写回硬盘的动作
-w	不会真正关机，只是把记录写到 /var/log/wtmp 档案里
-d	不把记录写到 /var/log/wtmp 档案里(-n 这个选项包含了 -d)
-f	强迫关机，不呼叫 shutdown 命令
-i	关机前先停止所有网络相关的设置
-p	关机的同时关闭电源

实例：

关闭系统并关闭电源，则执行命令：halt -p。

❖ **命令：sleep**

sleep 命令可以指定目前动作的延迟时间。

命令格式：

    sleep [选项]

选项说明：

选项说明如表 1-2-40 所示。

表 1-2-40　sleep 命令选项说明

选　项	说　　明
--help	显示帮助信息
--version	显示版本编号
number	时间长度，后面可接 s、m、h 或 d(其中：s 为秒，m 为分钟，h 为小时，d 为天数)

实例：

若要使计算机休眠 5 分钟，则执行命令：sleep 5m。

❖ 命令：**exit**

exit 命令用于退出目前的 shell。

执行 exit 命令可使 shell 以指定的状态值退出。若不设置状态值参数，则 shell 以预设值退出。状态值 0 表示执行成功，其他值表示执行失败。exit 命令也可用在 script 脚本环境中，使用后立即离开正在执行的 script，回到 shell。

命令格式：

exit [状态值]

实例：

退出终端，则执行命令：exit。

❖ 命令：**logrotate**

logrotate 命令可以用于对系统日志进行轮转、压缩和删除；也可以将日志发送到指定邮箱。使用 logrotate 指令，可以轻松地管理系统所产生的记录文件。每个记录文件都可被设置成每日、每周或每月处理；也能在文件太大时立即处理。用户必须自行编辑，指定配置文件，把预设的配置文件存放在 /etc/logrotate.conf 文件中。

命令格式：

logrotate [选项] 配置文件名

选项说明：

选项说明如表 1-2-41 所示。

表 1-2-41　logrotate 命令选项说明

选　项	说　　明
-? 或 --help	在线帮助
-d 或 --debug	详细显示命令执行过程，便于排错或了解程序执行的情况
-f 或 --force	强行启动记录文件维护操作，即使 logrotate 命令认为没有需要亦然
-s<状态文件> 或 --state＝<状态文件>	使用指定的状态文件
-v 或 --version	显示命令执行过程
-usage	显示命令的基本用法
-? 或 --help	在线帮助

❖ 命令：clear

clear 命令用于清除屏幕内容。

命令格式：

clear

实例：

例如要清除当前屏幕内容，则执行命令：clear。

❖ 命令：chkconfig

chkconfig 命令用于检查和设置系统的各种服务。这是 Red Hat 公司遵循 GPL 规则所开发的程序。它可查询操作系统在每一个执行等级中执行的系统服务，其中包括各类常驻服务。

Chkconfig 命令不添加选项运行时，会自动显示命令的用法。如果加上服务名，就检查这个服务是否在当前运行级启动。如果是，则返回 true，否则返回 false。如果在服务名后面指定了 on，off 或者 reset，那么 chkconfig 会改变指定服务的启动信息。其中，on 和 off 分别指服务被启动和停止，这两个开关系统默认只对运行级 3，4，5 有效；而 reset 是指重置服务的启动信息，它对所有运行级有效。

命令格式：

chkconfig [选项]

选项说明：

选项说明如表 1-2-42 所示。

表 1-2-42 chkconfig 命令说明

选　项	说　明
--add	增加所指定的系统服务，让 chkconfig 命令能够管理它，同时在系统启动的描述文件内增加相关数据
--del	删除所指定的系统服务，不再由 chkconfig 命令管理，同时在系统启动的描述文件内删除相关数据
--level<等级代号>	指定读系统服务要在哪一个执行等级中开启或关闭。其中： 等级 0—关机 等级 1—单用户模式 等级 2—无网络连接的多用户命令行模式 等级 3—有网络连接的多用户命令行模式 等级 4—不可用 等级 5—带图形界面的多用户模式 等级 6—重新启动系统

实例：

若要列出 chkconfig 中的所有命令，则执行命令：chkconfig --list，如图 1-2-51 所示。

```
[root@centos-display ~]# chkconfig --list
NetworkManager  0:关闭  1:关闭  2:启用  3:启用  4:启用  5:启用  6:关闭
abrt-ccpp       0:关闭  1:关闭  2:关闭  3:启用  4:关闭  5:启用  6:关闭
abrtd           0:关闭  1:关闭  2:关闭  3:启用  4:关闭  5:启用  6:关闭
acpid           0:关闭  1:关闭  2:启用  3:启用  4:启用  5:启用  6:关闭
atd             0:关闭  1:关闭  2:关闭  3:启用  4:启用  5:启用  6:关闭
auditd          0:关闭  1:关闭  2:启用  3:启用  4:启用  5:启用  6:关闭
autofs          0:关闭  1:关闭  2:关闭  3:启用  4:启用  5:启用  6:关闭
blk-availability        0:关闭  1:启用  2:启用  3:启用  4:启用  5:启用  6:关闭
bluetooth       0:关闭  1:关闭  2:关闭  3:启用  4:启用  5:启用  6:关闭
certmonger      0:关闭  1:关闭  2:关闭  3:启用  4:启用  5:启用  6:关闭
cgconfig        0:关闭  1:关闭  2:启用  3:关闭  4:关闭  5:关闭  6:关闭
cgred           0:关闭  1:关闭  2:关闭  3:关闭  4:关闭  5:关闭  6:关闭
cpuspeed        0:关闭  1:启用  2:启用  3:启用  4:启用  5:启用  6:关闭
crond           0:关闭  1:关闭  2:启用  3:启用  4:启用  5:启用  6:关闭
cups            0:关闭  1:关闭  2:启用  3:启用  4:启用  5:启用  6:关闭
dnsmasq         0:关闭  1:关闭  2:关闭  3:关闭  4:关闭  5:关闭  6:关闭
firstboot       0:关闭  1:关闭  2:关闭  3:关闭  4:关闭  5:关闭  6:关闭
haldaemon       0:关闭  1:关闭  2:关闭  3:启用  4:启用  5:启用  6:关闭
htcacheclean    0:关闭  1:关闭  2:关闭  3:关闭  4:关闭  5:关闭  6:关闭
httpd           0:关闭  1:关闭  2:关闭  3:关闭  4:关闭  5:关闭  6:关闭
ip6tables       0:关闭  1:关闭  2:启用  3:启用  4:启用  5:启用  6:关闭
iptables        0:关闭  1:关闭  2:启用  3:启用  4:启用  5:启用  6:关闭
irqbalance      0:关闭  1:关闭  2:启用  3:启用  4:启用  5:启用  6:关闭
```

图 1-2-51　列出 chkconfig 中的所有命令

❖ **命令：crontab**

crontab 命令可提交和管理用户需要周期性执行的任务。与 windows 下的计划任务类似，当安装操作系统后，默认安装此服务工具，并且自动启动 crond 进程，crond 进程每分钟定期检查是否有要执行的任务。如果有，则自动执行该任务。

命令格式：

　　crontab [选项]

选项说明：

选项说明如表 1-2-43 所示。

表 1-2-43　crontab 命令选项说明

选　项	说　　　明
-e	编辑该用户的计时器设置
-l	列出该用户的计时器设置
-r	删除该用户的计时器设置
-u<用户名称>	指定要设定计时器的用户名称

若 crontab 命令后直接跟着文件名，表示指定包含待执行任务的 crontab 文件。

8) 备份压缩

❖ **命令：tar**

tar 命令可以为 linux 的文件和目录创建档案。也可以在已创建的档案更新文件内容或者向档案中加入新的文件。

这里介绍两个概念：打包和压缩。打包是指将很多文件或目录变成一个总的文件；压缩则是将一个大的文件通过压缩算法变成一个小文件。

Linux 中有很多压缩程序只能针对一个文件进行压缩，当用户想要压缩很多文件时，就得先将这些文件先打成一个包(tar 命令)，然后再用压缩程序进行压缩(gzip bzip2 命令)。

选项格式：

　　tar [选项] 档案名.tar 被打包文件名(完整路径)

选项说明：

选项说明如表 1-2-44 所示。

表 1-2-44　tar 命令选项说明

选　　项	说　　明
-A 或 --catenate	添加新文件到备份文件
-B	设置区块大小
-c 或 --create	建立新的备份文件
-x 或 --extract 或 --get	从备份文件中还原文件
-t 或 --list	列出备份文件的内容
-z 或 --gzip 或 --ungzip	通过 gzip 指令处理备份文件
-Z 或 --compress 或 --uncompress	通过 compress 指令处理备份文件
-f<备份文件> 或 --file = <备份文件>	指定备份文件
-v 或 --verbose	显示指令执行过程
-r	添加文件到已经压缩的文件
-u	更新原备份文件的内容
-j	支持 bzip2 解压文件
-v	显示操作过程
-l	文件系统边界设置
-k	保留原有文件不覆盖
-m	保留文件不被覆盖
-w	确认压缩文件的正确性
-p 或 --same-permissions	还原后的文件权限与备份前相同
-P 或 --absolute-names	使用绝对路径压缩文件
-N <日期格式> 或 --newer = <日期时间>	只将指定日期后的文件保存到备份文件里
--exclude = <范本样式>	排除符合范本样式的文件

实例：

将整个/etc 目录下的文件全部打包成为 etc.tar 并存放到 tmp 下，则执行命令：tar -cvf /tmp/etc.tar /etc。

❖ 命令：gzip

gzip 命令用于压缩文件。文件经它压缩后，其名称后面会多出".gz"的扩展名。

命令格式：

　　gzip [选项] 待压缩文件名

选项说明：

选项说明如表 1-2-45 所示。

表 1-2-45　gzip 命令选项说明

选　　项	说　　明
-a 或 --ascii	使用 ASCII 文字模式
-c 或 –stdout 或--to-stdout	把压缩后的文件输出到标准输出设备，不变动原始文件
-d 或 --decompress 或 ----uncompress	解开压缩文件
-f 或 --force	强行压缩文件
-h 或 --help	在线帮助
-l 或 --list	显示压缩文件的相关信息
-L 或 --license	显示版本与版权信息
-n 或 --no-name	压缩文件时，不保存原文件名及时间戳记
-N 或 --name	压缩文件时，保存原文件名及时间戳记
-q 或 --quiet	不显示警告信息
-r 或 --recursive	递归处理，将指定目录下的所有文件及子目录一并处理
-S<压缩字尾字符串> 或 ----suffix<压缩字尾字符串>	更改压缩字尾的字符串
-t 或 --test	测试压缩文件是否正确
-v 或 --verbose	显示指令执行过程
-V 或 --version	显示版本信息
-<压缩效率>	压缩效率是一个介于 1~9 的数值，预设值为 "6"，指定的数值越大，压缩效率就越高
--best	此选项的效果和指定压缩效率为 "-9" 的相同
--fast	此选项的效果和指定压缩效率为 "-1" 的相同

实例：

压缩当前目录下的所有文件，则执行命令：gzip　*，如图 1-2-52 所示。

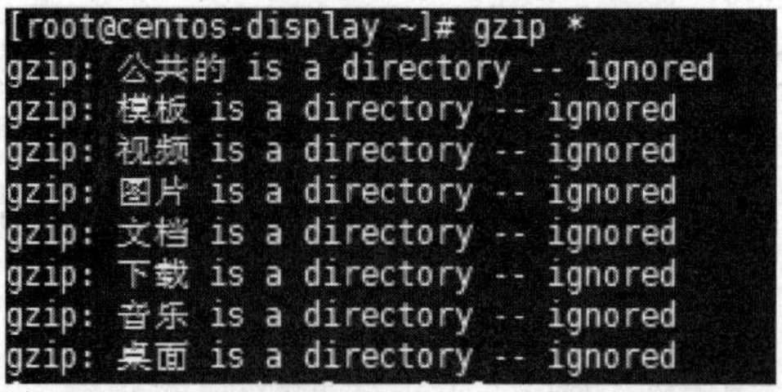

图 1-2-52　压缩当前目录下的所有文件

❖ 命令：**dump**

dump 命令用于备份文件系统。

dump 备份工具程序，可将目录或整个文件系统备份至指定的设备，或备份成一个文件。

命令格式：

    dump [选项] 备份文件名 备份源名

选项说明：

选项说明如表 1-2-46 所示。

表 1-2-46　dump 命令选项说明

选　　项	说　　明
-0	备份的层级
-b<区块大小>	指定区块的大小，单位为 KB
-B<区块数目>	指定备份卷册的区块数目
-c	修改备份磁带预设的密度与容量
-d<密度>	设置磁带的密度，单位为 BPI
-f<设备名称>	指定备份设备
-h<层级>	当备份层级等于或大于指定的层级时，将不备份用户标示为 "nodump" 的文件
-n	当备份工作需要管理员介入时，向所有 "operator" 群组中的用户发出通知
-s<磁带长度>	备份磁带的长度，单位为英尺
-T<日期>	指定开始备份的时间与日期
-u	备份后，在 /etc/dumpdates 中记录备份的文件系统、层级、日期和时间等
-w	与 -W 类似，但仅显示需要备份的文件
-W	显示需要备份的文件及其最后一次备份的层级、时间与日期等

◇ 技能训练

训练目的：

认识和了解 CentOS 操作系统中的基本命令，并掌握其中常用命令。

训练内容：

用任务 1.2 中介绍的 CentOS 操作系统基本命令，对蓝雨公司的服务器进行相关操作和配置，以便进一步熟悉这些命令。

参考资源：

1. CentOS 基础命令技能训练任务单；

2. CentOS 基础命令技能训练任务书；

3. CentOS 基础命令技能训练检查单；

4. CentOS 基础命令技能训练考核表。

技能训练 1-3

训练步骤：

1. 学生认真阅读任务 1.2 中相关内容，并依照命令类别列出任务清单。

2. 制定工作计划，进行服务器配置和操作。

3. 形成基础命令实践和体验报告。

子任务 1.2.3　CentOS 的文件管理

1. 文件管理

文件是操作系统用来存储信息的基本结构，也是一组信息的集合。文件通过文件名来唯一地标识。Liunx 中的文件名最长允许 255 个字符，这些字符可以是 A～Z、0～9 和符号等。

CentOS 的文件
管理讲解

在本小节中，将学习用 touch、cp、mv、rm 这 4 条命令来创建、复制、移动和删除文件。

将当前目录切换到/home 路径下，查看当前目录下的所有文件，如图 1-2-53 所示。

```
[root@localhost ~]# cd /home/
[root@localhost home]# ls
[root@localhost home]#
```

图 1-2-53　查看当前目录下的文件

touch 命令可创建一个文件。touch 命令的格式为：

　　touch　文件名

使用 touch 命令创建一个名为 haha 的文件，如图 1-2-54 所示。

```
[root@localhost home]# touch haha
[root@localhost home]# ls
haha
[root@localhost home]#
```

图 1-2-54　使用 touch 命令创建文件

若需复制文件，可使用 cp 命令。cp 命令的格式为：

　　cp [选项] 源文件或目录 目标文件或目录

选项如表 1-2-47 所示。

表 1-2-47　cp 命令选项说明

选　项	说　　明
-r	递归复制，适用于目录的复制
-d	复制连接文件的属性
-f	强制执行
-i	若已经存在文件，则提示是否覆盖
-p	复制文件与属性
-u	若目标文件版本较旧，则更新文件

使用 cp 命令将文件 haha 复制一份，并命名为 haha1，如图 1-2-55 所示。

图 1-2-55　使用 cp 命令复制文件

先创建新目录，再使用 mv 命令将文件移动到目录中。mv 命令的格式为：

　　mv [选项] 源文件或目录 目标文件或目录

选项如表 1-2-48 所示。

表 1-2-48　mv 命令选项说明

选　项	说　明
-f	强制执行
-i	若已经存在文件，则提示是否覆盖
-u	若目标文件版本较旧，则更新文件

先创建新目录 test，再使用 mv 命令将文件 haha1 移动到目录 test 中，如图 1-2-56 所示。

图 1-2-56　使用 mv 命令移动文件

可以看到文件已经移动到了 test 目录下，现在使用 rm 命令将文件删除，rm 命令的格式为：

　　rm [选项] 文件名

选项如表 1-2-49 所示。

表 1-2- 49　rm 命令选项说明

选　项	说　明
-f	强制执行删除
-i	交互模式。删除前会询问用户
-r	递归删除。常用于目录删除

使用 rm 命令，将文件 haha 与 test 目录删除，如图 1-2-57 所示。

图 1-2-57　使用 rm 命令删除文件

从图 1-2-57 可以看到，已成功地删除了文件 haha，但删除目录 test 的过程中出现了问题，rm 命令无法直接删除目录。删除目录需要添加选项，使用-r 与-f 选项组合可以一次性删除 test 目录及目录中所有文件，如图 1-2-58 所示。

```
[root@localhost home]# rm -rf test/
[root@localhost home]# ls
[root@localhost home]#
```

图 1-2-58　使用 rm 命令强制删除目录

2. 文本文件编辑

本小节中，将学习使用 vi 编辑器和 cat 命令来编辑、查看文本文件。

vi 编辑器有 3 种操作模式：命令模式、编辑模式和末行模式。各模式的功能如下：

(1) **命令模式**：控制屏幕光标的移动、字符的删除、移动或复制某区段等。

(2) **编辑模式**：在编辑模式下可输入和编辑文本。按 Esc 键可返回命令模式。

(3) **末行模式**：设置 vi 编辑环境、查找字符串、列出行号、储存文件、退出 vi 编辑器等。

编辑文本文件时，先使用 vi 命令进入 vi 编辑器，命令格式为：

　　vi 文件名

进入 vi 编辑器后，就处于命令模式。可以进行光标的移动、字符搜索与替换、复制、粘贴和删除文本等。常用的光标移动命令如表 1-2-50 所示。

表 1-2-50　vi 光标移动命令

命　令	作　用
方向上键	光标移到上一行
方向下键	光标移到下一行
方向左键	光标左移一个字符
方向右键	光标右移一个字符
0	光标移动到本行的开始
$	光标移动到本行的末尾
H	光标移动到屏幕第一行的开始
G	光标移动到文件最后一行的开始
nG	光标移动到文件第 n 行的开始
gg	光标移动到文件第一行的开始

常用的搜索与替换命令如表 1-2-51 所示。

表 1-2-51　vi 搜索与替换命令

命　令	作　用
/word	从光标位置开始向下查找名为 word 的字符串
?word	从光标位置开始向上查找名为 word 的字符串
n	英文按键，表示重复前一个搜索的动作
N	英文按键，表示反向重复前一个搜索的动作
:n1 n2s/word1/word2/g	在 n1 行与 n2 行之间寻找字符串 word1，并将其替换为字符串 word2

常用的删除、复制粘贴命令如表 1-2-52 所示。

表 1-2-52　vi 删除、复制粘贴命令

命　令	作　用
X、x	X 为向前删除一个字符，相当于 Backspae 键；x 为向后删除一个字符，相当于 Delete 键
dd	删除光标所在行
yy	复制光标所在行
P、p	P 表示将已复制的数据粘贴至光标的下一行；p 表示将复制的数据粘贴至光标的上一行
u	复原前一个操作
Ctrl + R	重复上一个操作

创建一个名为 test 的文本文件要使用 vi 编辑器来编辑。

[root@localhost home]# vi test_

首先进入命令模式。test 文件是一个新的文件，其中还没有任何内容。因此，按 i、o、a 键，进入编辑状态，这样就可以进行文本编辑了，如图 1-2-59 所示。

图 1-2-59　vi 编辑模式

编辑后，可以使用 ESC 键切换到末行状态。常见末行模式命令如表 1-2-53 所示。

表 1-2-53　vi 末行模式命令

命　令	作　　用
:w	将编辑的数值写入硬盘文件
:w!	若文件为"只读"属性，则强制写入该文件
:q	退出 vi 编辑器
:q!	不存盘，强制退出 vi 编辑器
:wq	存盘后退出 vi 编辑器
:e!	将文件还原到原始状态
ZZ	若文件未修改，则不存盘退出；若已修改，则存盘退出
:w filename	数据另存为文件名为 filename 的文件
:r filename	读入文件名为 fileame 的文件，并将数据加到当前光标所在行的后面
:set nu	显示行号

在末行模式中输入:wq，即可保存退出，如图 1-2-60 所示。

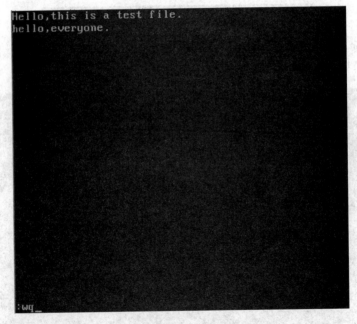

图 1-2-60　保存退出 vi

文件编辑完成退出之后，还可以使用 vi 命令继续编辑和查看，或使用 cat 命令查看文件内容，如图 1-2-61 所示。

```
[root@localhost home]# cat test
Hello,this is a test file.
hello,everyone.
[root@localhost home]#
```

图 1-2-61　使用 cat 命令查看文本文件

3. 文件权限管理

与其他操作系统相比，Linux 最大的特点是没有“扩展名”的概念，也就是说，文件的名称和文件的种类并没有直接的关联，例如 test.txt 可能是一个运行文件，也可能是文本文件，其类型与“.txt”无关。另一个特点是 Linux 文件名严格区分大小写。在 Linux 系统中，如果文件名以“.”开始，表示该文件为隐藏文件，需要使用“ls -a”命令才能显示。

用户能够通过设定文件权限控制一个文件或目录的访问限制：只允许用户自己访问；允许一个预先指定的用户组群中的用户访问；允许系统中的任何用户访问。一个文件或目录可能有读、写及执行权限。创建一个文件时系统会自动赋予文件所有者读、写权限，这是为了允许所有者显示文件内容和修改文件。文件所有者可以将这些权限改变为任何他想指定的权限。一个文件可能只有读权限而禁止任何修改；也可能只有执行权限，允许它像程序一样执行。

访问一个目录或者文件有三种不同的用户类型(所有者、用户组群或其他用户)。所有者是创建文件的用户，文件的所有者能够分别授予其所属用户组群的其他成员以及系统中除所属群组之外的其他用户的文件访问权限。

可以用“ls -l”或者“ll”命令显示文件的详细信息，其中包括文件的权限。如图 1-2-62 所示。

```
[root@localhost home]# ll
total 8
-rw-r--r--. 1 root root    0 Nov 26 16:26 haha
-rw-r--r--. 1 root root   43 Nov 26 15:32 test
drwxr-xr-x. 2 root root 4096 Nov 26 16:25
```

图 1-2-62　查看文件权限

在图 1-2-62 中，从第 3 行开始，每一行的第一个字符通常用来区分文件的类型，一般取值为 d、-、l、b、c、s、p。具体含义为：

d：表示一个目录，在 ext 文件系统中目录也是一种特殊的文件。

-：表示该文件是一个普通文件。

l：表示该文件是一个符号链接文件，实际上它指向另一个文件。

b、c：分别表示该文件为区块设备或其他的外围设备，是特殊类型文件。

s、p：这些文件关系到系统的数据结构和管道，通常很少见到。

下面详细介绍权限的种类和权限的设置方法。

在权限文件中，每一行的第 2～10 个字符表示文件的访问权限。这 9 个字符每 3 个为一组且位置固定，左边 3 个字符表示所有者权限，中间 3 个字符表示与所有者同一组的用户的权限，右边 3 个字符是其他用户的权限。代表的意义如下：

- 字符 2、3、4 表示该文件所有者的权限，简称 u(User)的权限。
- 字符 5、6、7 表示该文件所有者所属的组成员权限。例如，此文件拥有者属于“user”组群，该组群中有 6 个成员，表示这 6 个成员都有此处指定的权限。简称 g(Group)的权限。
- 字符 8、9、10 表示该文件所有者所属组群以外的权限，简称 o(Other)的权限。

这 9 个字符根据权限种类的不同，也分为 3 种类型：

(1) r (Read，读取)：对文件而言，具有读取文件内容的权限；对目录来说，具有浏览目录的权限。

(2) w (Write，写入)：对文件而言，具有新增、修改文件内容的权限；对目录来说，具有删除、移动目录内文件的权限。

(3) x (execute，执行)：对文件而言，具有执行文件的权限；对目录来说，该用户具有进入目录的权限。

若不具有某项权限，则在该项权限位置用"-"表示。

下面举例说明：

brwxr--r--：该文件是区块设备文件，文件所有者具有读、写与执行的权限，同组用户和其他用户则具有读取的权限。

-rw-rw-r-x：该文件是普通文件，文件所有者与同组用户对文件具有读、写的权限，而其他用户仅具有读取和执行的权限。

drwx--x--x：该文件是目录文件，目录所有者具有读、写与进入目录的权限，其他用户能进入该目录，却无法读取任何数据。

lrwxrwxrwx：该文件是符号链接文件，文件所有者、同组用户和其他用户对该文件都具有读、写和执行权限。

每个用户都拥有自己的主目录，通常在/home 目录下，这些主目录的默认权限为 rwx------：执行 mkdir 命令所创建的目录，其默认权限为 rwxr-xr-x，用户可以根据需要修改目录的权限。

修改权限所使用的命令为 chmod。

使用 chmod 改变属性有两种方法。

(1) 使用数字类型改变文件或目录属性，如表 1-2-54 所示。

表 1-2-54　属性与数值对应关系

属　　性	十进制值	二进制值
r	4	100
w	2	010
x	1	001

表 1-2-55 列举了文件或目录中一组属性的所有可能组合。

表 1-2-55　属性组合

属性组合	十进制	二进制
---	0	000
--x	1	001
-w-	2	010
-wx	3	011
r--	4	100
r-x	5	101
rw-	6	110
rwx	7	111

例：将文件 test 的属性修改为 rwx-r----x。

查表可知要修改的属性数值化为 741，则命令格式为：

  chmod 741 test

修改后，可以用 ls -l 命令予以验证，如图 1-2-63 所示。

```
[root@localhost home]# ll
total 8
-rw-r--r--. 1 root root     0 Nov 26 16:26 haha
-rw-r--r--. 1 root root    43 Nov 26 15:32 test
drwxr-xr-x. 2 root root  4096 Nov 26 16:25
[root@localhost home]# chmod 741 test
[root@localhost home]# ll
total 8
-rw-r--r--. 1 root root     0 Nov 26 16:26 haha
-rwxr----x. 1 root root    43 Nov 26 15:32 test
drwxr-xr-x. 2 root root  4096 Nov 26 16:25
[root@localhost home]# _
```

图 1-2-63　使用数字类型修改并查看文本权限文件

(2) 使用符号类型改变文件或目录属性。

符号的含义见表 1-2-56。

表 1-2-56　符号的含义

符　号	含　义
u	user 用户
g	group 用户组
o	other 其他人
a	user、group、other 全部
+	加入
-	除去
=	设置

例：将文件 test 的属性修改为 rwx-rw---x。

查表 1-2-56 属性与符号对应关系，可以使用 chmod 命令进行修改，命令为：

  chmod u = rwx，g = rw，o = x test

修改后，可以用 ls -l 命令予以验证，如图 1-2-64 所示。

```
[root@localhost home]# ll
total 8
-rw-r--r--. 1 root root     0 Nov 26 16:26 haha
-rwxr----x. 1 root root    43 Nov 26 15:32 test
drwxr-xr-x. 2 root root  4096 Nov 26 16:25
[root@localhost home]# chmod u=rwx,g=rw,o=x test
[root@localhost home]# ll
total 8
-rw-r--r--. 1 root root     0 Nov 26 16:26 haha
-rwxrw---x. 1 root root    43 Nov 26 15:32 test
drwxr-xr-x. 2 root root  4096 Nov 26 16:25
[root@localhost home]# _
```

图 1-2-64　使用符号类型修改并查看文本权限文件

　　若要修改文件的所有者，则可使用 chown 命令来设置。chown 命令格式如下：
　　　　chown [选项] 用户和属组 文件名列表
用户和属组可以是名称，也可以是 UID 或 GID。多个文件之间用空格分隔。
例如，要把 /long/file 文件的所有者修改为 test 用户，命令如下：

```
[root@localhost long]# chown test /long/file

[root@localhost long]# ll
total 0
-rw-r--r--. 1 root root 0 Nov 26 17:40 file
```

chown 命令可以同时修改文件的所有者和属组，用"："分隔。例如，将/long/file 文件的所有者和属组都改为 test 的命令(test 组群事先已建立好)：

```
[root@localhost long]# chown test:test /long/file
```

如果只修改文件的属组，则可以使用下列命令：

```
[root@localhost long]# chown :test /long/file
```

修改文件的属组也可以使用命令 chgrp。命令如下：

```
[root@localhost long]# chgrp test /long/file
```

◇ **技能训练**

训练目的：

了解 CentOS 操作系统的文件管理基本命令和文件的相关
权限。

训练内容：

依据任务 1.2 中介绍的 CentOS 操作系统文件管理相关的命
令，对蓝雨公司的服务器进行相关操作和配置，以便进一步熟悉
这些命令。

技能训练 1-4

参考资源：

1. CentOS 文件管理技能训练任务单；

2. CentOS 文件管理技能训练任务书；

3. CentOS 文件管理技能训练检查单；

4. CentOS 文件管理技能训练考核表。

训练步骤：

1. 学生认真阅读任务 1.2 中相关内容，并依照命令类别列出任务清单。

2. 制定工作计划，进行服务器配置和操作。

3. 形成基础命令实践和体验报告。

子任务 1.2.4　CentOS 的进程管理

Linux 是一个多用户、多任务的操作系统，即多个用户可以同时使用一个操作系统；而每个用户又可以运行多个命令。系统中的各种资源(如文件、内存、CPU 等)的分配和管理都以进程为单位。为了协调多个进程对这些共享资源的访问，操作系统要跟踪所有进程的活动及它们对系统资源的使用情况，实施对进程和资源的动态管理。

在多道程序工作环境中，各个程序是并发执行的。它们共享系统资源，彼此相互制约、相互依赖，呈现出动态的新特征。因此，用程序这个静态概念已不能如实反映程序活动的特征。鉴此，人们引入了进程(process)这一概念，来描述程序动态执行的特性。简单地说，进程就是程序执行一次动态子过程。一个静态的程序可以分解为若干个动态子过程，每个子过程的执行就相当于一个进程的执行。

CentOS 的进程
管理讲解

在 Linux 系统中，进程有以下几个状态：

运行态(run)： 此时进程正在运行或准备运行。

等待态(wait)： 此时进程在等待一个事件的发生或某种系统资源。

停止态(stop)： 进程被停止，通常是接受了一个信号。正在被调试的进程可能处于停止状态。

僵死态(zombie)： 由于某些原因被终止的进程，但是该进程的控制结构仍然保留着。

输入需要运行的程序的程序名，执行这个程序，其实也就是启动了一个进程。在 Linux 系统中每个进程都具有一个进程号，用于系统识别和进程调度。

1. 查看进程信息

使用 ps 命令来查看当前系统中运行的进程信息，其格式为：

　　ps　[选项]

ps 命令的选项如表 1-2-57 所示。

表 1-2-57　ps 命令选项

选　项	作　用
a	显示终端上的所有进程，包括其他用户的进程
u	显示面向用户的格式信息
x	显示没有控制终端的进程

ps-au 命令的输出内容如图 1-2-65 所示。

```
USER       PID %CPU %MEM    VSZ   RSS TTY      STAT START   TIME COMMAND
root      1042  0.0  0.0   4064   576 tty2     Ss+  12:53   0:00 /sbin/mingetty
root      1044  0.0  0.0   4064   576 tty3     Ss+  12:53   0:00 /sbin/mingetty
root      1046  0.0  0.0   4064   576 tty4     Ss+  12:53   0:00 /sbin/mingetty
root      1048  0.0  0.0   4064   580 tty5     Ss+  12:53   0:00 /sbin/mingetty
root      1050  0.0  0.0   4064   576 tty6     Ss+  12:53   0:00 /sbin/mingetty
root      1063  0.0  0.1 108304  1976 tty1     Ss   12:53   0:00 -bash
root      1227  0.0  0.0 110232  1180 tty1     R+   18:44   0:00 ps -au
[root@localhost home]#
```

图 1-2-65　ps 命令

第一行各字段分别表示：用户(USER)、进程号(PID)、CPU 使用率(%CPU)、内存使用率(%MEM)、虚拟内存占用情况(VSZ)、物理内存占用情况(RSS)、登录的终端控制台(TTY,? 表示未知)、当前进程状态(STAT)、进程开始时间(START)、进程运行时间(TIME)、进程名称(COMMAND)。

当前进程状态有几种类型，如表 1-2-58 所示。

表 1-2-58　当前进程状态的类型

类　型	含　义
R(TASK_RUNNING)	可执行状态
S(TASK_INTERRUPTIBLE)	可中断的睡眠状态
D(TASK_UNINTERRUPTBLE)	不可中断的睡眠状态
T(TASK_STOPPED or TASK_TRACED)	暂停状态或跟踪状态
Z(TASK_DEAD-EXIT_ZOMBIE)	退出状态，进程成为僵尸进程
X(TASK_DEAD-EXIT_DEAD)	退出状态，进程即将被取消

使用 top 命令来动态交互方式显示进程，其格式为：

　　top [选项]

top 命令的选项如表 1-2-59 所示。

表 1-2-59　top 命令选项

选项	作　用
d	后面可以接秒数，就是整个程序结果更新的秒数，预设是 5 s
b	以批次的方式执行 top
n	与-b 搭配，意义是需要进行几次 top 的输出结果
p	指定某些 PID 来进行观察、监测

在 top 执行过程中可以使用的按键指令如表 1-2-60 所示。

表 1-2-60　top 的执行过程中可用的指令

指　令	作　用
?	显示在 top 中可以输入的按键指令
P	以 CPU 的使用资源排序显示
M	以 Memory 内存的使用资源排序显示
N	以 PID 来排序
T	由该进程使用的 CPU 时间累积(TIME+)排序
k	给予某个 PID 一个信号(signal)

2. 结束进程

用 kill 命令来终止一个后台运行的进程，其格式为：

　　kill [-信号] 进程号

此处的信号一般可以分为-9 和-15。默认情况下，采用编号为 15 的信号，-15 信号将终止所有能捕获该信号的进程。对于那些不能捕获该信号的进程要采用-9 信号，强行停止该进程。注意：只有在万不得已时才可采用-9 信号，因为进程不能首先捕获它。要撤销所有后台的进程，可以输入 kill 0。

尝试创建一个进程 vi，后台运行，如图 1-2-66 所示。

使用 kill 命令强制关闭进程号 1252 的 vi 进程，如图 1-2-67 所示。

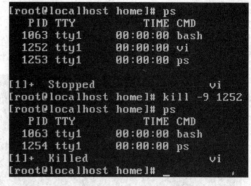

图 1-2-66　创建后台进程 vi　　　　　　图 1-2-67　结束后台进程 vi

3. 其他进程管理命令与方式

要终止一个前台运行的进程，可以使用组合键 Ctrl + C。

将前台运行的进程放到后台挂起(暂停)，可以使用组合键 Ctrl + Z。

显示后台存在哪些进程，可以使用 jobs 命令。

将后台的暂停的进程转到前台运行，可以使用 fg + 编号。

◇ 技能训练

训练目的：

了解 CentOS 操作系统中常用的进程管理命令及使用方式。

训练内容：

依据任务 1.2 中介绍的 CentOS 操作系统进程管理相关的命令，对蓝雨公司的服务器进行相关操作和配置，以便进一步熟悉这些命令。

技能训练 1-5

参考资源：

1. CentOS 进程管理技能训练任务单；
2. CentOS 进程管理技能训练任务书；
3. CentOS 进程管理技能训练检查单；
4. CentOS 进程管理技能训练考核表。

训练步骤：

1. 学生认真阅读技能训练任务书中相关内容，并依照命令类别列出任务清单。
2. 制定工作计划，进行服务器配置和操作。
3. 形成基础命令实践和体验报告。

子任务 1.2.5　CentOS 的存储管理

在 Linux 系统安装时，其中有一个步骤是进行磁盘分区。在分区时可以采用 Disk Druid、RAIL 和 LVM 等方式进行。除此之外，在 Linux 系统中还有 fdisk、ckdisk、parted 等分区工具。本节将介绍几种常见的磁盘工具。

首先查看当前系统下的设备，设备都在/dev 目录下。通过 ls 命令，可以看到系统有一块硬盘 sda，sda 又分为两个分区，sda1 和 sda2，如图 1-2-68 所示。

图 1-2-68　查看当前系统设备

给磁盘分区时，有时会因错误操作而破坏系统，故而应为虚拟机增加一块新的硬盘。在关闭虚拟机电源之后，打开虚拟机的配置，为虚拟机增加新硬盘，如图 1-2-69 所示。

点击"下一步"，选择磁盘类型，如图 1-2-70 所示。

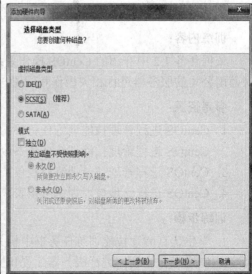

图 1-2-69　为虚拟机添加新硬盘　　　　图 1-2-70　选择磁盘类型

点击"下一步",选择"创建新虚拟磁盘",如图 1-2-71 所示。

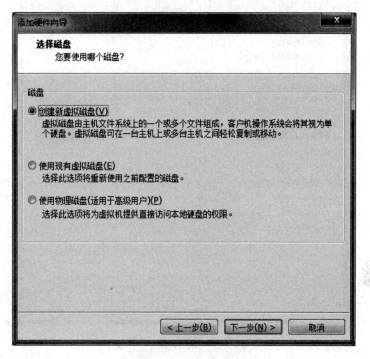

图 1-2-71　创建新磁盘

点击"下一步",选择磁盘容量,至少需要大约 10 GB,推荐选择默认的 20 GB 磁盘容量,如图 1-2-72 所示。

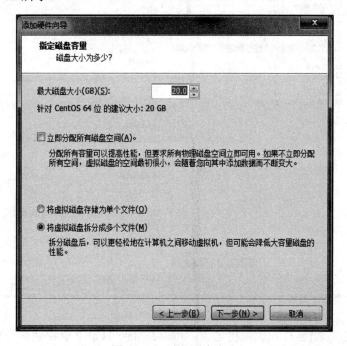

图 1-2-72　选择磁盘大小

点击"下一步",选择磁盘文件名,如图 1-2-73 所示。

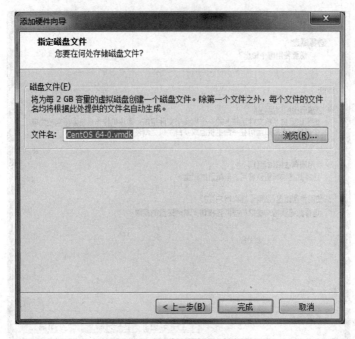

图 1-2-73　选择磁盘文件名

点击"完成",可以在"虚拟机设置"页面看到新添加的磁盘,如图 1-2-74 所示。

图 1-2-74　新添加的磁盘

点击"确定",重新打开虚拟机电源,可以在/dev 目录下查看到新硬盘。新硬盘的名字为 sdb,如图 1-2-75 所示。

```
dvdrw     network_latency     sda       tty22  tty50  vcs5
fb        network_throughput  sda1      tty23  tty51  vcs6
fb0       null                sda2      tty24  tty52  vcsa
fd        nvram               sdb       tty25  tty53  vcsa1
full      oldmem              sg0       tty26  tty54  vcsa2
fuse      port                sg1       tty27  tty55  vcsa3
hidraw0   ppp                 sg2       tty28  tty56  vcsa4
hpet      ptmx                shm       tty29  tty57  vcsa5
                              snapshot  tty3   tty58  vcsa6
hvc0      ram0                          tty30  tty59  vga_arbiter
          ram1                sr0       tty31  tty6
kmsg      ram10               stderr    tty32  tty60  zero
log       ram11               stdin     tty33  tty61
loop0     ram12               stdout    tty34  tty62
[root@localhost dev]# ls /dev/_
```

图 1-2-75　查看新硬盘 sdb

目前第二块硬盘 sdb 还不能使用，因为还没有对硬盘进行分区和格式化。现在，可以使用 fdisk 命令来给硬盘进行分区。

fdisk 磁盘分区工具在 DOS、Windows 和 Linux 中都有相应的应用程序。在 Linux 系统中，fdisk 是基于菜单的命令。用 fdisk 对硬盘进行分区，可以在 fdisk 命令后面直接加上要分区的硬盘作为参数，对第二块 SCSI 硬盘进行分区的操作如图 1-2-76 所示。

CentOS 的存储管理讲解

```
[root@localhost ~]# fdisk /dev/sdb
Device contains neither a valid DOS partition table, nor Sun, SGI or OSF disklab
el
Building a new DOS disklabel with disk identifier 0x8c743437.
Changes will remain in memory only, until you decide to write them.
After that, of course, the previous content won't be recoverable.

Warning: invalid flag 0x0000 of partition table 4 will be corrected by w(rite)

WARNING: DOS-compatible mode is deprecated. It's strongly recommended to
         switch off the mode (command 'c') and change display units to
         sectors (command 'u').

Command (m for help): _
```

图 1-2-76　用 fdisk 命令进行分区

在 Command 提示后面输入相应的命令来选择需要的操作。例如，输入 m 选项可列出所有可用命令。fdisk 命令的所有选项如表 1-2-61 所示。

表 1-2-61　fdisk 命令选项

选　项	作　　用
a	调整硬盘启动分区
d	删除硬盘分区
l	列出所有支持的分区类型
m	列出所有命令
n	创建新分区
p	列出硬盘分区表

选　项	作　用
q	不保存更改，退出 fdisk 命令
t	更改分区类型
u	切换所显示的分区大小的单位
w	把修改写入硬盘分区表，然后退出
x	列出高级选项

使用 p 选项，查看当前硬盘中的分区，如图 1-2-77 所示。

```
Command (m for help): p

Disk /dev/sdb: 21.5 GB, 21474836480 bytes
255 heads, 63 sectors/track, 2610 cylinders
Units = cylinders of 16065 * 512 = 8225280 bytes
Sector size (logical/physical): 512 bytes / 512 bytes
I/O size (minimum/optimal): 512 bytes / 512 bytes
Disk identifier: 0x8c743437

   Device Boot      Start         End      Blocks   Id  System

Command (m for help):
```

图 1-2-77　查看当前硬盘的分区

可以看到，新硬盘 sdb 中还没有分区。使用 n 选项，新建分区，如图 1-2-78 所示。

```
Command (m for help): n
Command action
   e   extended
   p   primary partition (1-4)
```

图 1-2-78　使用 n 命令新建分区

输入 p，选择主分区，再输入分区序号 1，并输入分区的起始与终止扇区，用以确定分区的大小，如图 1-2-79 所示。

```
Partition number (1-4): 1
First cylinder (1-2610, default 1): 1
Last cylinder, +cylinders or +size{K,M,G} (1-2610, default 2610): 1305

Command (m for help): _
```

图 1-2-79　输入分区参数

至此，分区已经创建完毕，可以使用 p 选项查看，如图 1-2-80 所示。

```
Command (m for help): p

Disk /dev/sdb: 21.5 GB, 21474836480 bytes
255 heads, 63 sectors/track, 2610 cylinders
Units = cylinders of 16065 * 512 = 8225280 bytes
Sector size (logical/physical): 512 bytes / 512 bytes
I/O size (minimum/optimal): 512 bytes / 512 bytes
Disk identifier: 0x8c743437

   Device Boot      Start         End      Blocks   Id  System
/dev/sdb1             1          1305    10482381   83  Linux

Command (m for help):
```

图 1-2-80　查看当前硬盘中的分区

以同样的方式，再创建一个新的分区，并查看当前系统的分区表，如图 1-2-81 所示。

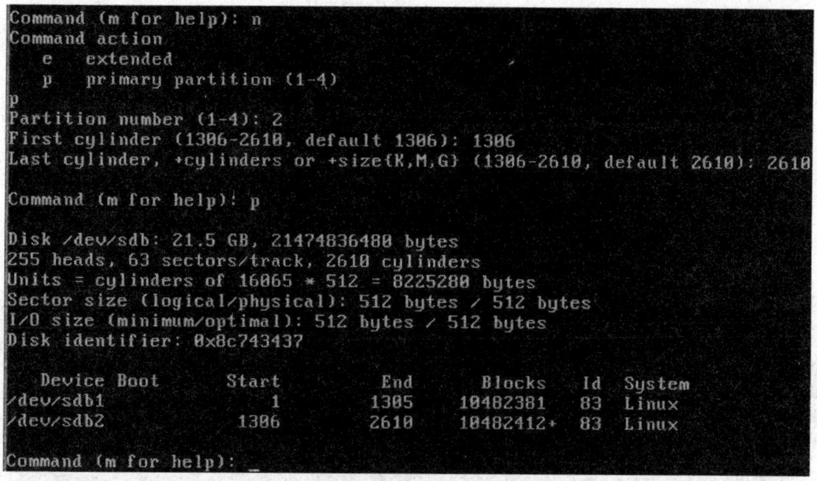

图 1-2-81　创建新的分区和查看当前硬盘中的分区

接下来，通过 w 选项将修改的分区写入磁盘，如图 1-2-82 所示。

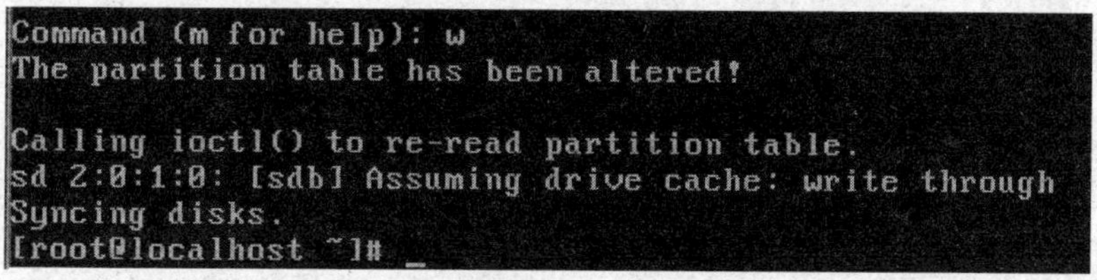

图 1-2-82　将修改的分区写入磁盘

此时可以查看 /dev 目录下的文件，可以看到新增的 sdb1 和 sdb2 分区，如图 1-2-83 所示。

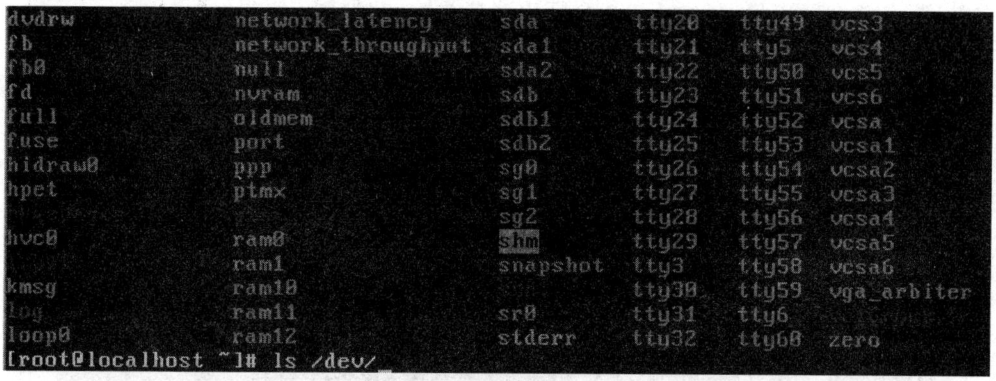

图 1-2-83　查看新增 sdb1 和 sdb2 分区

硬盘分区后，下一步的工作就是文件系统的建立。类似于 Windows 下的格式化磁盘。在硬盘分区上建立文件系统会冲掉分区上的数据，而且不可恢复，因此在建立文件系统之前要确认分区上的数据不再使用。建立文件系统的命令是 mkfs，格式如下：

mkfs [选项] 文件系统

mkfs 命令常用的选项如表 1-2-62 所示。

表 1-2-62　mkfs 命令选项

选　项	作　用
-t	指定要创建的文件系统类型
-c	建立文件系统前首先检查坏块
-l file	从文件 file 中读磁盘坏块列表，file 文件一般是由磁盘坏块检查程序产生的
-V	输出建立文件系统的详细信息

现在使用 mkfs 命令来将硬盘的 sdb1 分区格式化为 ext4 格式，如图 1-2-84 所示。

```
[root@localhost ~]# mkfs.ext4 /dev/sdb1
mke2fs 1.41.12 (17-May-2010)
Filesystem label=
OS type: Linux
Block size=4096 (log=2)
Fragment size=4096 (log=2)
Stride=0 blocks, Stripe width=0 blocks
655360 inodes, 2620595 blocks
131029 blocks (5.00%) reserved for the super user
First data block=0
Maximum filesystem blocks=2684354560
80 block groups
32768 blocks per group, 32768 fragments per group
8192 inodes per group
Superblock backups stored on blocks:
        32768, 98304, 163840, 229376, 294912, 819200, 884736, 1605632

Writing inode tables: done
Creating journal (32768 blocks): done
Writing superblocks and filesystem accounting information: done

This filesystem will be automatically checked every 23 mounts or
180 days, whichever comes first.  Use tune2fs -c or -i to override.
[root@localhost ~]# _
```

图 1-2-84　将 sdb1 分区格式化为 ext4 格式

使用 mkfs 命令来将硬盘的 sdb2 分区格式化为 ext3 格式，如图 1-2-85 所示。

```
[root@localhost ~]# mkfs.ext3 /dev/sdb2
mke2fs 1.41.12 (17-May-2010)
Filesystem label=
OS type: Linux
Block size=4096 (log=2)
Fragment size=4096 (log=2)
Stride=0 blocks, Stripe width=0 blocks
655360 inodes, 2620603 blocks
131030 blocks (5.00%) reserved for the super user
First data block=0
Maximum filesystem blocks=2684354560
80 block groups
32768 blocks per group, 32768 fragments per group
8192 inodes per group
Superblock backups stored on blocks:
        32768, 98304, 163840, 229376, 294912, 819200, 884736, 1605632

Writing inode tables: done
Creating journal (32768 blocks): done
Writing superblocks and filesystem accounting information: done

This filesystem will be automatically checked every 33 mounts or
180 days, whichever comes first.  Use tune2fs -c or -i to override.
[root@localhost ~]# _
```

图 1-2-85　将 sdb2 分区格式化为 ext3 格式

使用 fsck 命令来检查文件系统。fsck 命令主要用于检查文件系统的正确性，并对 Linux 磁盘进行修复。fsck 命令的格式如下：

　　fsck [选项] 文件系统

fsck 命令常用的选项如表 1-2-63 所示。

表 1-2-63　fsck 命令选项

选　　项	作　　用
t	给定文件系统类型，若在/etc/fstab 中已有定义或 kernel 本身已支持的，则不需要添加此项
s	逐一执行 fsck 命令进行检查
A	对/etc/fstab 中所有列出来的分区进行检查
C	显示完整的检查进度
d	列出 fsck 的 debug 结果
P	在同时有 -A 选项时，多个 fsck 的检查一起执行
a	如果检查中发现错误，则自动修复
r	如果检查出错误，则询问是否修复

检查分区 /dev/sdb1 上是否有错误，如果有错误就自动修复，如图 1-2-86 所示。

```
[root@localhost ~]# fsck -a /dev/sdb1
fsck from util-linux-ng 2.17.2
/dev/sdb1: clean, 11/655360 files, 79663/2620595 blocks
[root@localhost ~]#
```

图 1-2-86　检查分区是否有错误

在磁盘上建立文件系统之后，还需要把新建立的文件系统挂载到原来文件系统上才能使用，这个过程称为挂载。文件系统所挂载到的目录被称为挂载点。Linux 中提供/mnt 和/media 两个专门的挂载点。一般而言，挂载点应该是一个空目录，否则目录中原来的文件将被系统隐藏。

文件系统的挂载，可以在操作系统引导过程中自动挂载，也可以手工挂载，手工挂载的命令为 mount，其格式如下：

　　mount [选项] 设备 挂载点

mount 命令的主要选项如表 1-2-64 所示。

表 1-2-64　mount 命令选项

选　　项	作　　用
t	指定挂载的文件系统类型
r	只读方式挂载
w	可写方式挂载
a	挂载/etc/fsab 文件中记录的设备

使用 mount 命令将 sdb1 挂载在 /mnt/test 下，sdb2 挂载在/mnt/test2 下，如图 1-2-87 所示。

```
[root@localhost ~]# mount /dev/sdb1 /mnt/test
[root@localhost ~]# mount /dev/sdb2 /mnt/test2
[root@localhost ~]#
```

图 1-2-87   使用 mount 命令挂载文件系统

使用 df 命令来查看文件系统的磁盘空间占用情况及文件系统的挂载位置。df 命令格式如下：

df [选项]

df 命令的常见选项如表 1-2-65 所示。

表 1-2-65   df 命令选项

选　项	作　　　用
a	显示所有文件系统磁盘使用情况
k	以 KB 为单位显示磁盘信息
i	显示 i 节点信息
t	显示各指定类型文件系统的磁盘空间使用情况
x	列出不是某一指定类型文件系统的磁盘空间使用情况(与 t 选项相反)
T	显示文件系统类型

使用 df 命令查看各文件系统的磁盘空间占用情况，如图 1-2-88 所示。

```
[root@localhost ~]# df
Filesystem                  1K-blocks      Used Available Use% Mounted on
/dev/mapper/VolGroup-lv_root 18069936    778752  16373272   5% /
tmpfs                         953276         0    953276   0% /dev/shm
/dev/sda1                     495844     33467    436777   8% /boot
/dev/sdb1                   10317828    154100   9639612   2% /mnt/test
/dev/sdb2                   10317860    154232   9639508   2% /mnt/test2
[root@localhost ~]#
```

图 1-2-88   各文件系统的占用情况

可以看到，之前 sdb1 和 sdb2 的挂载已经成功。再使用 df 命令列出各文件系统的 i 节点使用情况，如图 1-2-89 所示。

```
[root@localhost ~]# df -ia
Filesystem                   Inodes IUsed   IFree IUse% Mounted on
/dev/mapper/VolGroup-lv_root 1148304 18469 1129835    2% /
proc                              0     0       0     - /proc
sysfs                             0     0       0     - /sys
devpts                            0     0       0     - /dev/pts
tmpfs                        238319     1  238318    1% /dev/shm
/dev/sda1                    128016    38  127978    1% /boot
none                              0     0       0     - /proc/sys/fs/binfmt_mis
c
/dev/sdb1                    655360    11  655349    1% /mnt/test
/dev/sdb2                    655360    11  655349    1% /mnt/test2
[root@localhost ~]#
```

图 1-2-89   文件系统的 i 节点使用情况

使用 df 命令列出文件系统类型，如图 1-2-90 所示。

```
[root@localhost ~]# df -T
Filesystem               Type  1K-blocks    Used Available Use% Mounted on
/dev/mapper/VolGroup-lv_root ext4 18069936 778752  16373272  5% /
tmpfs                   tmpfs   953276       0    953276  0% /dev/shm
/dev/sda1                ext4   495844   33467    436777  8% /boot
/dev/sdb1                ext4 10317828  154100   9639612  2% /mnt/test
/dev/sdb2                ext3 10317860  154232   9639508  2% /mnt/test2
[root@localhost ~]#
```

图 1-2-90　列出文件系统类型

通过 du 命令来显示磁盘空间的使用情况。该命令逐级显示指定目录的每一级子目录占用文件系统数据块的情况。du 命令语法如下：

　　du [选项] 文件或目录名

du 命令的选项如表 1-2-66 所示。

表 1-2-66　du 命令选项

选　项	作　用
s	对每个文件或目录，参数只给出占用的数据块总数
a	递归显示指定目录中各文件及子目录中各文件占用的数据块数
b	以字节为单位列出磁盘空间使用情况
k	以 1024 字节(1 KB)为单位列出磁盘使用情况
c	在统计后加上一个总计
l	计算所有文件大小
x	跳过在不同文件系统上的目录，不予统计

例如，以字节(B)为单位列出当前文件和目录的磁盘空间占用情况，如图 1-2-91 所示。

```
[root@localhost ~]# du -ab
1122    ./anaconda-ks.cfg
0       ./test
3161    ./install.log.syslog
9458    ./install.log
129     ./.tcshrc
43      ./.bash_history
18      ./.bash_logout
176     ./.bash_profile
176     ./.bashrc
100     ./.cshrc
18479   .
[root@localhost ~]#
```

图 1-2-91　列出文件和目录空间占用情况

测验习题

◇ 技能训练

训练目的：

了解 CentOS 操作系统存储管理的磁盘分区，创建、挂载、检查、修复文件系统。

训练内容：

依据任务 1.2 中介绍的 CentOS 操作系统存储管理相关的命令，对蓝雨公司的服务器进行相关操作和配置，以便进一步熟悉这些

技能训练 1-6

命令。

参考资源:

1. CentOS 存储管理技能训练任务单;

2. CentOS 存储管理技能训练任务书;

3. CentOS 存储管理技能训练检查单;

4. CentOS 存储管理技能训练考核表。

训练步骤:

1. 学生认真阅读任务 1.2 中相关内容,并依照命令类别列出任务清单。

2. 制定工作计划,进行服务器配置和操作。

3. 形成基础命令实践和体验报告。

项目 2　个人服务器搭建

【学习目标】

知识目标：

- 了解个人服务器用户与网络配置；
- 了解个人服务器软件源配置；
- 了解个人服务器安全配置；
- 了解个人服务器基础服务搭建的流程与规范。

技能目标：

- 掌握个人服务器用户与网络配置；
- 掌握个人服务器软件源与安全配置；
- 掌握个人服务器 DNS 服务的搭建；
- 掌握个人服务器 FTP 服务的搭建；
- 掌握个人服务器 Web 服务的搭建。

素质目标：

- 具备文献检索、资料查找与阅读能力；
- 具备自主学习能力；
- 具备独立思考问题和分析问题的能力；
- 具备表达沟通、诚信守时和团队合作能力；
- 树立成本意识、服务意识和质量意识。

【项目导读】

学习情境：

　　小杨看到别人精美的个人主页时，会有所心动。如今免费资源越来越少，如果花大量时间去寻找免费主页空间，会因其不稳定而给自己带来一些遗憾。此外，在信息社会中，我们经常需要转移、暂存一些文档和资料，或与别人实现文件共享，FTP 服务是我们经常使用的最佳信息传输方式。但在很多时候，当我们使用那些免费的 FTP 服务器时，却因为没有匿名账号或人数过多而不能正常登录。

　　小杨是一个 IT 从业人员。他有着丰富的 IT 从业经验和资源，同时也有几个志同道合的朋友。他们有一个共同的想法：将他们的工作经验和资源发布到互联网中与大家分享、交流。其实，我们完全可以打造一个属于自己的个人服务器，从此不再"搭便车"并可体会拥有的快感。下面随我一起开始个人服务器的网络架设吧！

项目描述：

说干就干，小杨和朋友组建了一个工作室，命名为飞扬工作室。通过讨论决定，由小杨负责服务器的搭建工作。此时小杨的 IT 从业经验起到了关键作用。首先出于稳定性、硬件兼容性等方面的考虑，他决定使用基于 Red Hat 内核的开源 Linux 操作系统 CentOS 6.5 作为服务器的操作系统平台，由于 CentOS 开源特性，选择 CentOS 可以降低成本；同时又能够享受 RHEL 的服务支持。在此平台上，搭建 DNS 服务，为工作室内网计算机提供域名解析服务；搭建 FTP 服务，为互联网用户提供免费资源共享服务；搭建 Web 服务，提供与互联网用户进行展示、交流的服务平台。这样一个简单又实用的基础个人服务器平台架构规划就完成了。

任务 2.1　服务器基础配置

【任务描述】

根据个人服务器平台架构规划的需求，了解 CentOS 6.5 中关于用户、网络、软件源和系统安全的有关知识，掌握用户和用户组配置、网络参数配置、软件源配置以及安全配置。

【问题引导】

1. CentOS 6.5 中的用户类型有哪些？
2. CentOS 6.5 需要配置哪些主要的网络参数？
3. 什么是软件源？如何配置软件源？

【知识学习】

1. 用户与用户组

1) Linux 用户类型

所谓"用户"是指实际登录到 Linux 系统中操作的人或对象(虚拟用户除外)。每个登录到系统中的用户都被赋予一个用户账户，用户账户由用户名与密码组成，登录系统时使用。根据用户的不同权限和用途，Linux 系统中有三种不同类型的用户：

① 超级用户。

CentOS 6.5 中，超级用户(即系统管理员)由系统指定并在安装系统时自动生成，其用户名为 root。root 拥有系统的最高权限，具备完整的系统控制权，不受限制地操作任何文件及命令，比如创建用户、修改系统配置等操作。

② 伪用户(系统用户)。

这类用户是一种虚拟用户，他们无法登录系统，一般是用来管理或执行某些特定的任务时使用，如 ftp、mail、apache、bin、daemon、nobody 等。

③ 普通用户。

由超级用户创建，可以登录系统，但权限受限，一般只能操作拥有权限的文件和目录及管理自己的进程。

2) 用户组

所谓"用户组"是一个逻辑单位，一般将具有某种相同特征属性的用户归属为一个用户组，所有在某一个用户组中的用户具有相同的权限。每个用户都有一个用户组，默认情况下，在创建用户的同时会建立一个与该用户同名的用户组，即该用户的主组；同时用户还可以加入其他组，即附加组。

3) 用户账号文件

Linux 系统中，用户账号文件主要包括文件 password 和文件 shadow。所有用户(包括系统管理员)的账号和密码都可以在这两个文件中找到。文件 password 只有系统管理员才可以修改的，其他用户可以查看；但文件 shadow 其他用户是不允许查看的。

① 文件 password。

用于保存用户的账号数据等信息。文件路径为：/etc/passwd。该文件中的每一行都描述一个用户的配置信息，一行有 7 个字段，通过 ":" 隔开，其格式为：

username:password:UID:GID:comment:home directory:shell

如：`root: x: 0: 0: root: /root: /bin/bash`

username：用户名，登录时使用的名称，一个 Linux 系统中唯一标识；通常不超过 8 个字符，区分大小写。

password：用户密码，用 "x" 表示。真正的密码以 MD5 加密方式保存在文件 shadow 中。

UID：用户唯一标识码。Linux 系统内部使用 UID 来标识用户，与用户名对应。UID 取值范围是 0～65 535，其中 root 的 UID 为 0，系统用户的 UID 为 1～499，普通用户从 500 开始编号。

GID：用户组唯一标识码。Linux 系统内部使用 GID 来标识用户组，与组名对应。与 UID 相同，root 组 GID 为 0，系统用户组的 GID 为 1～499，普通用户组从 500 开始编号。

comment：备注信息。此处可以存放一些注释性的描述文字，如用户真实姓名、电话号码和地址等，一般为空。

home directory：用户主目录，即该用户登录后，shell 会将此目录作为工作目录。root 用户的主目录为 /root，其他用户的主目录会在/home 下由系统自动创建一个与用户名同名的主目录。如普通用户 yang 的主目录默认为/home/yang。

shell：用户登录系统后的 shell 环境，它是用户与 Linux 系统之间的接口，CentOS 6.5 默认使用的是 bash shell，即/bin/bash。

② 文件 shadow。

为了提高密码的安全性，CentOS 6.5 将用户的加密密码从文件 passwd 中移出，保存在只有超级用户 root 才有读取权限的文件 shadow 中，文件路径为：/etc/shadow。该文件每一行代表一个账号信息，包括用户名、加密密码、上次修改密码的时间、两次修改密码最少间隔的天数、两次修改密码最多间隔的天数、提前多少天警告用户密码将过期、在密码过期后多少天禁用该用户、用户账户过期日期、保留字段等 9 个字段。

如：`root: $6$AGuMIQDJpQ/JPOFC$6GvE8brmjCCT9wPSy9oAx0gEWPIR3KCHZSSWawcI7pKwNVeMcU5QVBC ENYNP75uWaiIbJHJJaWFdroJYWiqhc1: 17459: 0: 99999: 7: : :`

用户名：即登录名。它与 passwd 文件中用户名相同。

加密密码：采用 MD5 不可逆算法加密，显示为 128 位加密密码；如果显示为!!，表示密码为空，不能登录系统。

上次修改密码的时间：从 1970 年 1 月 1 日距离上次修改密码日期的间隔天数，此字段在用户修改密码时发生变化。

两次修改密码最少间隔的天数：密码自上次修改必须经过多少天后才能再次修改，如果为 0 表示无该限制条件。

两次修改密码最多间隔的天数：密码自上次修改经过多少天后必须再次修改，如果为

99999 表示密码未设置为必须修改。

提前多少天警告用户密码将要过期：在用户密码即将要过期时，设置提前多少天提醒用户密码将要过期信息，默认为 7 天。

在密码过期后多少天禁用该用户：该字段设置在用户密码作废多少天后，系统将永久禁用该用户账号。

用户账户过期日期：从 1970 年 1 月 1 日起到账号过期的间隔天数，如果为空表示账号长期有效。

保留字段：Linux 开发保留今后使用。

4）组账号文件

由用户组的配置文件和组影子文件组成。

① 配置文件。

文件 /etc/group 中每一行描述一个用户组信息，包括用户组名、组密码、组 ID 及组成员列表等，具体字段为：

groupname:password:GID:user_list

如：bin: x: 1: bin, daemon

内容解释如下：

组名 bin：组密码 x：组 ID 为 1：组成员有 bin、daemon。

② 组影子文件。

文件 /etc/gshadow，作用与文件 /etc/shadow 一致，是文件 /etc/group 的加密文件，其字段为：

groupname:password:admin:admin—member,member…

如：bin::: bin, daemon

内容解释如下：

组名 bin：无密码：无组管理者：组成员有 bin、daemon。

2. 网络参数

1）主机名

主机名就是计算机的名称(即计算机名)。在网络中主机名称是唯一的，用于在网络上识别独立计算机。Linux 系统的默认主机名为 localhost。

2）IP 地址

IP 地址(Internet Protocol Address)是指互联网协议地址，又译为网际协议地址，是 IP Address 的缩写。IP 地址是 IP 协议提供的一种统一的地址格式，它为互联网上的每一个网络和每一台主机分配一个逻辑地址，以此来屏蔽物理地址的差异。IP 地址分为 IPv4 和 IPv6 两类。

IPv4 地址的长度为 32 位二进制数，分为 4 段，每段 8 位，段与段之间用句点隔开，采用"点分十进制"表示成"a.b.c.d"的形式，其中 a、b、c、d 用十进制数字表示，每段数字范围为 0～255。

例如：IPv4 地址"172.16.1.34"，其二进制数为"10101100.00010000.00000001.00100010"。

为了便于寻址以及层次化构造网络，每个 IP 地址包括两个标识码(ID)，即网络 ID 和主机 ID。同一个物理网络上的所有主机都使用相同的网络 ID，网络上的一个主机(包括网络上工作站、服务器和路由器等)有一个主机 ID 与其对应。Internet 委员会定义了 5 种 IP 地址类型以适合不同容量的网络，即 A 类～E 类。

其中 A、B、C 三类(见表 2-1-1)由 Internet NIC 在全球范围内统一分配，D、E 类为特殊地址。私有地址(Private Address)属于非注册地址，专门为组织机构内部使用。

表 2-1-1　IP 地址范围及私有地址范围

类别	最大网络数	IP 地址范围	最大主机数	私有 IP 地址范围
A	$126(2^7-2)$	0.0.0.0～127.255.255.255	16777214	10.0.0.0～10.255.255.255
B	$16384(2^{14})$	128.0.0.0～191.255.255.255	65534	172.16.0.0～172.31.255.255
C	$2097152(2^{21})$	192.0.0.0～223.255.255.255	254	192.168.0.0～192.168.255.255

① A 类 IP 地址。

一个 A 类 IP 地址是指，在 IP 地址的四段号码中，第一段号码为网络 ID，剩下的三段号码为本地计算机 ID。如果用二进制表示 IP 地址，A 类 IP 地址就是由 1 字节的网络 ID 和 3 字节主机 ID 组成，网络 ID 的最高位必须是"0"。A 类 IP 地址中网络 ID 的长度为 8 位，主机 ID 的长度为 24 位。A 类网络地址数量较少，有 126 个网络，每个网络可以容纳主机数达 1600 多万台。

A 类 IP 地址范围是 0.0.0.0～127.255.255.255；每个网络支持的最大主机数为 $256^3-2=16\,777\,214$ 台。

② B 类 IP 地址。

一个 B 类 IP 地址是指，在 IP 地址的四段号码中，前两段号码为网络 ID。如果用二进制表示 IP 地址，B 类 IP 地址就是由 2 字节的网络 ID 和 2 字节主机 ID 组成，网络 ID 的最高位必须是"10"。B 类 IP 地址中网络 ID 的长度为 16 位，主机 ID 的长度为 16 位。B 类网络地址适用于中等规模的网络，有 16384 个网络，每个网络所能容纳的计算机数为 6 万多台。

B 类 IP 地址范围是 128.0.0.0～191.255.255.255；每个网络支持的最大主机数为 $256^2-2=65\,534$ 台。

③ C 类 IP 地址。

一个 C 类 IP 地址是指，在 IP 地址的四段号码中，前三段号码为网络 ID，剩下的一段号码为本地计算机 ID。如果用二进制表示 IP 地址，C 类 IP 地址就由 3 字节的网络 ID 和 1 字节主机 ID 组成，网络 ID 的最高位必须是"110"。C 类 IP 地址中网络 ID 的长度为 24 位，主机 ID 的长度为 8 位，C 类网络地址数量较多，有 209 万余个网络。它适用于小规模的局域网络，每个网络最多只能包含 254 台计算机。

C 类 IP 地址范围是 192.0.0.0～223.255.255.255；每个网络支持的最大主机数为 $256-2=254$ 台。

④ D 类 IP 地址。

D 类 IP 地址在历史上被叫做多播地址(Multicast Address)，即组播地址。在以太网中，多播地址用来一次寻址一组计算机。多播地址的最高位必须是"1110"，范围从 224.0.0.0 到 239.255.255.255。

⑤ 特殊地址。

• E 类地址：IP 地址中凡是以"11110"开头的 IP 地址，保留用于将来和实验使用。

• 广播地址：IP 地址中主机 ID 的每一个字节都为 1 的 IP 地址，用于在本网中向所有主机发送报文。

• 回送地址：IP 地址中以十进制"127"开头的 A 类地址，该类地址中数字从 127.0.0.1 到 127.255.255.255，用于回路测试。如：127.0.0.1 可以代表本机 IP 地址，主要用于网络软件测试及本地机进程间通信。

3) 子网掩码

子网掩码(Subnet Mask)又叫网络掩码、地址掩码、子网络遮罩。它是一种用来指明一个 IP 地址的哪些位标识的是主机所在的子网，以及哪些位标识的是主机的位掩码。子网掩码不能单独存在，必须结合 IP 地址一起使用。子网掩码只有一个作用，就是将某个 IP 地址划分成网络地址和主机地址两部分。

子网掩码是一个 32 位地址，用于屏蔽 IP 地址的网络部分的"全 1"比特模式以区别网络标识和主机标识。对于 A 类地址来说，默认的子网掩码是 255.0.0.0；对于 B 类地址来说默认的子网掩码是 255.255.0.0；对于 C 类地址来说默认的子网掩码是 255.255.255.0。

4) 网关

从一个房间走到另一个房间，必然要经过一扇门。同样，从一个网络向另一个网络发送信息，也必须经过一道"关口"，这道关口就是网关。顾名思义，网关(Gateway)就是一个网络连接到另一个网络的"关口"。

网关实质上是一个网络通向其他网络的 IP 地址。比如有网络 A 和网络 B，网络 A 的 IP 地址范围为"192.168.1.1～192.168.1.254"，子网掩码为 255.255.255.0；网络 B 的 IP 地址范围为"192.168.2.1～192.168.2.254"，子网掩码为 255.255.255.0。在没有路由器的情况下，两个网络之间是不能进行网络通信的，即使是两个网络连接在同一台交换机(或集线器)上，TCP/IP 协议也会根据子网掩码(255.255.255.0)判定两个网络中的主机处在不同的网络里。而要实现这两个网络之间的通信，则必须通过网关。如果网络 A 中的主机发现数据包的目的主机不在本地网络中，就把数据包转发给它自己的网关，由网关转发给网络 B 的网关，网络 B 的网关再转发给网络 B 的某个主机。

所以说，只有设置好网关的 IP 地址，TCP/IP 协议才能实现不同网络之间的相互通信。网关的 IP 地址是具有路由功能的设备(路由器、启用了路由协议的服务器、代理服务器)的 IP 地址。

5) DNS 服务器地址

DNS(Domain Name System，域名系统)是进行域名(Domain Name)和与之相对应的 IP 地址转换的服务器。域名是 Internet 上某一台计算机或计算机组的名称。DNS 中保存了一张域名和与之相对应的 IP 地址的表，以解析消息的域名。

DNS 是由域名解析器和域名服务器组成的。域名服务器是指保存该网络中所有主机的域名和对应 IP 地址，并具有将域名转换为 IP 地址功能的服务器。其中域名必须对应一个 IP 地址，而 IP 地址不一定有域名。一个 IP 地址也可以有多个域名，域名系统采用类似目录树的等级结构。域名服务器通常是客户机/服务器模式中的服务器方，它主要有两种形式：

主服务器和转发服务器。将域名映射为 IP 地址的过程就称为"域名解析"。

3. 软件源

软件源是 Linux 系统免费的应用程序安装仓库，很多的应用软件都会被收录到这个仓库里面，可按类型分类：

- 软件仓库：各类软件的二进制包和源代码。
- ISO 镜像：发行版的 ISO 文件。

软件源可以是网络服务器、光盘，甚至是硬盘上的一个目录。可以通过软件包管理器安装软件，其本质上就是从软件源搜索并下载安装程序。软件源是当今各大主流 Linux 发行版软件安装与更新的源头。

1) RPM

Linux 软件通常使用软件包形式发布。软件包是将所有安装所需的文件汇集到一个单独的文件中以简化软件的发布和安装。RPM 软件包安装前会检查该软件包的依赖性和冲突性，并及时给出相应的错误提示。

RPM(Redhat Package Manager)是由 Red Hat 公司开发的软件包安装与管理程序，RPM 文件的命名格式为：

package-version-revision.arch.rpm

package 是软件包名称；version 即版本号(主版本号、次版本号、补丁版本号)；revision 是以发布商对软件包的再次修改作为发行商的发行序号；arch 是运行软件适用的处理器体系；rpm 是软件包类型。

例如：Web 服务器 RPM 软件包名为 apache-1.3.20-16.i386.rpm。

2) YUM

CentOS 6.5 使用 YUM(Yellow dog Updater，Modified)的 Shell 前端软件包管理器。基于 RPM 软件包管理，能够从指定的服务器自动下载 RPM 包并且安装，可以自动处理依赖性关系，并且一次安装所有依赖的软件包，无需繁琐地一次次下载、安装。

YUM 其实就是在每个 RPM 软件头部(header)记录该软件的依赖关系，通过分析其头部信息即可获取软件安装的依赖信息；然后根据依赖信息将所有依赖软件包一次性下载并安装。

4. 安全配置

Linux 是一个开放式系统，可以在网络上找到许多现成的程序和工具。这样既方便了用户，也方便了黑客。因为他们也能很容易地找到程序和工具来潜入 Linux 系统，或者盗取 Linux 系统上的重要信息。不过，只要我们仔细地设定 Linux 的各种系统功能，并且加上必要的安全措施，就能让黑客无机可乘。一般来说，对 Linux 系统的基础安全配置包括取消不必要的服务、限制文件权限、隐藏重要资料、配置 SELinux 及配置防火墙的策略等。

1) SELinux

SELinux(Security-Enhanced Linux)是美国国家安全局 NSA 和 SCC(Secure Computing Corporation)开发的 Linux 的一个扩张强制访问控制安全模块。它是一种基于域-类型模型(domain-type)的强制访问控制(MAC)安全系统，由 NSA 编写并设计成内核模块包含到内核中，相应的某些安全相关的应用也被打了 SELinux 的补丁，最后还有一个相应的安全策略，目的在于明确地指明某个进程可以访问哪些资源(文件、网络端口等)。

2) Iptables 防火墙

Linux 系统自带的 Iptables 防火墙的核心功能(即包过滤功能)是由 Linux 内核实现的。用户可以通过设置 Iptables 规则对进/出计算机的数据包进行过滤，即允许哪些数据通过。

Iptables 组成 Linux 平台下的包过滤防火墙，与大多数的 Linux 软件一样，这个包过滤防火墙是免费的。它可以代替昂贵的商业防火墙解决方案，完成封包过滤、封包重定向和网络地址转换(NAT)等功能。

子任务 2.1.1　CentOS 6.5 的用户配置与管理

1. 添加用户

根据工作室的人员岗位配备，小杨负责系统搭建、管理和维护，小明与小李负责设计与维护网站，小张负责收集、整理资源。首先我们需要根据工作职责分配角色，其中小杨为系统用户，其他人为普通用户。

用户的配置
与管理讲解

添加新用户使用 useradd 命令实现，格式如下：

useradd [选项] 用户名

常用选项有：

-d：指定主目录。如果目录不存在，则同时使用 -m 创建该主目录；如果未指定主目录，则系统会在/home 目录下自动创建一个与用户名相同名称的主目录。

-g：指定用户所属的主要用户组，后面跟组名或 GID，前提是该组必须存在。

-G：指定用户所属的附加用户组，后面跟组名或 GID，前提是该组必须存在。

-s：指定用户登录的 Shell，默认为 /bin/bash。

-u：指定用户的 UID，必须唯一且大于等于 500 的整数。

实例 1：下面我们将小杨、小明、小李及小张添加为新用户，并将小杨指定为 root 组成员。

`[root@localhost ~]# useradd -g root Yang`　　//添加用户 Yang，隶属 root 组

`[root@localhost ~]# useradd Ming`　　//添加用户 Ming

`[root@localhost ~]# useradd Li`　　//添加用户 Li

`[root@localhost ~]# useradd Zhang`　　//添加用户 Zhang

2. 用户密码管理

用户创建完毕，所有成员在得到自己的用户名后，需要设置其密码。新创建的用户必须要设置密码才能解锁使用，所以往往 useradd 命令和 passwd 命令是配合使用的。

密码的管理使用 passwd 命令实现，其格式如下：

　　　　passwd [选项] 用户名

常用选项有：

-d：置空密码，只有 root 可以执行。

-l：锁定用户账号，即禁用该账户，只有 root 可以执行。

-u：解锁被锁定的账号，只有 root 可以执行。

-f：强迫用户下次登录时修改密码，只有 root 可以执行。

如果不指定用户名，则表示修改当前登录用户的密码。

　　实例 2：为了保证自己的账户安全，每个人在拿到自己的账号后都修改了密码。下面是小明修改自己的密码为"hngy123!@#"的过程。

　　第一步，利用 root 身份为账号 Ming 设置一个初始密码 Ming(如图 2-1-1)。

　　为了保证安全，在输入密码时是不会显示的。虽然这个密码过于简单，但仍然可以设置成功，且仅在 root 权限下才能生效简单密码。

　　第二步，切换到 Ming 用户登录，修改密码为"hngy123!@#"。在修改时如果输入三次以上不符合密码规则的无效密码，则需要重新使用 passwd 命令，如图 2-1-2 所示。

```
[root@localhost ~]# su -l Ming
[Ming@localhost ~]$ passwd
更改用户 Ming 的密码 。
为 Ming 更改 STRESS 密码。
（当前）UNIX 密码：
新的 密码：
无效的密码：它基于字典单词
新的 密码：
无效的密码：与旧密码过于相似
新的 密码：
无效的密码：它基于字典单词
密码：
passwd: 已经超出服务重试的最多次数
[Ming@localhost ~]$ passwd
更改用户 Ming 的密码 。
为 Ming 更改 STRESS 密码。
（当前）UNIX 密码：
新的 密码：
无效的密码：它基于字典单词
新的 密码：
重新输入新的 密码：
passwd: 所有的身份验证令牌已经成功更新
```

```
[root@localhost ~]# passwd Ming
更改用户 Ming 的密码 。
新的 密码：
无效的密码：过短
无效的密码：过于简单
重新输入新的 密码：
passwd: 所有的身份验证令牌已经成功更新
```

　　　　图 2-1-1　设置密码　　　　　　　　图 2-1-2　连续三次输入密码无效

一般来说，输入的密码尽量要符合如下要求：

* 密码不能与账号名称相同；
* 密码尽量不要选用英文单词这种字典里面会出现的字符串；
* 密码应该至少有六位(最好是八位以上)字符；
* 密码应该是大小写字母、标点符号和数字混杂。

3. 切换登录用户

　　为了保证系统安全，系统管理员小杨往往不会使用 root 身份登录系统，而是使用普通用户身份登录，当需要执行 root 权限操作时，再切换到 root 身份登录。

　　在 Linux 命令模式中使用 su 命令来切换身份，其格式如下：

　　　　su [选项] 用户名

-：直接切换到 root。

-l：后面跟用户名，相当于重新登录。环境变量(如 home、shell、user 等)都是以该用户为主，工作目录也会随之改变。

-m：使用当前环境设置，不重新读取新用户设置的文件。

-c：变更账号为 user 的使用者，在执行后返回给原使用者，仅执行一次命令。

实例 3：下面(如图 2-1-3)是小杨从 Ming 用户切换回 root，然后再将 root 身份切换到 Yang 登录的过程。

```
[Ming@localhost ~]$ su -
密码：
[root@localhost ~]# su -l Yang
[Yang@localhost ~]$ ▮
```

图 2-1-3 切换账号

可以看到不同用户身份在命令前面的符号是不一样的，"$" 表示普通用户，"#" 是系统管理员。

4. 修改账号信息

对于创建好的账户信息，还可以设置和管理账号的各项属性，包括登录名、主目录、用户组和登录 shell 等。

修改用户信息可以使用 usermod 命令来实现，该命令只能由 root 执行，其格式如下：

usermod [选项] 用户名

常用选项如下：

-l：更改用户登录名。

-s：更改登录 shell。

-d：更改主目录。

-g：更改主要用户组。

-G：将用户追加到其他附加组。

-L：锁定账号。

-U：解锁账号。

实例 4：工作室成员小李想把他的原登录名 Li 更换为 LiGen，于是将此想法告诉了小杨，小杨通过 usermod 命令将 Li 更改用户名为 LiGen。

```
[root@localhost ~]# usermod -l LiGen Li
```

5. 删除用户账号

如果一个用户账户不再使用，则删除该账号，也就是将文件 /etc/passwd 中的该用户记录删除。

要删除用户账号，可以使用 userdel 命令实现，该命令只能由 root 实现，其格式如下：

userdel [选项] 用户名

常用选项有：

-r：在删除用户账号的同时，将该账号的宿主目录一并删除。

-f：强制删除用户账号，即使在登录状态。

注意：如果新建用户时创建了同名用户组，该组内无其他成员，那么在删除用户时一并删除该同名用户组。

实例 5：工作室在筹备过程中，小张由于工作调动原因需要离开工作室，那么他原来的账号就不再使用了，于是小杨将其账号删除。

```
[root@localhost ~]# userdel -r Zhang
```

6. 添加用户组

添加用户组有两种方式：

(1) 在添加普通用户时，不添加"g"选项，系统将会自动添加同名用户组。

(2) 使用 groupadd 命令创建用户组。

groupadd 命令只能由 root 执行，其格式如下：

  　　groupadd [选项] 用户组名

常用选项有：

-g：指定新建工作组的 GID，该 GID 不能与其他普通用户组 GID 相同。

-r：创建系统工作组，系统工作组的 GID 小于 500。

实例 6：由于小明与小李负责设计与维护网站，所以小杨决定创建 Web 用户组，并指定 GID 为 8080。

```
[root@localhost ~]# groupadd -g 8080 wed
```

7. 删除用户组

当用户组不再需要存在了，就可以将其删除，但前提条件是该组中不能有用户。

删除用户组可以使用 groupdel 命令实现，该命令只能由 root 用户执行，其格式如下：

  　　groupdel 用户组名

实例 7：小杨在创建新的用户组时输错了组名，所以在创建后需要将其删除后重新创建。

```
[root@localhost ~]# groupdel wed
[root@localhost ~]# groupadd -g 8080 web
```

8. 修改组属性

用户组的属性修改包括用户组的组名、组 ID、组成员修改等。

修改组属性可以使用 groupmod 命令，该命令只能由 root 执行，其格式如下：

  　　groupmod [选项] 用户组名

常用选项有：

-g：后跟新的 GID，表示设置该组新的 GID。

-n：后跟新的组名，表示设置该组新的名称。

实例 8：小杨决定将 Web 这个组名改成 Website。

```
[root@localhost ~]# groupmod -n website web
```

9. 管理用户组成员

若要将用户添加到指定用户组或者从组内将某个用户移出等管理操作，则可以使用

gpasswd 来实现，该命令只有 root 能执行，其格式如下：

　　　gpasswd [选项] 用户名 用户组名

常用选项有：

-a：将用户加入用户组。

-d：将用户移出用户组。

-A：指定用户组管理员。

-M：指定用户组成员(可以是多个用户，用户名之间用逗号隔开)。

-r：删除组密码。

-R：限制用户登入组。

注意：如果 gpasswd 命令后面直接跟用户组名，即设置组的密码。

实例 9：小杨将 Ming 和 LiGen 两个用户加入 Website 组，同时授权 Ming 作为该组的管理员。

```
[root@localhost ~]# gpasswd -A Ming -M Ming,LiGen website
```

子任务 2.1.2　CentOS 6.5 的网络配置与管理

1．IP 地址规划

由于经费有限，所以小杨决定在工作室运营初期只购置一台高性能服务器。该服务器提供 DNS、FTP 及 Web 等服务。为了使服务器能够提供网络服务，必须对网络 IP 地址进行规划。

首先要确定 IP 地址如何分配，是使用静态 IP 还是动态 IP 方式实现上网；其次要明确子网掩码、网关及 DNS 服务器的地址。

实例 1：根据工作室的人员配备情况和服务定位，小杨设计出工作室网络拓扑图(图 2-1-4)和 IP 地址规划表(见表 2-1-1)。

网络配置与管理讲解

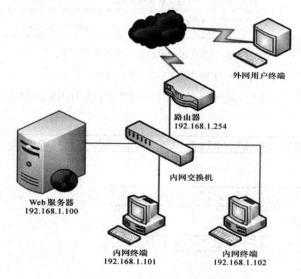

图 2-1-4　工作室网络拓扑图

表 2-1-1　IP 地址规划表

设备类型	设备及接口名称	IP 地址及掩码	网关	DNS 地址
服务器	Web-srv：eth0	192.168.1.100/24	192.168.1.254	192.168.1.100
内网终端	Yang-PC：eth0	192.168.1.101/24	192.168.1.254	192.168.1.100
内网终端	Ming-PC：eth0	192.168.1.102/24	192.168.1.254	192.168.1.100
内网终端	LiGen-PC：eth0	192.168.1.103/24	192.168.1.254	192.168.1.100
内网终端	Wang-PC：eth0	192.168.1.104/24	192.168.1.254	192.168.1.100
内网终端	XuYun-PC：eth0	192.168.1.105/24	192.168.1.254	192.168.1.100

2. 配置 IP 地址

首先需要配置服务器的 IP 地址，配置 IP 地址有四种方法。

1）ifconfig 命令

ifconfig 命令只能临时性配置网卡 IP 地址、掩码等信息。

ifconfig 命令格式如下：

ifconfig [网络设备名][IP 地址][netmask 子网掩码][broadcast 广播地址]

[down | up]

实例 2：利用 ifconfig 命令配置服务器 IP 地址、子网掩码等信息。

第一步，首先查看当前系统网络设备配置信息，如图 2-1-5 所示：

```
[root@localhost ~]# ifconfig
eth0      Link encap: Ethernet  HWaddr 00: 0C: 29: EA: AE: 59
          inet6 addr: fe80::20c:29ff:feea:ae59/64 Scope:Link
          UP BROADCAST RUNNING MULTICAST  MTU: 1500  Metric: 1
          RX packets: 17 errors: 0 dropped: 0 overruns: 0 frame: 0
          TX packets: 3 errors: 0 dropped: 0 overruns: 0 carrier: 0
          collisions: 0 txqueuelen: 1000
          RX bytes: 1203 (1.1 KiB)  TX bytes: 258 (258.0 b)

lo        Link encap: Local Loopback
          inet addr: 127.0.0.1  Mask: 255.0.0.0
          inet6 addr: ::1/128 Scope: Host
          UP LOOPBACK RUNNING  MTU: 16436  Metric: 1
          RX packets: 32 errors: 0 dropped: 0 overruns: 0 frame: 0
          TX packets: 32 errors: 0 dropped: 0 overruns: 0 carrier: 0
          collisions: 0 txqueuelen: 0
          RX bytes: 2448 (2.3 KiB)  TX bytes: 2448 (2.3 KiB)
```

图 2-1-5　使用 ifconfig 命令查看配置信息

从图 2-1-5 中可以看出，eth0 没有 IPv4 的配置信息。

第二步，配置服务器第一块网卡 eth0 的 IP 地址为 192.168.1.100，子网掩码为 255.255.255.0。

```
[root@localhost ~]# ifconfig eth0 192.168.1.100 netmask 255.255.255.0
```

第三步，关闭设备。

```
[root@localhost ~]# ifconfig eth0 down
```

第四步，启用设备。

```
[root@localhost ~]# ifconfig eth0 up
```

2）setup 命令

使用 setup 命令会在命令行窗口中弹出配置工具对话框，选择"网络配置"→"设备配置";在弹出的"网络配置"对话框中对照选项配置即可。

实例 3:利用网络配置工具配置服务器 IP 地址、子网掩码、默认网关、DNS 服务器地址等信息。

第一步,输入 setup 命令,在弹出的"选择一种工具"对话框中利用上、下键选择"网络配置"选项并按"Tab"键选择"运行工具"按钮,在弹出的"选择动作"对话框中选择"设备配置"选项并回车,如图 2-1-6 所示。

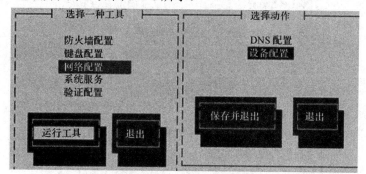

图 2-1-6 "网络配置"工具

第二步,在弹出的"选择设备"对话框中选择网卡的 eth0 设备(如图 2-1-7),按回车键。

图 2-1-7 "选择设备"对话框

第三步,在"网络配置"对话框中,配置服务器网卡 eth0 的 IP 地址为 192.168.1.100,子网掩码为 255.255.255.0,默认网关为 192.168.1.254,DNS 服务器地址为 192.168.1.100,如图 2-1-8 所示。

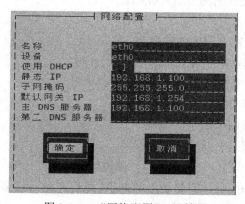

图 2-1-8 "网络配置"对话框

3) 图形界面配置

选择"系统"→"首选项"→"网络连接"，在"网络连接"对话框中选择"System eth0"选项，单击"编辑"按钮，在"正在编辑 System eth0"对话框(如图 2-1-9 所示)中选择"IPv4设置"选项卡，进行相关设置即可。

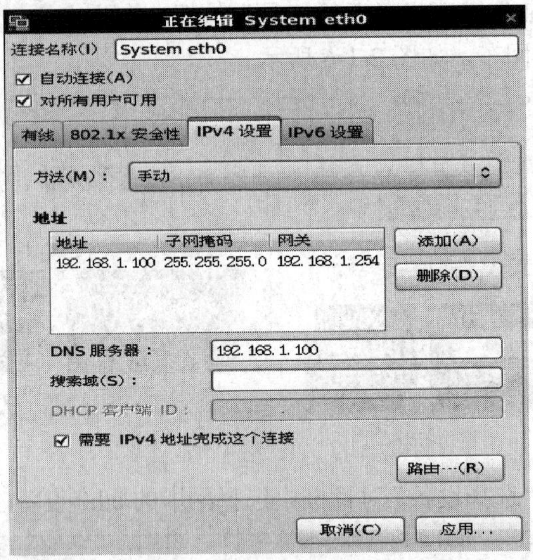

图 2-1-9　"正在编辑 System eth0"对话框

实例 4：利用图形界面配置服务器 IP 地址、子网掩码、默认网关、DNS 服务器地址等信息。

4) 修改配置文件

目录"/etc/sysconfig/network-scripts/"下包含网络接口的配置文件，如 ifcfg-eth0 为第一块网卡接口的配置文件，ifcfg-lo 为本地回环配置文件。每一个网络接口对应一个文件，内容包括网卡的设备名、IP 地址、子网掩码及默认网关等配置信息。

Linux 支持一块物理网卡绑定多个 IP 地址。此时对于每个绑定的 IP 地址，需要一个虚拟网卡，该网卡的设备名为"ethn:m"，对应的配置文件名为 ifcfg-ethn:m，其中 n 和 m 均为从 0 开始的数字，代表其序号。例如在第一块以太网卡上绑定的第二块虚拟网卡，设备名为"eth0:1"，配置文件名为 ifcfg-eth0:1。

常用配置参数如下：

DEVICE：表示当前网卡设备的设备名。

HWADDR：表示该网卡的 MAC 地址。

IPADDR：表示该网卡的 IP 地址。

PREFLX：表示该网卡的子网掩码位数。

NETMASK：表示该网卡的子网掩码。

GATEWAY：表示该网卡的默认网关。

DNS1：设置该网卡的第一个 DNS 服务器地址。

ONBOOT：指定在系统启动时是否激活网卡。只有在激活状态的网卡才能去连接网络，进行网络通讯，参数值为 yes 或 no。

BOOTPROTO：通过指定方式来获得地址，其参数值有 none(不指定)、static(静态获取)、dhcp(动态获取)。

实例 5：修改文件/etc/sysconfig/network-scripts/ifcfg-eth0，配置服务器 IP 地址、子网掩码、默认网关、DNS 服务器地址等信息，具体内容如下：

  DEVICE = eth0

  ONBOOT = yes

  BOOTPROTO = none

  IPADDR = 192.168.1.100

  PREFLX = 24

  NETMASK = 255.255.255.0

  GATEWAY = 192.168.1.254

  DNS1 = 192.168.1.100

3. 配置主机名

在配置完 IP 地址后，需要配置主机名，配置主机名可以使用两种方法实现。

1) hostname 命令

hostname 命令的格式如下：

hostname 主机名

实例 6：利用 hostname 命令临时修改主机名为 www。

第一步，查询现有主机名。

```
[root@localhost ~]# hostname
localhost.localdomain
```

第二步，修改主机名为 www。

```
[root@localhost ~]# hostname www
```

2) 修改配置文件

文件/etc/sysconfig/network 用于网络服务器的总体配置，即使没有配置和安装网卡也需要设置该文件，以保证回环设备(lo)能够正常工作。它是 Linux 内部通信的基础。其主要设置有 NETWORKING 和 HOSTNAME。

NETWORKING：设置系统是否使用网络服务功能，一般设置为"yes"。

HOSTNAME：设置本机的主机名。

实例 7：修改文件/etc/sysconfig/network，配置主机名并打开网络服务功能，具体内容如下：

  NETWORKING = yes

  HOSTNAME = www.Websrv.com

4. 重启网络服务

当网络参数修改后，需要重启网络服务使参数生效。

1) 使用 service 命令重启

service 命令用来管理网络服务，service 命令格式如下：

service 服务名 [start|stop|restart|status]

服务名：即服务进程的名称。

start：启动服务。

stop：停止服务。

restart：重启服务。

status：查看服务状态。

实例 8：重启网络服务使修改参数生效，如图 2-1-10 所示。

```
[root@localhost ~]# service network restart
正在关闭接口 eth0： 设备状态：3（断开连接）
                                                        [确定]

正在关闭接口 eth1：                                       [确定]
关闭环回接口：                                            [确定]
弹出环回接口：                                            [确定]
弹出界面 eth0： 活跃连接状态：激活的
活跃连接路径：/org/freedesktop/NetworkManager/ActiveConnection/3
                                                        [确定]
```

图 2-1-10　通过 service 命令重启网络服务

2) 直接执行管理脚本重启

直接执行相应服务管理脚本，必须输入该服务脚本的路径。

管理脚本格式如下：

/etc/rc.d/init.d/服务脚本名 [start|stop|restart|status]

实例 9：执行管理脚本 network 重启网络服务，如图 2-1-11 所示。

```
[root@localhost ~]# /etc/rc.d/init.d/network restart
正在关闭接口 eth0： 设备状态：3（断开连接）
                                                        [确定]

正在关闭接口 eth1：                                       [确定]
关闭环回接口：                                            [确定]
弹出环回接口：                                            [确定]
弹出界面 eth0： 活跃连接状态：激活的
活跃连接路径：/org/freedesktop/NetworkManager/ActiveConnection/4
                                                        [确定]
```

图 2-1-11　通过管理脚本重启网络服务

5. 测试网络连通性

测试网络连通性可以使用 ping 命令。

ping 命令格式如下：

ping [选项] <目标主机名或 IP 地址>

-c：后面跟数量，发送指定数量的 ICMP 包。

-q：只显示结果，不显示传送封包信息。

-R：记录路由过程。

注意：如不带 -c 选项，则会连续对目标主机发送 ICMP 包，停止需要按 Ctrl + C 组合键。

实例 10：通过 ping 命令发送 6 个 ICMP 包到本机 IP，测试其网络连通性，界面如图 2-1-12 所示。

```
[root@localhost ~]# ping -c 6 192.168.1.100
PING 192.168.1.100 (192.168.1.100) 56(84) bytes of data.
64 bytes from 192.168.1.100: icmp_seq=1 ttl=64 time=0.401 ms
64 bytes from 192.168.1.100: icmp_seq=2 ttl=64 time=0.289 ms
64 bytes from 192.168.1.100: icmp_seq=3 ttl=64 time=0.204 ms
64 bytes from 192.168.1.100: icmp_seq=4 ttl=64 time=0.268 ms
64 bytes from 192.168.1.100: icmp_seq=5 ttl=64 time=0.270 ms
64 bytes from 192.168.1.100: icmp_seq=6 ttl=64 time=0.269 ms

--- 192.168.1.100 ping statistics ---
6 packets transmitted, 6 received, 0% packet loss, time 5024ms
rtt min/avg/max/mdev = 0.204/0.283/0.401/0.061 ms
```

图 2-1-12　利用 ping 命令测试网络连通性

◇ 技能训练

训练目的：

掌握用户的创建和管理；

掌握创建用户组及加入用户组；

掌握 IP 地址的规划；

掌握网络参数的配置；

掌握重启网络服务及测试网络连通性。

技能训练 2-1

训练内容：

在筹备小杨的工作室过程中，又有两个志同道合的朋友小王和小徐加入了进来，他俩正好补上了小张离开的空缺，负责收集整理资料。小杨为他俩创建了 Wang 和 Xu 两个用户并设置了与用户名相同的密码；还创建了 Data 用户组，将 Wang 和 Xu 两个用户加入该组，并指定 Wang 为该用户组管理员。小王在得到用户名后将其密码更改为"hnwp789&*("，小徐在得到用户名后要求小杨将其用户名更改为 XuYun。

通过修改配置文件的方法设置内网终端 Yang-PC 的 IP 地址、子网掩码、网关、DNS 服务器地址及主机名，并测试其与 www 服务器的连通性。

参考资源：

1. 个人服务器用户与网络配置与管理技能训练任务单；

2. 个人服务器用户与网络配置与管理技能训练任务书；

3. 个人服务器用户与网络配置与管理技能训练检查单；

4. 个人服务器用户与网络配置与管理技能训练考核表。

训练步骤：

1. 用 root 登录系统，创建用户 Wang 和 Xu，并设置初始密码 Wang 和 Xu。

2. 切换用户到 Wang，将其密码更改为"hnwp789&*("。

3. 切换回 root，将用户 Xu 用户名更改为 XuYun。

4. 创建用户组 Data。

5. 将用户 Wang 和 XuYun 两个用户加入 Data 组，并将 Wang 指定为管理员。

6. 用 root 登录系统，使用 ifconfig 查看网络配置初始情况。

7. 使用 vi 命令编辑网络接口配置文件 /etc/sysconfig/network-scripts/ifcfg-eth0，其修改内容如下：

> DEVICE = eth0
> ONBOOT = yes
> BOOTPROTO = none
> IPADDR = 192.168.1.101
> PREFLX = 24
> NETMASK = 255.255.255.0
> GATEWAY = 192.168.1.254
> DNS1 = 192.168.1.100

8. 使用 vi 命令编辑/etc/sysconfig/network 文件，修改主机名为 Yang-PC，其修改内容如下：

> NETWORKING = yes
> HOSTNAME = Yang-PC

9. 使用 service network restart 命令重启网络服务。

10. 使用 ping 命令测试与 www 服务器主机的连通性。

子任务 2.1.3　CentOS 6.5 的软件源配置

1. RPM 包管理

在安装 CentOS6.5 系统时有些软件包是随着系统安装过程自动安装的，而有些软件包需要自行安装，对于软件包的安装可以通过 rpm 命令来完成，rpm 命令格式如下：

rpm [选项]　软件包名称

rpm 的功能主要包括：查询、安装、升级、删除等。

1) 查询

查询已安装的软件包，一般使用-q 选项。

实例 1：查询已安装的软件信息。

软件源配置讲解

```
[root@localhost ~]# rpm -qa | more
```

"-qa"表示查询当前系统安装的全部安装包，与管道操作符"|"配合 more 命令实现翻页浏览。

实例 2：查询 vsftpd(ftp 服务)是否安装。

```
[root@localhost ~]# rpm -q vsftpd
```

实例 3：在已安装的软件包里查询包含 httpd 关键字的软件包。

```
[ root@localhost ~]# rpm -q | grep httpd
```

实例 4：查看 vsftpd 软件包描述信息。

```
[ root@localhost ~]# rpm -qi vsftpd
```

实例 5：查看 vsftpd 软件包相关文件的安装位置。

```
[root@localhost ~]# rpm -ql vsftpd
```

2) 安装

安装软件包，一般使用-i 选项。

实例 6：安装 vsftpd 软件包。

第一步，使 vsftpd 软件包在系统安装盘中，首先挂载光驱(如图 2-1-13 所示)，目录切换到 vsftpd 软件包所在目录 Packages。

```
[root@localhost ~]# mount -t iso9660 /dev/cdrom /mnt
mount: block device /dev/sr0 is write-protected, mounting read-only
[root@localhost ~]# cd /mnt/Packages
[root@localhost Packages]#
```

图 2-1-13　挂载光驱

第二步，使用 rpm 命令安装 vsftpd 软件包，如图 2-1-14 所示。

```
[root@localhost Packages]# rpm -ivh vsftpd-2.2.2-11.el6_4.1.x86_64.rpm
warning: vsftpd-2.2.2-11.el6_4.1.x86_64.rpm: Header V3 RSA/SHA1 Signature, key I
D c105b9de: NOKEY
Preparing...                ########################################### [100%]
   1:vsftpd                 ########################################### [100%]
```

图 2-1-14　使用 rpm 命令安装软件包

"-i"表示安装指定软件包，"-v"表示显示详细安装信息，"-h"表示安装过程中用"#"显示安装进度。

在安装 RPM 包时可能会遇到软件包的依赖问题，此时需要根据提示预先安装好所依赖的安装包，才能继续安装主 RPM 包。虽然可以通过参数"--nodeps"强制安装，但也不能保证安装成功。

实例 7：安装 httpd(网页服务主程序)软件包。

从图 2-1-15 中可以看出，error 中列出了因哪些被依赖的包未安装而导致 httpd 软件包安装失败。

```
[root@localhost Packages]# rpm -ivh httpd-2.2.15-29.el6.centos.x86_64.rpm
warning: httpd-2.2.15-29.el6.centos.x86_64.rpm: Header V3 RSA/SHA1 Signatu
re, key ID c105b9de: NOKEY
error: Failed dependencies:
        /etc/mime.types is needed by httpd-2.2.15-29.el6.centos.x86_64
        apr-util-ldap is needed by httpd-2.2.15-29.el6.centos.x86_64
        httpd-tools = 2.2.15-29.el6.centos is needed by httpd-2.2.15-29.el
6.centos.x86_64
        libapr-1.so.0()(64bit) is needed by httpd-2.2.15-29.el6.centos.x86
_64
        libaprutil-1.so.0()(64bit) is needed by httpd-2.2.15-29.el6.centos
.x86_64
```

图 2-1-15　因包的依赖性问题导致安装失败

3) 升级

如果需要将已安装的软件包升级到更高版本，可以采用升级方式进行安装，系统会自动卸载原版本，重新安装新版本。

实例 8：升级安装 vsftpd 软件包。

```
[root@localhost Packages]# rpm -Uvh vsftpd-2.2.2-11.el6_4.1.x86_64.rpm
```

4) 卸载

如果需要删除某一个软件包，可以使用"-e"来实现。

实例 9：将 vsftpd 软件包卸载。

```
[root@localhost Packages]# rpm -e vsftpd
```

2. YUM

使用 rpm 安装软件包时会出现本项目实例 7 的依赖性问题，这会导致软件包的安装变得极其复杂和繁琐，用 yum 命令可以解决这个问题。不过在使用 yum 命令进行软件包安装之前，需要进行软件源的配置。

配置软件源其实就是指定软件包的来源，即仓库(repository)。它是一个预备好的目录，或是一个网站，包含了软件包和索引文件。yum 可以在仓库中自动地定位并获取正确的 RPM 软件包。这样，就不必手动搜索和安装新应用程序和升级补丁了。许多镜像站点服务器为每个版本的 CentOS 分别提供了一些仓库。

yum 使用目录"/etc/yum.repos.d"下的一系列后缀名为".repo"的文件列出可获得软件包仓库的镜像站点地址。一般使用下面两个配置文件：

CentOS-Base.repo：用于设置远程仓库。

CentOS-Media.repo：用于设置本地仓库。

yum 命令格式如下：

yum [选项] 操作 软件包

常见选项有：

-y：当安装过程中提示选择 yes/or 时全部选择"yes"。

-q：不显示安装过程。

常用操作有：

① list 操作。该操作可以列出资源库中特定的可以安装或更新以及已经安装的 rpm 包。例如：

yum list gcc	//列出名为 gcc 的 RPM 包
yum list *bind*	//列出包含字符 bind 的 RPM 包
yum list updates	//列出资源库中所有可以更新的 RPM 包
yum list installed	//列出已经安装的所有 RPM 包

② info 操作。该操作可以列出特定的可以安装或更新以及已经安装的 RPM 包的信息。例如：

yum info gcc	//列出 gcc 包信息
yum info perl*	//列出 perl 开头的所有包的信息
yum info updates	//列出资源库中所有可以更新的 RPM 包的信息
yum info installed	//列出已经安装的所有 RPM 包的信息

③ install 及 groupinstall 操作。使用 install 操作可以安装指定的软件包；使用 groupinstall 操作可以安装指定的系列软件包。

例如：

yum install gcc　　　　　　　　//安装 gcc 包

yum install perl*　　　　　　　//安装以 perl 开头的 RPM 包

yum groupinstall "GNOME Desktop Environment"–y　　//安装 GNOME 桌面环境

④ remove 及 groupremove 操作。该操作可以删除软件，包括与该软件有依赖关系的软件包。

例如：

yum remove perl*　　　　　　　//删除以 perl 开头的所有包

yum groupremove "GNOME Desktop Environment"　　//删除 GNOME 桌面环境

⑤ check-update 及 update 操作。使用 check-update 操作可以检查所有可更新的包；使用 update 操作可以更新所有或指定 RPM 包。

例如：

yum check-update　　　　　　　　　　//检查可更新的 RPM 包

yum update　　　　　　　　　　　　　//更新所有 RPM 包

yum update kernel kernel-source　　　//更新指定的 kernel 和 kernel-source 包

⑥ clear 操作。该操作可以清除在缓存中下载的 RPM 包。

例如：

yum clear all　　　　　　　//清除缓存中的所有软件包

1) 配置本地源

默认情况下，*.repo 文件配置都是从网上下载的 RPM 包。但是，在服务器不能连上互联网的情况，yum 源就只能将 CentOS 光盘中的 Packages 目录作为本地源。一般情况下，Packages 目录中的软件包是足以满足服务器的日常需要的。

实例 10：将 CentOS 光盘配置为本地源。

第一步，挂载 CentOS 光盘到目录"/mnt/yum"下。

```
[root@localhost ~]# mkdir /mnt/yum
[root@localhost ~]# mount -t iso9660 /dev/cdrom /mnt/yum
mount: block device /dev/sr0 is write-protected, mounting read-only
```

第二步，将 yum.repos.d 目录下的文件更名。

在 yum.repo.d 目录下有四个文件："CentOS-Base.repo""CentOS-Media.repo""CentOS-Vault.repo"和"CentOS-Debuginfo.repo"。为了保证本地源生效，我们首先需要将除了本地源配置文件 CentOS-Media.repo 以外的三个文件更名。

```
[root@localhost ~]# cd /etc/yum.repos.d/
[root@localhost yum.repos.d]# mv CentOS-Base.repo  CentOS-Base.repo.bak
[root@localhost yum.repos.d]# mv CentOS-Vault.repo CentOS-Vault.repo.bak
[root@localhost yum.repos.d]# mv CentOS-Debuginfo.repo CentOS-Debuginfo.repo.bak
```

第三步，修改文件"CentOS-Media.repo"。

```
[root@localhost yum.repos.d]# vi CentOS-Media.repo
```

将图 2-2-16 内容修改成图 2-1-17 所示内容，修改后保存退出。

```
[c6-media]
name=CentOS-$releasever - Media
baseurl=file:///media/CentOS/
        file:///media/cdrom/
        file:///media/cdrecorder/
gpgcheck=1
enabled=0
gpgkey=file:///etc/pki/rpm-gpg/RPM-GPG-KEY-CentOS-6
```

图 2-1-16　修改前的"CentOS-Media.repo"内容

```
[c6-media]
name=CentOS-$releasever - Media
baseurl=file:///mnt/yum/
        file:///media/cdrom/
        file:///media/cdrecorder/
gpgcheck=1
enabled=1
gpgkey=file:///etc/pki/rpm-gpg/RPM-GPG-KEY-CentOS-6
```

图 2-1-17　修改后的"CentOS-Media.repo"内容

在文件 CentOS-Media.repo 内共修改了两处内容：一是将 baseurl 内容修改为光盘实际挂载点目录；二是将 enabled 修改为 1，表示开启本地源。

2) 安装 ftp server

实例 11：使用 yum groupinstall "ftp server" -y 命令安装 ftp 服务。

安装结果如图 2-1-18 所示。

```
[root@localhost ~]# yum groupinstall "ftp server" -y
Loaded plugins: fastestmirror, refresh-packagekit, security
Loading mirror speeds from cached hostfile
 * c6-media:
Setting up Group Process
Checking for new repos for mirrors
Resolving Dependencies
--> Running transaction check
---> Package vsftpd.x86_64 0:2.2.2-11.el6_4.1 will be installed
--> Finished Dependency Resolution

Dependencies Resolved

================================================================================
 Package        Arch         Version              Repository          Size
================================================================================
Installing:
 vsftpd         x86_64       2.2.2-11.el6_4.1     c6-media           151 k

Transaction Summary
================================================================================
Install       1 Package(s)

Total download size: 151 k
Installed size: 331 k
Downloading Packages:
Running rpm_check_debug
Running Transaction Test
Transaction Test Succeeded
Running Transaction
  Installing : vsftpd-2.2.2-11.el6_4.1.x86_64                          1/1
  Verifying  : vsftpd-2.2.2-11.el6_4.1.x86_64                          1/1

Installed:
  vsftpd.x86_64 0:2.2.2-11.el6_4.1

Complete!
```

图 2-1-18　使用 yum groupinstall 安装 ftp server

3) 配置网络源

当本地源中提供的 RPM 包需要更新或者想要安装的 RPM 包不在本地源中，则需要配置网络源。

在 CentOS 6.5 的 CentOS-Base.repo 文件中默认配置了一个 mirrorlist，也就是镜像服务

器的地址列表。若指定 mirrorlist，系统将从 CentOS 的镜像站点中选择离您最近的仓库，但并非所有的国内镜像都在 CentOS 的镜像站点列表中，速度也往往不尽如人意，为了达到快速安装的目的，在这里我们可以指定一个稳定的国内 yum 源。

实例 12：将网易 yum 源作为网络源。

第一步，将本地源文件 CentOS-Media.repo 更名为 CentOS-Media.repo.bak，至此在目录 "/etc/yum.repos.d/" 下的所有 ".repo" 文件全部更名备份。

```
[root@localhost yum.repos.d]# mv CentOS-Media.repo CentOS-Media.repo.bak
```

第二步，从网易直接下载文件 CentOS6-Base-163.repo 到目录 "/etc/yum.repos.d/" 下(前提条件是服务器能访问互联网)，如图 2-1-19 所示。

```
[root@localhost yum.repos.d]# wget http://mirrors.163.com/.help/CentOS6-Base-163.repo
--2017-11-19 17:37:52--  http://mirrors.163.com/.help/CentOS6-Base-163.repo
正在解析主机 mirrors.163.com... 123.58.190.228, 123.58.190.209, 123.58.190.234, ...
正在连接 mirrors.163.com|123.58.190.228|:80... 已连接。
已发出 HTTP 请求，正在等待回应... 200 OK
长度：2006 (2.0K) [application/octet-stream]
正在保存至："CentOS6-Base-163.repo"

100%[=====================================================>] 2,006       --.-K/s   in 0s

2017-11-19 17:37:52 (60.7 MB/s) - 已保存 "CentOS6-Base-163.repo" [2006/2006])
```

图 2-1-19　下载文件 CentOS6-Base-163.repo

第三步，修改文件 CentOS6-Base-163.repo 名称为 CentOS-Base.repo。

```
[root@localhost yum.repos.d]# mv CentOS6-Base-163.repo CentOS-Base.repo
```

第四步，清除原有缓存。

```
[root@localhost yum.repos.d]# yum clean all
```

第五步，重建缓存(如图 2-1-20 所示)，提高搜索安装软件的速度。

```
[root@localhost yum.repos.d]# yum makecache
Loaded plugins: fastestmirror, refresh-packagekit, security
Loading mirror speeds from cached hostfile
base                                                      | 3.7 kB     00:00
extras                                                    | 3.4 kB     00:00
updates                                                   | 3.4 kB     00:00
Metadata Cache Created
[root@localhost yum.repos.d]# yum clean all
Loaded plugins: fastestmirror, refresh-packagekit, security
Cleaning repos: base extras updates
Cleaning up Everything
Cleaning up list of fastest mirrors
[root@localhost yum.repos.d]# yum makecache
Loaded plugins: fastestmirror, refresh-packagekit, security
Determining fastest mirrors
base                                                      | 3.7 kB     00:00
base/group_gz                                             | 226 kB     00:00
base/filelists_db                                         | 6.4 MB     00:05
base/primary_db                                           | 4.7 MB     00:06
base/other_db                                             | 2.8 MB     00:03
extras                                                    | 3.4 kB     00:00
extras/filelists_db                                       |  25 kB     00:00
extras/prestodelta                                        | 1.3 kB     00:00
extras/primary_db                                         |  29 kB     00:00
extras/other_db                                           |  30 kB     00:00
updates                                                   | 3.4 kB     00:00
updates/filelists_db                                      | 3.2 MB     00:03
updates/prestodelta                                       | 161 kB     00:00
updates/primary_db                                        | 5.3 MB     00:04
updates/other_db                                          |  75 MB     01:31
Metadata Cache Created
```

图 2-1-20　重建缓存

第六步，检查是否生效，如图 2-1-21 所示。

```
[root@localhost yum.repos.d]# yum repolist all
Loaded plugins: fastestmirror, refresh-packagekit, security
Loading mirror speeds from cached hostfile
repo id                       repo name                              status
base                          CentOS-6 - Base - 163.com              enabled: 6,706
centosplus                    CentOS-6 - Plus - 163.com              disabled
contrib                       CentOS-6 - Contrib - 163.com           disabled
extras                        CentOS-6 - Extras - 163.com            enabled:    46
updates                       CentOS-6 - Updates - 163.com           enabled:   826
repolist: 7,578
```

图 2-1-21　检查是否生效

4) 安装 mysql-server 软件包

安装时直接执行 yum install mysql-server 即可。yum 会自动解析软件包依赖性，自动下载相关软件包并安装。安装过程如图 2-1-22 至图 2-1-24 所示。

```
[root@localhost ~]# yum install mysql-server
Loaded plugins: fastestmirror, refresh-packagekit, security
Loading mirror speeds from cached hostfile
Setting up Install Process
Resolving Dependencies
--> Running transaction check
---> Package mysql-server.x86_64 0:5.1.73-8.el6_8 will be installed
--> Processing Dependency: mysql = 5.1.73-8.el6_8 for package: mysql-server-5.1.73-8.el6_8.x8
6_64
--> Processing Dependency: perl-DBI for package: mysql-server-5.1.73-8.el6_8.x86_64
--> Processing Dependency: perl-DBD-MySQL for package: mysql-server-5.1.73-8.el6_8.x86_64
--> Processing Dependency: perl(DBI) for package: mysql-server-5.1.73-8.el6_8.x86_64
--> Running transaction check
---> Package mysql.x86_64 0:5.1.73-8.el6_8 will be installed
--> Processing Dependency: mysql-libs = 5.1.73-8.el6_8 for package: mysql-5.1.73-8.el6_8.x86_
64
---> Package perl-DBD-MySQL.x86_64 0:4.013-3.el6 will be installed
---> Package perl-DBI.x86_64 0:1.609-4.el6 will be installed
--> Running transaction check
---> Package mysql-libs.x86_64 0:5.1.71-1.el6 will be updated
---> Package mysql-libs.x86_64 0:5.1.73-8.el6_8 will be an update
--> Finished Dependency Resolution

Dependencies Resolved
```

图 2-1-22　软件包依赖性检查

```
================================================================================
 Package                Arch            Version              Repository      Size
================================================================================
Installing:
 mysql-server           x86_64          5.1.73-8.el6_8       base           8.6 M
Installing for dependencies:
 mysql                  x86_64          5.1.73-8.el6_8       base           895 k
 perl-DBD-MySQL         x86_64          4.013-3.el6          base           134 k
 perl-DBI               x86_64          1.609-4.el6          base           705 k
Updating for dependencies:
 mysql-libs             x86_64          5.1.73-8.el6_8       base           1.2 M

Transaction Summary
================================================================================
Install       4 Package(s)
Upgrade       1 Package(s)
```

图 2-1-23　软件包及依赖软件包安装与更新情况列表

```
Total download size: 12 M
Is this ok [y/N]: y
Downloading Packages:
(1/5): mysql-5.1.73-8.el6_8.x86_64.rpm                    | 895 kB   00:00
(2/5): mysql-libs-5.1.73-8.el6_8.x86_64.rpm               | 1.2 MB   00:00
(3/5): mysql-server-5.1.73-8.el6_8.x86_64.rpm             | 8.6 MB   00:10
(4/5): perl-DBD-MySQL-4.013-3.el6.x86_64.rpm              | 134 kB   00:00
(5/5): perl-DBI-1.609-4.el6.x86_64.rpm                    | 705 kB   00:00
-------------------------------------------------------------------------------
Total                                           848 kB/s | 12 MB    00:13
Running rpm_check_debug
Running Transaction Test
Transaction Test Succeeded
Running Transaction
  Updating   : mysql-libs-5.1.73-8.el6_8.x86_64                          1/6
  Installing : perl-DBI-1.609-4.el6.x86_64                               2/6
  Installing : perl-DBD-MySQL-4.013-3.el6.x86_64                         3/6
  Installing : mysql-5.1.73-8.el6_8.x86_64                               4/6
  Installing : mysql-server-5.1.73-8.el6_8.x86_64                        5/6
  Cleanup    : mysql-libs-5.1.71-1.el6.x86_64                            6/6
  Verifying  : perl-DBD-MySQL-4.013-3.el6.x86_64                         1/6
  Verifying  : mysql-server-5.1.73-8.el6_8.x86_64                        2/6
  Verifying  : perl-DBI-1.609-4.el6.x86_64                               3/6
  Verifying  : mysql-5.1.73-8.el6_8.x86_64                               4/6
  Verifying  : mysql-libs-5.1.73-8.el6_8.x86_64                          5/6
  Verifying  : mysql-libs-5.1.71-1.el6.x86_64                            6/6

Installed:
  mysql-server.x86_64 0:5.1.73-8.el6_8

Dependency Installed:
  mysql.x86_64 0:5.1.73-8.el6_8              perl-DBD-MySQL.x86_64 0:4.013-3.el6
  perl-DBI.x86_64 0:1.609-4.el6

Dependency Updated:
  mysql-libs.x86_64 0:5.1.73-8.el6_8

Complete!
```

图 2-1-24　软件包及依赖软件包下载及安装过程

◇ 技能训练

训练目的：

掌握 rpm 命令管理软件包的方法；

掌握本地软件源配置及网络软件源配置的方法；

掌握 yum 命令管理软件包的方法。

技能训练 2-2

训练内容：

1. 使用 rpm 命令安装 samba 软件包；

2. 配置本地软件源使用 yum 安装 bind 软件包；

3. 配置网络软件源(阿里云的 yum 源)，使用 yum 安装软件组 "Eclipse"。

参考资源：

1. 个人服务器软件源配置技能训练任务单；

2. 个人服务器软件源配置技能训练任务书；

3. 个人服务器软件源配置技能训练检查单；

4. 个人服务器软件源配置技能训练考核表。

训练步骤:

1. 挂载 CentOS6.5 的安装光盘,并切换到 Packages 目录。

2. 使用 rpm 命令安装 samba 软件包。

3. 配置本地源(具体步骤参照实例 10)。

4. 使用 yum 命令安装 bind 软件包。

5. 将阿里云 yum 源配置为网络软件源(下载配置文件的地址:http://mirrors.aliyun.com/repo/Centos-6.repo,具体步骤参照实例 12)。

6. 使用 yum 命令安装软件组"Eclipse"。

子任务 2.1.4　CentOS 6.5 的安全配置

在服务器的安全配置中,应遵守以下原则:

最小的权限 + 最少的服务 = 最大的安全

因此必须把不用的服务关闭,并将系统权限设置到最小化,这样才能保证服务器最大的安全。

注意:在作任何配置修改之前,最好是将原始配置文件备份。

1. 禁用不使用的用户和用户组

当有些用户或用户组暂时不使用时,需要及时地将这些用户和用户组进行"封存",但不必要将其删除,而只需将其注释即可。

安全配置讲解

实例 1:注释 postfix 用户及用户组。

第一步,备份文件/etc/passwd 及文件/etc/group。

```
[root@localhost ~]# cp /etc/passwd /etc/passwd.bak
[root@localhost ~]# cp /etc/group /etc/group.bak
```

第二步,用 vi 编辑文件 passwd 和文件 group,将其中的 postfix 行用"#"号注释,保存退出。

2. 关闭不需要使用的服务

系统启动时或在运行过程中,会随着系统启动或服务运行开启一些服务进程,其中并不是所有的服务都是需要的,此时就应该将那些不需要使用的服务关闭。

实例 2:关闭 postfix 服务。

第一步,查看 postfix 服务状态,如在运行中则停止其服务。

第二步,禁止 postfix 启动,如图 2-1-25 所示。

```
[root@localhost ~]# chkconfig postfix off
[root@localhost ~]# chkconfig --list postfix
postfix          0:关闭  1:关闭  2:关闭  3:关闭  4:关闭  5:关闭  6:关闭
```

图 2-1-25　禁止 postfix 启动

3. 增加特殊文件权限

为了防止某些非授权用户对系统中的重要文件进行修改,可以对这些重要文件进行加锁操作，即增加不可修改属性。

实例 3：给 /etc/services 服务端口列表加锁。

第一步，增加文件 /etc/services 不可修改属性。

```
[root@localhost ~]# chattr +i /etc/services
```

第二步，查看文件/etc/services 属性是否修改成功。

```
[root@localhost ~]# lsattr /etc/services
----i--------e- /etc/services
```

4. 修改 history 命令记录

history 命令记录中有大量的系统管理员对系统进行的管理操作。这些操作如果一旦被非授权用户获取，就存在安全隐患。因此我们需要将记录的条数减少，以防止过多的历史操作被窃取的可能。

实例 4：将 history 命令记录修改为 50 条。

第一步，备份文件 /etc/profile。

```
[root@localhost ~]# cp /etc/profile /etc/profile.bak
```

第二步，修改文件 /etc/profile 中的 HISTSIZE 属性值为 50。

5. 隐藏服务器系统信息

在默认情况下，当登录到 CentOS 服务器系统时，系统会显示出该服务器使用的 linux 版本、内核版本等重要信息。我们需要将这些重要系统信息隐藏起来。

实例 5：隐藏系统信息，在文本界面中只显示"服务器名称 login:"提示符。

第一步，在文本界面模式下查看系统消息是否已显示，如图 2-1-26 所示。

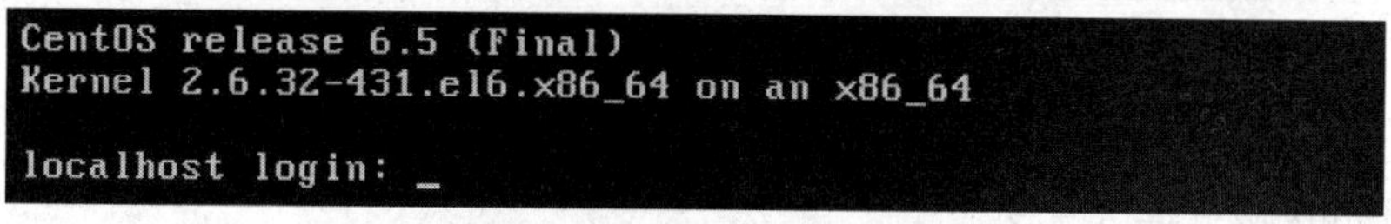

```
CentOS release 6.5 (Final)
Kernel 2.6.32-431.el6.x86_64 on an x86_64

localhost login: _
```

图 2-1-26　查看登录时显示的信息

第二步，将文件 /etc/issue 和/etc/issue.net 分别重命名为 /etc/issue.bak 和/etc/issue.net.bak。

第三步，重启系统，切换至文本界面，则相关信息已隐藏。

6. SELiunx 配置

SELinux 允许系统管理员更加灵活地定义安全策略。使用 SELinux 的策略后，SELinux 能够控制哪个进程只能访问哪个文件。

1）SELinux 工作模式

enforcing：强制模式，对于违反策略的行为全部禁止，并且作内核记录。

permissive：警告模式，将该事件记录下来，依然允许执行。

disabled：关闭 selinux。

不管是停用还是启用均需要重启计算机。

① getenforce 命令。

获取当前 SELinux 工作模式，如图 2-1-27 所示。

```
[ root@localhost ~]# getenforce
Enforcing
```

图 2-1-27　获取 SELinux 当前工作模式

注意：系统默认开启 SELinux 的强制模式。

② setenforce 命令。

临时更改 SELinux 工作模式，0 表示 permissive，1 表示 enforcing，如图 2-1-28 所示。

```
[ root@localhost ~]# setenforce 0
[ root@localhost ~]# getenforce
Permissive
```

图 2-1-28　临时修改 SELinux 工作模式

临时将 SELinux 工作模式更改为 permissive，重启系统后失效。

③ 修改 SELinux 配置文件。

修改 SELinux 配置文件 /etc/sysconfig/selinux 中的 SELinux 字段可以设置其工作模式，重启后永久生效，如图 2-1-29 所示。

```
# This file controls the state of SELinux on the system.
# SELINUX= can take one of these three values:
#     enforcing - SELinux security policy is enforced.
#     permissive - SELinux prints warnings instead of enforcing.
#     disabled - No SELinux policy is loaded.
SELINUX=disabled
# SELINUXTYPE= can take one of these two values:
#     targeted - Targeted processes are protected,
#     mls - Multi Level Security protection.
SELINUXTYPE=targeted
```

图 2-1-29　永久修改 SELinux 工作模式

在图 2-1-29 中，SELINUX 工作模式被更改为 disabled，重启后方能生效。

2）SELinux 配置相关命令

① chcon 命令。

chcon 命令是修改对象(文件)的安全上下文，比如：用户、角色、类型和安全级别等。也就是将每个文件的安全环境变更至指定环境。

chcon 命令格式为：

chcon [选项] 安全上下文对象(文件或目录)

常用的选项有：

-R：递归处理所有的文件及子目录。

-u：设置指定用户的目标安全环境。

-r：设置指定角色的目标安全环境。

-t：设置指定类型的目标安全环境。

-l：设置指定范围的目标安全环境。

实例 6：将目录"/var/ftp"共享给匿名用户，再将目录"/var/ftp/in"设置为可以上传，如图 2-1-30 所示。

```
[root@localhost ~]# chcon -R -t public_content_t /var/ftp
[root@localhost ~]# chcon -t public_content_rw_t /var/ftp/in/
```

图 2-1-30　设置目录共享和允许上传目录

② getsebool 命令。

getsebool 命令可以获取当前系统 selinux 策略值。

getsebool 命令格式为：

getsebool [-a] [布尔值条款]

其中，"-a"表示列出目前系统上所有布尔值条款设置为开启或关闭值。

执行 getsebool -a 的结果如图 2-1-31 所示。

```
[root@localhost ~]# getsebool -a
abrt_anon_write --> off
abrt_handle_event --> off
allow_console_login --> on
allow_cvs_read_shadow --> off
allow_daemons_dump_core --> on
allow_daemons_use_tcp_wrapper --> off
allow_daemons_use_tty --> on
allow_domain_fd_use --> on
allow_execheap --> off
allow_execmem --> on
allow_execmod --> on
allow_execstack --> on
allow_ftpd_anon_write --> off
allow_ftpd_full_access --> off
allow_ftpd_use_cifs --> off
allow_ftpd_use_nfs --> off
allow_gssd_read_tmp --> on
allow_guest_exec_content --> off
allow_httpd_anon_write --> off
allow_httpd_mod_auth_ntlm_winbind --> off
allow_httpd_mod_auth_pam --> off
allow_httpd_sys_script_anon_write --> off
allow_java_execstack --> off
allow_kerberos --> on
allow_mount_anyfile --> on
allow_mplayer_execstack --> off
allow_nsplugin_execmem --> on
allow_polyinstantiation --> off
allow_postfix_local_write_mail_spool --> on
```

图 2-1-31　部分系统布尔值条款设置情况

③ setsebool 命令。

该命令是用来修改 SElinux 策略内各项规则的布尔值条款。

setsebool 命令格式为：

setsebool [-P] 布尔值条款 = [0|1]

其中，"-P"表示直接将设置值写入配置文件，该设置数据永久生效。

实例 7：允许匿名用户写入权限，如图 2-1-32 所示。

```
[root@localhost ~]# setsebool -P allow_ftpd_anon_write=1
[root@localhost ~]# getsebool allow_ftpd_anon_write
allow_ftpd_anon_write --> on
```

图 2-1-32　允许匿名用户写入权限

7. iptables 防火墙配置

iptable 其实是 Linux 下的数据包过滤软件，也是目前 Centos 默认的防火墙。iptables

利用的数据包过滤机制，根据定义的规则来决定该数据包是进入主机还是丢弃。

iptables 命令定义规则的格式为：

    iptables t 表名 选项 链名 条件匹配 -j 目标动作或跳转

常用选项说明：

-A：新增一条规则，该规则在原规则的最后面。

-I：插入一条规则，默认该规则在原第一条规则的前面，即该新规则变为第一条规则。

链名：即 INPUT 链(入站规则)、OUTPUT 链(出站规则)、FORWARD 链(转发规则)。

-i：表示输入，即数据包进入的网络接口，与 INPUT 链配合。

-o：表示输出，即数据包传出的网络接口，与 OUTPUT 链配合。

网络接口：设置数据包进出的接口名称。

-p 协议：此规则适应于哪种数据包，如 tcp、udp、icmp 及 all。

-s 来源 IP/网络：数据包的来源地，可指定单纯的 IP 或网络，如果规则为不允许，则在 IP/网络前加"！"即可。

-d 目标 IP/网络：与 -s 类似，这里指定的是目标 IP 或者网络。

-j：后面接操作，如 ACCEPT、DROP 等。

实例 8：阻止来自于网络中的 ping 命令。

第一步，查看 iptables 原有规则，如图 2-1-33 所示。

```
[root@localhost ~]# cat /etc/sysconfig/iptables
# Firewall configuration written by system-config-firewall
# Manual customization of this file is not recommended.
*filter
:INPUT ACCEPT [0:0]
:FORWARD ACCEPT [0:0]
:OUTPUT ACCEPT [0:0]
-A INPUT -m state --state ESTABLISHED,RELATED -j ACCEPT
-A INPUT -p icmp -j ACCEPT
-A INPUT -i lo -j ACCEPT
-A INPUT -m state --state NEW -m tcp -p tcp --dport 22 -j ACCEPT
-A INPUT -j REJECT --reject-with icmp-host-prohibited
-A FORWARD -j REJECT --reject-with icmp-host-prohibited
COMMIT
```

图 2-1-33　查看文件"iptables"原有规则

在图 2-1-33 中，发现有"-A INPUT -p icmp -j ACCEPT"这一条允许 ping 入的规则。

第二步，用 -I 在最前面增加禁止 ping 入规则，命令如下：

```
[root@localhost ~]# iptables -I INPUT -p icmp -j DROP
```

注意：此处增加的规则会在重启 iptables 服务后失效。如果要永久生效，则应将该规则写入文件 /etc/sysconfig/iptables 中。

第三步，查看禁止 ping 入是否生效，如图 2-1-34 所示。

```
C:\Users\huige>ping 192.168.1.115

正在 Ping 192.168.1.115 具有 32 字节的数据:
请求超时。
请求超时。
请求超时。
请求超时。

192.168.1.115 的 Ping 统计信息:
    数据包: 已发送 = 4, 已接收 = 0, 丢失 = 4 (100% 丢失),
```

测验习题

图 2-1-34　禁止 ping 入

◇ 技能训练

训练目的：

掌握服务器基础安全配置；

掌握 SELinux 安全配置方法；

掌握 iptables 安全配置方法。

训练内容：

1. 禁止使用 Ctrl + Alt + Del 快捷键重启服务器；

技能训练 2-3

2. 开启 samba 服务器共享用户主目录，并开放 samba 服务器共享目录为 "/var/samba/shared"（使用 SELinux 配置）；

3. 使用 iptables 配置禁止 ping 出规则。

参考资源：

1. 个人服务器安全配置技能训练任务单；

2. 个人服务器安全配置技能训练任务书；

3. 个人服务器安全配置技能训练检查单；

4. 个人服务器安全配置技能训练考核表。

训练步骤：

1. 将 /etc/init/control-alt-delete.conf 文件备份。

2. 编辑修改 /etc/init/control-alt-delete.conf 文件，将下列两行注释掉：

　　　#start on contrl-alt-delete

　　　#exec /sbin/shutdown -r now "Control-Alt-Delete pressed"

3. 开启 samba 服务器共享用户主目录命令如下：

　　　setsebool -P samba_enable_home_dirs = 1

4. 开放 samba 服务器共享目录为 /var/samba/shared 的命令如下：

　　　chcon -R -t samba_share_t /var/samba/shared

5. 禁止 ping 出规则配置命令如下：

　　　iptables -A OUTPUT -p icmp -j DROP

任务 2.2　DNS 服务器的配置与管理

【任务描述】

工作室的用户在访问服务器时，希望能通过网址(域名)而不是 IP 地址访问，这样就需要构建 DNS 服务器。DNS 服务器能够为工作室内网用户提供域名解析服务。

【问题引导】

1. 为什么要使用域名？
2. DNS 服务器是如何进行域名解析的？
3. 如何安装与配置 DNS 服务器？
4. DNS 客户端如何设置？
5. DNS 服务器如何进行管理？

【知识学习】

1. 域名

1) 域名的概念

IP 地址是 Internet 主机作为路由寻址用的数字型标识。由于 IP 地址是数字标识，使用时难以记忆和书写，因此在 IP 地址的基础上又发展出一种符号化的地址方案，来代替数字型的 IP 地址，由此产生了域名(Domain Name)这样一种字符型标识，也就是说域名是 IP 地址上的"面具"，创建域名的目的就是便于记忆和使用服务器的地址。

2) 域名的结构

整个 Internet 域名系统采用树状层次结构。通常 Internet 主机域名的结构为：

　　　主机名. [三级域名].二级域名.顶级域名

一个完整的域名由 2 个或 2 个以上的部分组成，各部分之间用英文的句号"."来分隔，最后一个 "." 的右边部分称为顶级域名(TLD，也称为一级域名)，最后一个 "." 的左边部分称为二级域名(SLD)，二级域名的左边部分称为三级域名，以此类推。

① 顶级域名。

顶级域名又分为两类：

· 国家顶级域名(National Top-level Domain Names，简称 nTLDs)，200 多个国家都按照 ISO3166 国家代码分配了顶级域名，例如中国是 cn，美国是 us，日本是 jp 等。

· 国际顶级域名(International Top-level Domain Names，简称 iTDs)，例如表示工商企业的 .com，表示网络提供商的.net，表示非盈利组织的.org，表示教育的 .edu 等。

常用的国际顶级域名如表 2-2-1。

表 2-2-1　常用国际顶级域名表

域名	含义	域名	含义
com	商业机构	org	非盈利性组织
edu	教育机构	biz	商业机构
info	信息提供	pro	医生、会计师
rec	娱乐机构	aero	航空机构
net	网络服务机构	gov	政府机构
mil	军事机构	name	个人网站
mobi	专用手机域名	travel	旅游网站
int	国际机构	post	邮政机构

② 二级域名。

二级域名是指顶级域名之下的域名。在国际顶级域名下，它是域名注册人的网上名称，例如 ibm、yahoo、microsoft 等；在国家顶级域名下，它表示注册企业类别的符号，例如 com、edu、gov、net 等。

中国在国际互联网信息中心(InterNIC)正式注册并运行的顶级域名是 cn，这也是中国的一级域名。在顶级域名之下，中国的二级域名又分为类别域名和行政区域名两类。类别域名共 6 个，包括用于科研机构的 ac、用于工商金融企业的 com、用于教育机构的 edu、用于政府部门的 gov、用于互联网络信息中心和运行中心的 net、用于非盈利组织的 org；而行政区域名有 34 个，分别对应于中国各省、自治区和直辖市，例如，bj 表示北京、sh 表示上海等。

中国二级行政区域名如表 2-2-2。

表 2-2-2　中国二级行政区域表

域名	含义	域名	含义	域名	含义
bj	北京市	fj	福建省	sn	陕西省
he	河北省	hb	湖北省	xj	新疆维吾尔自治区
jl	吉林省	hi	海南省	cq	重庆市
ah	安徽省	xz	西藏自治区	ln	辽宁省
ha	河南省	nx	宁夏回族自治区	zj	浙江省
gx	广西壮族自治区	mo	澳门	sd	山东省
yn	云南省	tj	天津市	gd	广东省
qh	青海省	nm	内蒙古自治区	gz	贵州省
hk	香港	js	江苏省	gs	甘肃省
sh	上海市	jx	江西省	tw	台湾
sx	山西省	hn	湖南省		
hl	黑龙江省	sc	四川省		

③ 三级域名。

前两级域名都是由域名注册商负责管理和收费。而三级域名则是可以由服务提供方自行取名，三级域名用字母(A~Z，a~z)、数字(0~9)和连接符(-)组成，各级域名之间用英文句号(.)连接，三级域名的长度不能超过 20 个字符。

2. DNS

1) DNS 的概念

DNS(Domain Name System，域名系统)，是一种基于 TCP/IP 的服务，运行在 UDP 协议之上，使用 53 号端口。DNS 服务器将创建一个域名和 IP 地址相互映射的分布式数据库，通过对数据库的查询来提供域名解析服务。

2) DNS 工作原理

DNS 的功能简单来说就是域名解析服务。通过对 DNS 服务器提出解析需求，DNS 服务器返回解析结果来完成服务。

例如，网络中一台客户机需要访问域名 www.baidu.com 所对应的计算机，它的域名解析过程如图 2-2-1。

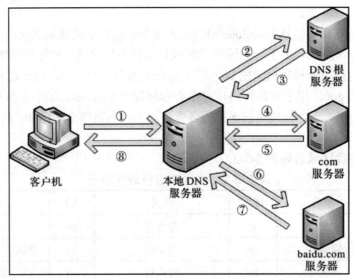

图 2-2-1　域名解析过程

① 客户机的操作系统中存在一个文件 hosts，里面存放有域名的部分历史访问记录。根据就近查找的原则，先对本机的文件 hosts 进行查询，如果在文件中查找到关于"www.baidu.com"的记录，则直接返回解析结果；如果文件中没有该记录，则向本地 DNS 服务器发出查询请求。

② 本地 DNS 服务器在自己的数据库中查找相关的域名记录。如果存在该记录，则返回解析结果；否则将查询请求转发到 DNS 根服务器。

③ 在 DNS 根服务器的数据库中查询顶级域名 com 的 DNS 服务器 IP 地址，并将该地址返回给本地 DNS 服务器。

④ 本地 DNS 服务器根据 com 的 DNS 服务器的 IP 地址，向 com 的 DNS 服务器发出查询请求。

⑤ 在 com 的 DNS 服务器的数据库中查询相关域名记录。如果存在该记录，则返回解析结果；否则，将"baidu.com"的 DNS 服务器 IP 地址返回给本地 DNS 服务器。

⑥ 本地 DNS 服务器根据"baidu.com"的 DNS 服务器的 IP 地址，继续向"baidu.com"的 DNS 服务器发出查询请求。

⑦ 在"baidu.com"的 DNS 服务器的数据库中查找 www 主机记录，不管能否查询成功，都将返回解析结果给本地 DNS 服务器。

⑧ 本地 DNS 服务器将解析结果返回给客户机。

3) 查询模式

在域名解析请求过程中，可能存在有两种查询模式：

递归查询：当本地 DNS 服务器不能直接得到解析结果时，它将代替提出请求的客户机(或者下级 DNS 服务器)进行域名查询，最终将查询结果返回给客户机。如图 2-2-1 中的①和⑧所示。

迭代查询：当上级 DNS 服务器不能直接得到解析结果时，将向下级 DNS 服务器返回另一个查询点的 IP 地址，下级 DNS 服务器按照提示的指引依次查询。如图 2-2-1 中的②～⑦所示。

4) 正向与反向解析

正向解析是将主机的域名转换为对应的 IP 地址，以便能够通过主机域名访问对应的服务器主机；反向解析则是将主机的 IP 地址转换为对应的域名，它可以用来测试 IP 地址与多个域名的绑定情况。

5) DNS 服务器类型

DNS 服务器包括主域名服务器、辅助域名服务器及缓存域名服务器。

① 主域名服务器。

对于某个指定的域，主域名服务器是该域的所有域名信息发布的权威性来源，在该域中唯一存在，它保存了该域的区域性文件。

② 辅助域名服务器。

当主域名服务器出现故障、关闭或者负载过重时，将启用辅助域名服务器。辅助域名服务器中的域名信息来源于主域名服务器，其区域文件中的数据也是从主域名服务器同步过来的，是不可修改的。

③ 缓存域名服务器。

提供域名解析的缓存，临时存放主域名服务器已解析过的域名记录。

子任务 2.2.1　DNS 服务的安装与基础配置

1. DNS 服务的安装

DNS 服务需要安装 bind 相关软件包，bind(berkeley internet name domain)是由美国加利福尼亚大学伯克利分校开发的一个域名服务器软件包，Linux 网络操作系统使用这个软件包来提供域名解析服务。

1) 查询 DNS 的安装情况

使用命令"rpm -qa|grep bind"查询 DNS 安装情况，如果查询结果出现下面的三个软件包，表示 DNS 已经安装成功。

- bind-utils-x86_64
- bind-x86_64
- bind-libs-x86_64

DNS 服务的安装
与基础配置讲解

2) DNS 的安装

如果没有查询到上面三个软件包，则需要自行安装。安装命令如下：

Yum-y install bind bind-utils

安装界面如图 2-2-2 所示。

```
[root@localhost ~]# yum -y install bind bind-utils
Loaded plugins: fastestmirror, refresh-packagekit, security
Loading mirror speeds from cached hostfile
Setting up Install Process
Resolving Dependencies
--> Running transaction check
---> Package bind.x86_64 32:9.8.2-0.17.rc1.el6_4.6 will be installed
--> Processing Dependency: bind-libs = 32:9.8.2-0.17.rc1.el6_4.6 for package: 32
:bind-9.8.2-0.17.rc1.el6_4.6.x86_64
--> Processing Dependency: liblwres.so.80()(64bit) for package: 32:bind-9.8.2-0.
17.rc1.el6_4.6.x86_64
--> Processing Dependency: libisccfg.so.82()(64bit) for package: 32:bind-9.8.2-0
.17.rc1.el6_4.6.x86_64
--> Processing Dependency: libisccc.so.80()(64bit) for package: 32:bind-9.8.2-0.
17.rc1.el6_4.6.x86_64
--> Processing Dependency: libisc.so.83()(64bit) for package: 32:bind-9.8.2-0.17
.rc1.el6_4.6.x86_64
--> Processing Dependency: libdns.so.81()(64bit) for package: 32:bind-9.8.2-0.17
.rc1.el6_4.6.x86_64
--> Processing Dependency: libbind9.so.80()(64bit) for package: 32:bind-9.8.2-0.
17.rc1.el6_4.6.x86_64
---> Package bind-utils.x86_64 32:9.8.2-0.17.rc1.el6_4.6 will be installed
--> Running transaction check
---> Package bind-libs.x86_64 32:9.8.2-0.17.rc1.el6_4.6 will be installed
--> Finished Dependency Resolution

Dependencies Resolved

================================================================================
 Package          Arch         Version                    Repository      Size
================================================================================
Installing:
 bind             x86_64       32:9.8.2-0.17.rc1.el6_4.6   c6-media       4.0 M
 bind-utils       x86_64       32:9.8.2-0.17.rc1.el6_4.6   c6-media       182 k
Installing for dependencies:
 bind-libs        x86_64       32:9.8.2-0.17.rc1.el6_4.6   c6-media       878 k

Transaction Summary
================================================================================
Install       3 Package(s)

Total download size: 5.0 M
Installed size: 9.9 M
Downloading Packages:
--------------------------------------------------------------------------------
Total                                        8.8 MB/s | 5.0 MB     00:00
Running rpm_check_debug
Running Transaction Test
Transaction Test Succeeded
Running Transaction
  Installing : 32:bind-libs-9.8.2-0.17.rc1.el6_4.6.x86_64                   1/3
  Installing : 32:bind-9.8.2-0.17.rc1.el6_4.6.x86_64                        2/3
  Installing : 32:bind-utils-9.8.2-0.17.rc1.el6_4.6.x86_64                  3/3
  Verifying  : 32:bind-9.8.2-0.17.rc1.el6_4.6.x86_64                        1/3
  Verifying  : 32:bind-libs-9.8.2-0.17.rc1.el6_4.6.x86_64                   2/3
  Verifying  : 32:bind-utils-9.8.2-0.17.rc1.el6_4.6.x86_64                  3/3

Installed:
  bind.x86_64 32:9.8.2-0.17.rc1.el6_4.6
  bind-utils.x86_64 32:9.8.2-0.17.rc1.el6_4.6

Dependency Installed:
  bind-libs.x86_64 32:9.8.2-0.17.rc1.el6_4.6

Complete!
```

图 2-2-2　安装 bind 服务相关软件包

3) 启动 DNS 服务

使用命令 "service named start" 启动 DNS 服务(如图 2-2-3 所示)，其中 named 是 DNS 的服务进程名。

```
[root@localhost ~]# service named start
Generating /etc/rndc.key:                              [确定]
启动 named :                                            [确定]
```

图 2-2-3　启动 DNS 服务

2. 配置主 DNS 服务器

DNS 服务器的主配置文件是 /etc/named.conf 和 /etc/named.rfc1912.zones。它们用来配置 DNS 服务器的全局参数、指定区域类型、区域文件名及保存路径等。

named 守护进程首先从文件 named.conf 中获取参数信息及其他配置文件信息，然后按照各个区域文件的位置内容提供域名解析服务。

文件 named.rfc1912.zones 中默认指定了本地正向区域文件 /var/named/named.localhost、本地反向区域文件 /var/named/named.loopback 的位置；同时还需要指定正向区域数据库文件、反向区域数据库文件的位置，并在相应位置创建相关配置文件。

实例 1：配置飞扬工作室 DNS 服务器(域名：www.feiyang.com，IP：192.168.1.100)。

(1) 配置主机名。

使用 vi 命令编辑文件 /etc/sysconfig/network，将 HOSTNAME 设置为 "www.feiyang.com"。修改后需要重启服务器使设置生效。

(2) 查看主机名是否设置生效。

直接使用命令 "hostname" 查看。

(3) 配置服务器 IP 地址。

使用 vi 命令编辑设置 eth0 网口的 IP 地址为 192.168.1.100。

(4) 查看 IP 地址是否设置生效。

直接使用 ifconfig 查看。

(5) 配置文件 named.conf。

bind 在安装时会在目录 "/etc" 下创建文件 named.conf，其所属用户为 root，所属组为 named。

修改文件 listen-on port 53 和 allow-query 中的参数值为 "any"，表示允许来自网络中的任意主机进行查询。

第一步，备份配置文件。

```
[root@localhost ~]# cp /etc/named.conf /etc/named.conf.bak
```

第二步，进入 named.conf 文件的编辑模式。

```
[root@localhost ~]# vi /etc/named.conf
```

第三步，修改文件 listen-on port 53 和 allow-query 的参数值为 "any"(如图 2-2-4 所示)，保存后退出。

```
options {
        listen-on port 53 { any; };
        listen-on-v6 port 53 { ::1; };
        directory       "/var/named";
        dump-file        "/var/named/data/cache_dump.db";
        statistics-file "/var/named/data/named_stats.txt";
        memstatistics-file "/var/named/data/named_mem_stats.txt";
        allow-query     { any; };
        recursion yes;
```

图 2-2-4　修改文件 listen-on port 53 和 allow-query 的参数值

(6) 配置文件 named.rfc1912.zones。

文件 /etc/named.rfc1912.zones 主要定义 zone 语句，通过 zone 语句指定正向解析和反向解析区域类型及区域文件名等配置信息。

本例中，该配置文件将新增两个 zone，分别指定正向区域数据库文件(类型为 master，文件名为 named.feiyang.com)及反向区域数据库文件(类型为 master，文件名为 named.192.168.1)。

第一步，备份配置文件。

```
[root@localhost ~]# cp /etc/named.rfc1912.zones /etc/named.rfc1912.zones.bak
```

第二步，进入 named.rfc1912.zones 文件的编辑模式。

```
[root@localhost ~]# vi /etc/named.rfc1912.zones
```

第三步，在文件末尾增加正向和反向解析区域(如图 2-2-5 所示)，保存后退出。

```
zone "feiyang.com" IN {
        type master;
        file "named.feiyang.com";
        allow-update { none; };
};
zone "1.168.192.in-addr.arpa" IN {
        type master;
        file "named.192.168.1";
        allow-update { none; };
};
```

图 2-2-5　增加正向和反向解析区域

(7) 创建正向区域数据库文件。

创建正向区域库数据文件步骤如下：

第一步，将文件/var/named/named.localhost 复制到目录 "/var/named/" 下并更名为 named.feiyang.com。

```
[root@localhost ~]# cp /var/named/named.localhost /var/named/named.feiyang.com
```

第二步，编辑文件 named.feiyang.com。

```
[root@localhost ~]# vi /var/named/named.feiyang.com
```

第三步，修改参数，增加 www 主机 IP 记录，并保存退出。

界面如图 2-2-6 所示。

```
$TTL 1D
@        IN SOA  @ rname.invalid. (
                                   0      ; serial
                                   1D     ; refresh
                                   1H     ; retry
                                   1W     ; expire
                                   3H )   ; minimum
         NS      @
         A       127.0.0.1
         AAAA    ::1
www      A       192.168.1.100
```

图 2-2-6　编辑正向解析区域文件

(8) 创建反向区域数据库文件。

创建反向区域数据库文件步骤如下：

第一步，将文件/var/named/named.loopback 复制到目录"/var/named/"下并更名为 named.192.168.1。

```
[root@localhost ~]# cp /var/named/named.loopback /var/named/named.192.168.1
```

第二步，编辑文件 named.192.168.1。

```
[root@localhost ~]# vi /var/named/named.192.168.1
```

第三步，修改参数，增加 192.168.1.100 的 www 主机反向查询记录，并保存退出。界面如图 2-2-7 所示。

```
$TTL 1D
@        IN SOA  @ rname.invalid. (
                                   0      ; serial
                                   1D     ; refresh
                                   1H     ; retry
                                   1W     ; expire
                                   3H )   ; minimum
         NS      @
         A       127.0.0.1
         AAAA    ::1
         PTR     localhost.
100      PTR     www.feiyang.com
```

图 2-2-7　编辑反向解析区域文件

(9) 重启 named 服务。

使用命令"service named restart"重启服务。

子任务 2.2.2　DNS 服务的管理与使用

在安装及配置 DNS 服务后，需要对其进行相应的管理；要让 DNS 能够提供域名解析服务，还需要对客户端进行设置。

1. 确保目录下的区域配置文件所属组为"named"

使用 chgrp 命令将区域配置文件的所属组设置为"named"。

DNS 管理与使用讲解

实例 2：将文件 /var/named/named.feiyang.com 及/var/named/named.192.168.1 的所属组设置为"named"。

```
[root@www ~]# chgrp named /var/named/named.feiyang.com /var/named/named.192.168.1
```

2. 设置防火墙配置允许 DNS 数据包通过

实例 3：在文件 /etc/sysconfig/iptables 中增加两条开启允许访问 53 号端口的规则。

第一步，进入 /etc/sysconfig/iptables 文件的编辑模式。

```
[root@www ~]# vi /etc/sysconfig/iptables
```

第二步，在文件开始指定规则前增加两条规则，如图 2-2-8 所示，修改后保存并退出。

```
# Firewall configuration written by system-config-firewall
# Manual customization of this file is not recommended.
*filter
: INPUT ACCEPT [0:0]
: FORWARD ACCEPT [0:0]
: OUTPUT ACCEPT [0:0]
-A INPUT -p tcp --dport 53 -j ACCEPT
-A INPUT -p udp --dport 53 -j ACCEPT
-A INPUT -m state --state ESTABLISHED,RELATED -j ACCEPT
-A INPUT -p icmp -j ACCEPT
-A INPUT -i lo -j ACCEPT
-A INPUT -m state --state NEW -m tcp -p tcp --dport 22 -j ACCEPT
-A INPUT -j REJECT --reject-with icmp-host-prohibited
-A FORWARD -j REJECT --reject-with icmp-host-prohibited
COMMIT
```

图 2-2-8　添加允许访问 53 号端口的规则

第三步，重启 iptables 服务，使设置生效。

3. 将 DNS 配置环境移到 chroot 环境中

chroot 是 change root 的缩写，就是改变根目录的意思。它可以让系统管理员在一个权限受到限制的根目录中执行一个 shell 或运行进程。如果在 chroot 环境下以根用户权限运行进程，则有很多种方法可以逃离 chroot 环境，对系统造成危害。所以运行在 chroot 环境下的进程一般都运行在非根用户权限下，一旦 chroot 环境被黑客攻破，也不会影响系统其他服务的正常运行。使用 chroot 环境是我们强化服务安全的一个有效方式。

实例 4：为 DNS 服务器搭建 chroot 环境。

要搭建 chroot 环境，必须先安装软件包"bind-chroot.x86_64"。安装 bind-chroot 后，系统会自动将与 named 服务相关的文件和目录复制到目录"/var/named/chroot/"下，自动融入到 chroot 环境中。

4. DNS 客户端设置

不管客户端的操作系统是 Windows 还是 Linux，只需要设置其操作系统的 DNS 服务器地址即可完成设置。

实例 5：给 Linux 客户端(IP 为 192.168.1.101)配置 DNS 服务器地址为 192.168.1.100。

第一步，利用 vi 命令打开文件 /etc/sysconfig/network-scripts/ifcfg-eth0。

第二步，在文件末尾增加一条 DNS1 的设置信息，如图 2-2-9 所示，并保存、退出。

```
DEVICE=eth0
HWADDR=00:0C:29:EA:AE:59
TYPE=Ethernet
UUID=693d7a96-3783-4a39-a0fb-ebb3480b1820
ONBOOT=yes
NM_CONTROLLED=yes
BOOTPROTO=none
IPADDR=192.168.1.101
NETMASK=255.255.255.0
DNS1=192.168.1.100
```

图 2-2-9　添加 DNS 服务器信息

第三步，重启网络服务，使设置生效。

5. 测试 DNS

1) ping 命令测试

使用 ping 可以测试正向 DNS 解析，如果能够得到正确的 IP 地址，则表示解析成功。

实例 6：在 Linux 客户端(IP 为 192.168.1.101)通过 ping 发送 4 个 ICMP 包到 www.feiyang.com 主机，测试 DNS 能否解析，如图 2-2-10 所示。

```
[root@localhost ~]# ping -c 4 www.feiyang.com
PING www.feiyang.com (192.168.1.100) 56(84) bytes of data.
64 bytes from www.feiyang.com.1.168.192.in-addr.arpa (192.168.1.100): icmp_seq=1 ttl=64 time=2.48 ms
64 bytes from www.feiyang.com.1.168.192.in-addr.arpa (192.168.1.100): icmp_seq=2 ttl=64 time=12.1 ms
64 bytes from www.feiyang.com.1.168.192.in-addr.arpa (192.168.1.100): icmp_seq=3 ttl=64 time=28.7 ms
64 bytes from www.feiyang.com.1.168.192.in-addr.arpa (192.168.1.100): icmp_seq=4 ttl=64 time=2.28 ms

--- www.feiyang.com ping statistics ---
4 packets transmitted, 4 received, 0% packet loss, time 3008ms
rtt min/avg/max/mdev = 2.286/11.412/28.700/10.752 ms
```

图 2-2-10　ping 命令测试域名解析

2) dig 命令测试

使用 dig 命令可以进行正反向 DNS 测试，如果能够得到正确的 IP 地址或者域名，则表示解析成功。

实例 7：在 Linux 客户端(IP 为 192.168.1.101)使用 dig 命令测试 www.feiyang.com 与 192.168.1.100 能否正反向解析。

第一步，正向测试 www.feiyang.com，能够得到正确的 IP 地址；测试界面如图 2-2-11 所示。

```
[root@localhost ~]# dig www.feiyang.com

 <<>> DiG 9.8.2rc1-RedHat-9.8.2-0.17.rc1.el6_4.6 <<>> www.feiyang.com
;; global options: +cmd
;; Got answer:
;; ->>HEADER<<- opcode: QUERY, status: NOERROR, id: 15082
;; flags: qr aa rd ra; QUERY: 1, ANSWER: 1, AUTHORITY: 1, ADDITIONAL: 2

;; QUESTION SECTION:
;www.feiyang.com.                IN      A

;; ANSWER SECTION:
www.feiyang.com.        86400   IN      A       192.168.1.100

;; AUTHORITY SECTION:
feiyang.com.            86400   IN      NS      feiyang.com.

;; ADDITIONAL SECTION:
feiyang.com.            86400   IN      A       127.0.0.1
feiyang.com.            86400   IN      AAAA    ::1

;; Query time: 21 msec
;; SERVER: 192.168.1.100#53(192.168.1.100)
;; WHEN: Sun Nov 19 04:46:53 2017
;; MSG SIZE  rcvd: 107
```

图 2-2-11　dig 命令测试正向解析

第二步，反向测试 192.168.1.100，能够得到正确的域名，测试界面如图 2-2-12 所示。

```
[ root@localhost ~]# dig -x 192.168.1.100

; <<>> DiG 9.8.2rc1-RedHat-9.8.2-0.17.rc1.el6_4.6 <<>> -x 192.168.1.100
;; global options: +cmd
;; Got answer:
;; ->>HEADER<<- opcode: QUERY, status: NOERROR, id: 9612
;; flags: qr aa rd ra; QUERY: 1, ANSWER: 1, AUTHORITY: 1, ADDITIONAL: 2

;; QUESTION SECTION:
; 100.1.168.192.in-addr.arpa.        IN        PTR

;; ANSWER SECTION:
100.1.168.192.in-addr.arpa. 86400 IN      PTR       www.feiyang.com.1.168.192.in-addr.arpa.

;; AUTHORITY SECTION:
1.168.192.in-addr.arpa. 86400        IN        NS        1.168.192.in-addr.arpa.

;; ADDITIONAL SECTION:
1.168.192.in-addr.arpa. 86400        IN        A        127.0.0.1
1.168.192.in-addr.arpa. 86400        IN        AAAA      ::1

;; Query time: 9 msec
;; SERVER: 192.168.1.100#53(192.168.1.100)
;; WHEN: Sun Nov 19 04:47:57 2017
;; MSG SIZE  rcvd: 132
```

图 2-2-12　dig 命令测试反向解析

3) host 命令测试

使用 host 命令可以进行正反向 DNS 测试，如果能够得到正确的 IP 地址或者域名，则表示解析成功。

实例 8：在 Linux 客户端(IP 为 192.168.1.101)使用 host 命令测试 www.feiyang.com 与 192.168.1.100 能否正反向解析。

第一步，正向测试 www.feiyang.com，能够得到正确的 IP 地址，测试界面如图 2-2-13 所示。

```
[ root@localhost ~]# host www.feiyang.com
www.feiyang.com has address 192.168.1.100
```

图 2-2-13　host 命令测试正向解析

第二步，反向测试 192.168.1.100，能够得到正确的域名，测试界面如图 2-2-14 所示。

```
[root@localhost ~]# host 192.168.1.100
100.1.168.192.in-addr.arpa domain name pointer www.feiyang.com.1.168.192.in-addr.arpa.
```

图 2-2-14　host 命令测试反向解析

4) 使用 nslookup 命令测试

使用 nslookup 命令可以进行正反向 DNS 测试，如果能够得到正确的 IP 地址或者域名，则表示解析成功。

实例 9：在 Linux 客户端(IP 为 192.168.1.101)使用 nslookup 命令测试 www.feiyang.com 与 192.168.1.100 能否正反向解析。

第一步，正向测试 www.feiyang.com，能够得到正确的 IP 地址，测试界面如图 2-2-15 所示。

```
[root@localhost ~]# nslookup
> www.feiyang.com
Server:            192.168.1.100
Address:           192.168.1.100#53

Name:    www.feiyang.com
Address: 192.168.1.100
>
```

图 2-2-15 nslookup 命令测试正向解析

注意：若需退出，则直接输入"exit"。

第二步，反向测试 192.168.1.100，能够得到正确的域名，测试界面如图 2-2-16 所示。

```
[root@localhost ~]# nslookup
> 192.168.1.100
Server:            192.168.1.100
Address:           192.168.1.100#53

100.1.168.192.in-addr.arpa        name = www.feiyang.com.1.168.192.in-addr.arpa.
>
```

图 2-2-16 nslookup 命令测试反向解析

◇ 技能训练

训练目的：

掌握 DNS 服务器的安装和配置方法；

掌握 DNS 服务器的管理方法；

掌握 DNS 服务器的使用方式。

训练内容：

技能训练 2-4

1. 使用 yum 安装 bind 服务软件包；

2. 启动 named 服务；

3. 配置 DNS 服务器(名：ftp.feiyang.com，IP：192.168.1.200)；

4. DNS 服务的管理；

5. Linux 客户端(IP：192.168.1.201)的设置；

6. 测试 DNS 服务器(ftp.feiyang.com)。

参考资源：

1. DNS 服务的基础配置及管理技能训练任务单；

2. DNS 服务的基础配置及管理技能训练任务书；

3. DNS 服务的基础配置及管理技能训练检查单；

4. DNS 服务的基础配置及管理技能训练考核表。

训练步骤：

1. 查询 bind 安装情况。

2. 安装 bind 及 bind-utils 软件包。

3. 启动 named 服务。

4. 配置 named.conf 文件。

5. 配置 named.rfc1912.zones 文件。

6. 创建并配置 named.feiyang.com 文件。

7. 创建并配置 named.192.168.1 文件。

8. 重启 named 服务。

9. 设置 named 区域配置文件的所属组为 named。

10. 设置防火墙允许 DNS 查询(详见实例 3)。

11. 安装 bind-chroot 软件包。

12. 配置 Linux 客户端的 DNS 服务器地址。

13. 通过 ping 命令测试 ftp.feiyang.com 的解析情况。

14. 通过 dig 命令测试 ftp.feiyang.com 与 192.168.1.200 的解析情况。

15. 通过 host 命令测试 ftp.feiyang.com 与 192.168.1.200 的解析情况。

16. 通过 nslookup 命令测试 ftp.feiyang.com 与 192.168.1.200 的解析情况。

任务 2.3　FTP 服务器的配置与管理

【任务描述】

　　工作室的用户希望能够共享资源，这样就需要将共享资源存储在一个大家都能够访问的地方。为用户提供资源上传(upload)和下载(download)，是由 FTP 服务器来完成的。

【问题引导】

　　1. FTP 协议的含义是什么？
　　2. FTP 服务器的工作原理是什么？
　　3. FTP 的数据传输模式有哪些？
　　4. FTP 登录账号有哪些类型？

【知识学习】

1. FTP 的概念

　　FTP(File Transfer Protocol，文件传输协议)是在 TCP/IP 网络和 Internet 上最早使用的协议之一，属应用层协议。它实现了服务器和客户机之间的文件传输和资源的再分配，是普遍采用的资源共享方式之一。用户可以在 FTP 服务器下载文件，也可以将自己的文件上传到 FTP 服务器中。

2. FTP 服务器的工作原理

1) 工作模式

　　FTP 服务器有两种工作模式：主动模式(PORT 模式)和被动模式(PASV 模式)。

　　主动模式：这种模式下由服务器主动发起数据连接。首先将客户端与服务器端的 21 端口建立 FTP 控制连接，当需要传输数据时，客户端以 PORT 命令通知服务器，服务器从 20 端口向客户端发送请求并建立数据连接。

　　被动模式：这种模式下服务器是被动等待数据连接。如果客户机所在网络的防火墙禁止主动模式连接，通常会使用被动模式。首先将客户端与服务器端的 21 端口建立 FTP 控制连接，当需要传输数据时，服务器以 PASV 命令通知客户端，客户端向服务器发送请求并建立数据连接。

2) 工作过程

　　主动模式下，FTP 连接过程如图 2-3-1 所示。

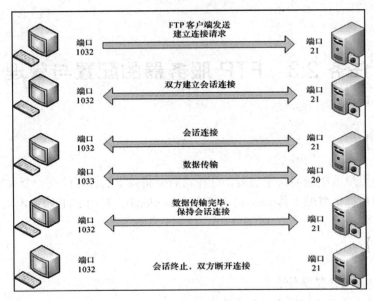

图 2-3-1　FTP 工作过程

过程解释如下：

① 连接请求：客户端向 FTP 服务器发出连接请求，系统自动分配一个端口号大于 1024 的端口(如 1032)。

② 建立连接：FTP 服务器在 21 端口上侦听到该请求，并在客户端的 1032 端口与 FTP 服务器 21 端口之间建立一个会话连接。

③ 数据传输：当需要传输数据时，客户端再自动打开一个连接到 FTP 服务器 20 端口的第二个端口(如 1033)，这样就可以在这两个端口之间进行数据传输，传输完毕，这两个端口会自动关闭。

④ 断开连接：当客户端不再需要 FTP 服务器提供服务时，需要断开与 FTP 服务器的会话连接，客户端动态分配的端口会自动释放。

被动模式下，建立会话连接的过程与主动模式一致。但在需要建立传输连接时，客户端发送的不是 PORT 命令，而是 PASV 命令。FTP 服务器收到 PASV 命令后，自动分配一个端口号大于 1024 的端口，并通知客户端可以在这个端口上进行数据传输。

3. 数据传输模式

FTP 可以使用多种模式进行数据传输，在 Linux 系统中有两种模式：ASCII 模式和二进制模式。

ASCII 模式：适合传输文本信息。在这种模式下，如果进行数据传输的两端使用的是不同的编码格式，FTP 服务器会在传输中自动进行文件格式转换，以接收端的编码格式为准。

二进制模式：将以文件原有格式进行传输，不进行编码格式转换。这种模式下可以传输任意格式的文件，并比 ASCII 模式传输效率更高。

4. FTP 登录账号类型

通常情况下，在访问 FTP 服务器时需要登录，只有经过 FTP 服务器的相关身份验证后才能进行访问和传输文件等操作。一般有三种类型的登录账号。

(1) 匿名账号。匿名账号(anonymous)是一种应用广泛的 FTP 服务器公共账号。如果用户在 FTP 服务器上没有账号，则在访问 FTP 服务器时可以使用 ftp 或者 anonymous 账号，并且不需要特别的密码。当匿名账号登录 FTP 服务器后，其登录目录为 FTP 服务器的 /var/ftp。为了减轻 FTP 服务器的负载，一般情况下，应关闭匿名账号的上传功能。

(2) 本地用户账号。本地用户账号是指在 FTP 服务器上拥有自己的用户名的用户账号。这类用户可以使用自己的用户名和密码登录到 FTP 服务器，其登录目录为用户自己的主目录。由于本地用户可以访问整个目录结构，会对系统安全造成极大的威胁。因此，应尽量避免使用本地用户账号登录 FTP 服务器。

(3) 虚拟账号。虚拟账号是本地用户账号的一种形式。虽然用户在 FTP 服务器上拥有自己的用户名，但其只具备从远程登录 FTP 服务器的权限，不具备本地登录权限，并只能访问自己的宿主目录，故保障了系统的安全性。虚拟账号一般采用可插入认证模块(Pluggable Authentication Modules，PAM)方式进行认证。

5. FTP 访问格式

FTP 服务器的完整访问格式为：

ftp://用户名:密码@FTP 服务器 IP 或域名:FTP 命令端口/路径/文件名

上述地址格式的选项中除了 FTP 服务器 IP 或域名外，其余都可以省略。例如，ftp://ftp.feiyang.com(只有域名选项)，ftp://Ming@ftp.feiyang.com(只有用户名和域名选项)等。

6. Linux 中常见的 FTP 服务器软件

Linux 支持的 FTP 服务器软件众多，常用的有以下 4 种。

WU-FTPD：全称为 Washington University FTP，是一个非常有名的 FTP 服务器端软件，广泛应用于 UNIX 和 Linux 服务器。

ProFtpD：一款可靠的 FTP 服务器软件，它比 WU-FTPD 更加稳定，修复了很多的 Bug，并针对 WU-FTPD 的不足之处作了补充，因此是 WU-FTPD 的最佳替代品。

vsftpd：一款安全、稳定、高性能的开源 FTP 服务器软件，适用于多种的 UNIX 和 Linux 系统。它的全称是 very secure FTP daemon，即非常安全的 FTP。

Pure-FTP：一款高效、简单、安全的 FTP 服务器软件。

子任务 2.3.1　FTP 服务的安装与基础配置

1. FTP 服务的安装

在 CentOS 6.5 中默认使用的是用 vsftpd 软件包实现 FTP 服务。

1) 查询 vsftpd 安装

使用命令"rpm -qa|grep vsftpd"查询 FTP 安装情况。如果查询结果出现软件包"vsftp-2.2.2-11.el6_4.1.x86_64"，则表示 FTP 已经安装成功。

2) vsftpd 的安装

如果没有查询到上面的软件包,则需要自行安装 vsftpd 软件包。

FTP 服务的安装
与基础配置讲解

使用 yum 命令安装 FTP 所需的软件包，如图 2-3-2 所示。

```
[root@ftp ~]# yum -y install vsftpd
Loaded plugins: fastestmirror, refresh-packagekit, security
Loading mirror speeds from cached hostfile
c6-media                                            |  4.0 kB     00:00 ...
Setting up Install Process
Resolving Dependencies
--> Running transaction check
---> Package vsftpd.x86_64 0:2.2.2-11.el6_4.1 will be installed
--> Finished Dependency Resolution

Dependencies Resolved

================================================================================
 Package        Arch          Version              Repository       Size
================================================================================
Installing:
 vsftpd         x86_64        2.2.2-11.el6_4.1     c6-media         151 k

Transaction Summary
================================================================================
Install       1 Package(s)

Total download size: 151 k
Installed size: 331 k
Downloading Packages:
Running rpm_check_debug
Running Transaction Test
Transaction Test Succeeded
Running Transaction
  Installing : vsftpd-2.2.2-11.el6_4.1.x86_64                           1/1
  Verifying  : vsftpd-2.2.2-11.el6_4.1.x86_64                           1/1

Installed:
  vsftpd.x86_64 0:2.2.2-11.el6_4.1

Complete!
```

图 2-3-2　安装 FTP 服务

3) 启动 vsftpd 服务

使用 service vsftpd start 命令启动 FTP 服务，如图 2-3-3 所示。

```
[root@ftp ~]# service vsftpd start
为 vsftpd 启动 vsftpd：                                           [确定]
```

图 2-3-3　启动 FTP 服务

2. FTP 服务器的配置

FTP 服务器的主配置文件为 /etc/vsftpd/vsftpd.conf。其中有许多配置项需要重新设置参数，还有许多配置项需要手动添加。下面介绍常用的配置项。

1) 登录及对用户的设置

anonymous_enable = YES：设置是否允许匿名访问。

local_enable = YES：设置是否允许本地用户登录。

write_enable = YES：设置是否对用户开启写权限。

ftp_username = ftp：设置匿名用户的账号名称，默认为 ftp。

no_anon_password = YES：设置匿名用户登录时是否询问密码。

local_umask = 022：设置本地用户文件生成掩码为 022，表示对应的权限为 755(777−022 = 755)。

anon_umask = 022：设置匿名用户新增文件的 umask 掩码。

anon_upload_enable = YES：设置是否允许匿名用户上传文件，且只有当 write_enable

设置为 YES 时才有效。

anon_mkdir_write_enable = YES：设置是否允许匿名用户创建目录，且只有当 write_enable 设置为 YES 时才有效。

anon_other_write_enable = NO：设置是否允许匿名用户拥有除上传和创建目录以外的其他权限，包括删除、更名等，默认为 NO。

2) 欢迎信息的设置

ftpd_banner = Welcome to blah FTP service.：设置登录 FTP 服务器时显示的欢迎信息。

banner_file = /etc/vsftpd/banner：设置用户登录时显示 banner 文件中的内容，该设置将覆盖 ftpd_banner 的设置。

dirmessage_enable = YES：设置进入目录时是否显示目录消息。如果为 YES，则显示的消息内容由 message_file 配置项指定文件中的内容。

message_file = .message：设置目录消息文件的文件名，且只有 dirmessage_enable 设置为 YES 时才有效。

3) 用户登录目录设置

local_root = /var/ftp：设置本地用户登录所在的目录。如果没有配置此项，则本地用户登录缺省目录为用户的主目录。

anon_root = /var/ftp：设置匿名用户登录时所在的目录。

chroot_list_enable = YES：设置是否启用用户列表文件。

chroot_list_file = /etc/vsftpd/chroot_list：指定用户列表文件。

chroot_local_user = YES：设置是否允许用户列表文件中用户切换到 FTP 目录以外的其他目录。

4) 用户访问控制设置

userlist_enable = YES：此设置如果为 YES，则 /etc/vsftpd/user_list 文件生效，否则不生效。

userlist_deny = YES：设置 /etc/vsftpd/user_list 文件中的用户是否允许访问 FTP 服务器。如果为 YES，则不能访问，否则可以访问，只有 userlist_enable 设置为 YES 时生效。

5) 工作模式设置

port_enable = YES：设置工作模式为主动模式。

pasv_enable = YES：设置工作模式为被动模式。

以上两个配置项只能选其一，默认为主动模式。

pasv_min_port = 0：被动模式下可使用的端口范围下界，0 表示任意。

pasv_max_port = 0：被动模式下可使用的端口范围上界，0 表示任意。

6) FTP 服务启动方式及监听 IP 设置

listen = YES：设置 vsftpd 服务启动模式为独立模式还是被动模式。如果想以被动模式启动则可将本配置项注释。

listen_address = IP：设置监听 FTP 服务的 IP 地址，适合于 FTP 服务器为多个 IP 地址的情况，只有当 listen 设置为 YES 时才生效。

7) 客户连接相关设置

anon_max_rate = 0：设置匿名用户的最大传输速率，取值为 0 表示不受限制。

local_max_rate = 0：设置本地用户的最大传输速率，取值为 0 表示不受限制。

max_clients = 0：设置 vsftpd 在独立启动模式下允许的最大连接数，取值为 0 表示不受限制。

max_per_ip = 0：设置 vsftpd 在独立启动模式下允许每个 IP 地址同时建立的连接数目，取值为 0 表示不受限制。

accept_timeout = 60：设置建立 FTP 连接的超时时间间隔，单位为 s。

connect_timeout = 120：设置 FTP 服务器在主动传输模式下建立数据连接的超时时间，单位为 s。

data_connect_timeout = 120：设置建立 FTP 数据连接的超时时间，单位为 s。

idle_session_timeout = 600：设置断开 FTP 连接的空闲时间间隔，单位为 s。

pam_service_name = vsftpd：设置 PAM 所使用的名称。

8) 上传文档的所属关系和权限设置

chown_uploads = YES：设置是否改变匿名用户上传文档的属主，默认为 NO，如果为 YES，则由 chown_username 配置项指定。

chown_username = whoever：设置匿名用户上传文档的属主，只有当 chown_uuploads 设置为 YES 时生效，建议不要设置为 root。

file_open_mode = 755：设置上传文档的权限。

9) 数据传输模式设置

ascii_download_enable = YES：设置是否启用 ASCII 模式下载数据，默认为 NO。

ascii_upload_enable = YES：设置是否启用 ASCII 模式上传数据，默认为 NO。

10) 数据传输端口设置

connect_from_port_20 = YES：用 20 端口作为数据传输端口。

11) 日志设置

xferlog_enable = YES：默认在/var/log/vsftpd.log 中记录上传或下载日志。

xferlog_file = /var/log/vsftpd：日志文件路径设定。

xferlog_std_format = YES：使用标准格式上传或下载记录。

实例 1：为了使工作室用户都能使用 FTP 服务器的资源，将 FTP 服务器(192.168.1.100)的访问模式设置成允许匿名账号访问且不需要密码；设置匿名用户访问的主目录为/var/ftp；匿名用户在主目录中只能下载，但在其子目录 pub 中可以新建文件夹，也可以下载、上传、删除、重命名文件或文件夹，设置欢迎信息为 "Welcome to visit feiyang.com！"。

(1) 修改主配置文件 /etc/vsftpd/vsftpd.conf。

主要修改文件中的以下配置项：

- **anonymous_enable = YES**　　　　//允许匿名访问
- **#local_enable = YES**　　　　　　//注释本配置项，不允许本地用户访问
- **write_enable = YES**　　　　　　　//全局设置开启写权限
- **anon_umask = 022**　　　　　　　　//设置匿名用户新增文件的 umask 掩码
- **anon_upload_enable = YES**　　　　//设置允许匿名用户上传文件
- **anon_mkdir_write_enable = YES**　　//设置允许匿名用户新建文件夹
- **anon_other_write_enable = YES**　　//设置允许匿名用户的删除、更改文件或文件夹

- **no_anon_password = YES**　　　　　　//设置匿名用户登录不需要密码
- **anon_root = /var/ftp**　　　　　　　//设置匿名用户登录主目录
- **#dirmessage_enable = YES**　　　　//注释本配置项
- **ftpd_banner = Welcome to visit feiyang.com!**　　//设置欢迎信息

其他配置项采用默认设置。

(2) 配置目录权限。

即使开启了匿名用户的写权限，但如果目录自身没有开启写权限，匿名用户仍无法写入数据。此处需要开启 /var/ftp/pub 目录的完全权限。

```
[root@ftp ~]# chmod 777 /var/ftp/pub/
```

(3) 重启 vsftpd 服务如图 2-3-4 所示。

```
[root@ftp ~]# service vsftpd restart
关闭 vsftpd：                                            [ 确定 ]
为 vsftpd 启动 vsftpd：                                   [ 确定 ]
```

图 2-3-4　重启 FTP 服务

实例 2：为了防止匿名用户随意删除、更改服务器文件现象，工作室网管决定将 FTP 服务器重新设置为禁止匿名用户登录，仅允许本地用户账号访问。

(1) 重新修改主配置文件/etc/vsftpd/vsftpd.conf。

主要配置项如下：

　　　　anonymous_enable = NO　　　　　　//不允许匿名访问
　　　　local_enable = YES　　　　　　　//允许本地用户访问
　　　　write_enable = YES　　　　　　　//全局设置开启写权限
　　　　local_umask = 022　　　　　　　//设置本地用户文件生成掩码为 022
　　　　chroot_local_user = YES　　　　//允许本地用户切换到用户主目录以外的其他目录
　　　　userlist_enable = YES　　　　　//使/etc/vsftpd/user_list 文件生效
　　　　userlist_deny = NO　　　　//只有/etc/vsftpd/user_list 文件中的用户才能访问服务器
　　　　#anon_umask = 022　　　　　　　//注释本配置项
　　　　#anon_upload_enable = YES　　　//注释本配置项
　　　　#anon_mkdir_write_enable = YES　//注释本配置项
　　　　#anon_other_write_enable = YES　//注释本配置项
　　　　#no_anon_password = YES　　　　//注释本配置项
　　　　#anon_root = /var/ftp　　　　　//注释本配置项
　　　　#dirmessage_enable = YES　　　//注释本配置项
　　　　ftpd_banner = 　Welcome to visit feiyang.com!　　//设置欢迎信息

其他配置项采用默认设置。

(2) 查看 ftpusers 文件。

通过命令查看位于目录 /etc/vsftpd/下的 ftpusers 文件内容，确保其中不包含允许登录的本地用户账号，如图 2-3-5 所示。图中显示的用户名是不允许登录的本地用户账号。

```
[root@ftp ~]# cat /etc/vsftpd/ftpusers
# Users that are not allowed to login via ftp
root
bin
daemon
adm
lp
sync
shutdown
halt
mail
news
uucp
operator
games
nobody
```

图 2-3-5　查看 ftpusers 文件

(3) 修改 user_list 文件。

通过命令修改位于目录/etc/vsftpd/下的 user_list 文件内容，添加允许登录的本地账号，如图 2-3-6 所示。

```
# vsftpd userlist
# If userlist_deny=NO, only allow users in this file
# If userlist_deny=YES (default), never allow users in this file, and
# do not even prompt for a password.
# Note that the default vsftpd pam config also checks /etc/vsftpd/ftpusers
# for users that are denied.
Yang
Ming
LiGen
Wang
XuYun
```

图 2-3-6　修改 user_list 文件

图 2-3-6 中添加的用户名是允许登录的本地用户账号。

(4) 重启 vsftpd 服务。利用 service 命令重启 vsfpd 服务，如图 2-3-7 所示。

```
[root@ftp ~]# service vsftpd restart
关闭 vsftpd：                                        [确定]
为 vsftpd 启动 vsftpd：                              [确定]
```

图 2-3-7　重启 vsftpd 服务

子任务 2.3.2　FTP 服务的管理与使用

1. 设置防火墙允许 FTP 服务请求数据包通过

在 FTP 服务的客户端与服务器端建立连接阶段，不管是主动模式还是被动模式连接，都是使用 21 端口进行用户验证及管理的；在主动模式下，FTP 服务器数据传输端口则需要使用 20 端口。

实例 3：在 iptables 规则中添加允许 FTP 服务请求规则，并在 iptables-config 文件的 IPTABLES_MODULES 中添加 ip_conntrack_ftp 模块。

(1) 编辑 /etc/sysconfig/iptables 文件。

FTP 服务的管理
与使用讲解

```
[root@ftp ~]# vi /etc/sysconfig/iptables
```

（2）添加 iptables 规则打开 20、21 端口，然后保存退出。

```
-A INPUT -p tcp --dport 20 -j ACCEPT
-A INPUT -p tcp --dport 21 -j ACCEPT
```

（3）编辑 /etc/sysconfig/iptables-config 文件。

```
[root@ftp ~]# vi /etc/sysconfig/iptables-config
```

（4）添加 ip_conntrack_ftp 模块。

```
IPTABLES_MODULES="ip_conntrack_ftp"
```

（5）重启 iptables 服务，使其生效。利用 service 命令重启 iptables 服务，如图 2-3-8 所示。

```
[root@ftp ~]# service iptables restart
iptables：将链设置为政策 ACCEPT：filter              [确定]
iptables：清除防火墙规则：                            [确定]
iptables：正在卸载模块：                              [确定]
iptables：应用防火墙规则：                            [确定]
```

图 2-3-8　重启 iptables 服务

2. 设置 SELinux 安全项

实例 4：设置匿名用户访问 FTP 服务器，配置 SELinux 允许匿名用户写入权限，并将 /var/ftp 目录共享给匿名用户，再将 /var/ftp/pub 目录设置为开放读写权限。

（1）打开 SELinux。

```
[root@ftp ~]# setenforce 1
[root@ftp ~]# getenforce
Enforcing
```

（2）配置允许匿名用户写入。

```
[root@ftp ~]# setsebool -P allow_ftpd_anon_write=1
```

（3）将 /var/ftp 目录共享给匿名用户。

```
[root@ftp ~]# chcon -R -t public_content_t /var/ftp
```

（4）将 /var/ftp/pub 目录设置为开放读写权限。

```
[root@ftp ~]# chcon -R -t public_content_rw_t /var/ftp/pub
```

实例 5：设置本地用户访问 FTP 服务器，配置 SELinux 允许本地用户访问自己的主目录。

（1）开启 ftp_home_dir 和 allow_ftpd_full_access。

```
[root@ftp ~]# setsebool -P ftp_home_dir=1
[root@ftp ~]# setsebool -P allow_ftpd_full_access=1
```

（2）关闭 allow_ftpd_anon_write。

```
[root@ftp ~]# setsebool -P allow_ftpd_anon_write=0
```

(3) 查看设置是否成功，如图 2-3-9 所示。

```
[root@ftp ~]# getsebool -a | grep ftp
allow_ftpd_anon_write --> off
allow_ftpd_full_access --> on
allow_ftpd_use_cifs --> off
allow_ftpd_use_nfs --> off
ftp_home_dir --> on
ftpd_connect_db --> off
ftpd_use_fusefs --> off
ftpd_use_passive_mode --> off
httpd_enable_ftp_server --> off
tftp_anon_write --> off
tftp_use_cifs --> off
tftp_use_nfs --> off
```

图 2-3-9　查看 SELinux 设置

3. Linux 客户端安装 ftp 软件包

在 Linux 客户端上安装 ftp 软件包之后，才能使用 ftp 命令。安装过程如图 2-3-10 所示。

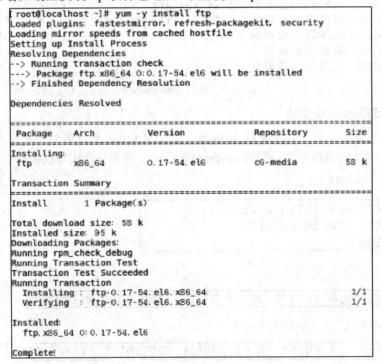

```
[root@localhost ~]# yum -y install ftp
Loaded plugins: fastestmirror, refresh-packagekit, security
Loading mirror speeds from cached hostfile
Setting up Install Process
Resolving Dependencies
--> Running transaction check
---> Package ftp.x86_64 0:0.17-54.el6 will be installed
--> Finished Dependency Resolution

Dependencies Resolved

================================================================================
 Package      Arch          Version            Repository           Size
================================================================================
Installing:
 ftp          x86_64        0.17-54.el6        c6-media             58 k

Transaction Summary
================================================================================
Install       1 Package(s)

Total download size: 58 k
Installed size: 95 k
Downloading Packages:
Running rpm_check_debug
Running Transaction Test
Transaction Test Succeeded
Running Transaction
  Installing : ftp-0.17-54.el6.x86_64                                    1/1
  Verifying  : ftp-0.17-54.el6.x86_64                                    1/1

Installed:
  ftp.x86_64 0:0.17-54.el6

Complete!
```

图 2-3-10　Linux 客户端安装 ftp 软件包

4. 访问 FTP 服务器

在 Windows 客户端，一般通过网页浏览器来访问 FTP；而在 Linux 客户端，则可以使用一些专门的 FTP 客户端软件，如 FileZilla、gFTP、ncFTP 等来访问 FTP。

不管是 Windows 客户端还是 Linux 客户端，在命令行模式下都可以使用 ftp 命令来访问 FTP 服务器，尤其是在 FTP 的测试阶段。如果使用图形化方法访问 FTP 服务器，则无法直观的查看登录和权限等信息。

ftp 命令行格式如下：

ftp [选项] 主机名或 IP

常用选项有：

-v：禁止显示远程服务器相应信息。

-n：禁止自动登录。

ftp 命令执行后，用户需要在 FTP 服务器上登录。登录之后，将出现"ftp>"提示符。在提示符下可以使用 ftp 二级命令进行下一步操作。使用 help 命令可以获取二级命令清单。

常用 ftp 的二级命令如下：

- **ftp> open <FTP 服务器域名或 IP>**　　　//连接到指定的 FTP 服务器
- **ftp> user <用户名> [密码]**　　　//使用用户名登录 FTP 服务器
- **ftp> status**　　　//显示当前 FTP 连接状态
- **ftp> dir [远程主机目录]**　　　//显示远程主机目录内容
- **ftp> ls [远程主机目录]**　//显示远程目录文件和子目录的简短列表(只有文件名和目录名)
- **ftp> pwd**　　　//显示远程主机当前目录
- **ftp> cd [远程主机目录]**　　　//切换远程主机工作目录
- **ftp> rename <源文件名><新文件名>**　//重命名远程文件
- **ftp> rmdir <远程目录>**　　　//删除远程目录
- **ftp> mkdir <远程目录>**　　　//创建远程目录
- **ftp> delete <远程文件名>**　　　//删除远程文件
- **ftp> get <远程文件名> [本地文件名]**　　//下载远程文件到本地主机中，若不指定本地文件名则与远程文件名相同
- **ftp> mget <远程文件列表>**　//批量下载远程文件，列表可以使用空格分隔或者通配符
- **ftp> put <本地文件名> [远程文件名]**　　//上传本地文件到远程主机中，若不指定远程文件名则与本地文件名相同
- **ftp> mput <本地文件列表>**　//批量上传本地文件，列表可以使用空格分隔或者通配符
- **ftp> ascii**　//设置文件传输类型为 ASCII(文本文件传输)。默认类型 ASCII
- **ftp> binary**　//设置文件传输类型为 binary(二进制文件传输)
- **ftp> hash**　//FTP 传输完毕在屏幕上输出 # 字符
- **ftp>! <本地主机 shell 命令>**　//向本地主机 shell 发送命令，exit 回到 FTP 命令环境
- **ftp> close**　//关闭与远程主机的连接，但并不退出 FTP 命令环境
- **ftp> bye 或 ftp>quit**　　　//结束与远程主机的交互，退出 FTP 命令环境

实例 6：Linux 客户端使用匿名用户 ftp 或 anonymous 登录 FTP 服务器(192.168.1.100)，在本地主机工作目录中创建一个 testfile1.txt 文件，编辑内容"I am a ftp anonymous user!"，并将该文件上传到 FTP 服务器的 /var/ftp/pub 目录中，文件名更名为 testfile-a.txt。

(1) 使用 ftp 命令建立与 FTP 服务器连接，如图 2-3-11 所示。

```
[root@localhost ~]# ftp 192.168.1.100
Connected to 192.168.1.100 (192.168.1.100).
220 Welcome to visit feiyang.com!
```

图 2-3-11　Linux 客户端连接 FTP 服务器

(2) 用 ftp 匿名登录，如图 2-3-12 所示。

```
Name (192.168.1.100: root): ftp
230 Login successful.
Remote system type is UNIX.
Using binary mode to transfer files.
```

图 2-3-12　匿名登录

(3) 在本地主机工作目录中创建一个 testfile1.txt 文件，并编辑内容"I am a ftp anonymous user!"。

第一步，在 ftp> 提示符下使用交互命令创建 testfile1.txt。

```
ftp> !vi testfile1.txt
```

第二步，编辑内容"I am a ftp anonymous user!"，并保存退出。

```
I am a ftp anonymous user!

~
~

-- INSERT --
```

(4) 切换到 pub 目录下。

```
ftp> cd pub
250 Directory successfully changed.
```

(5) 将该文件上传到 FTP 服务器的 /var/ftp/pub 目录中，再将文件名更名为 testfile-a.txt，如图 2-3-13 所示。

```
ftp> put testfile1.txt testfile-a.txt
local: testfile1.txt remote: testfile-a.txt
227 Entering Passive Mode (192,168,1,100,125,12).
ftp: connect: 没有到主机的路由
ftp> put testfile1.txt testfile-a.txt
local: testfile1.txt remote: testfile-a.txt
227 Entering Passive Mode (192,168,1,100,93,148).
150 Ok to send data.
226 Transfer complete.
28 bytes sent in 0.00512 secs (5.47 Kbytes/sec)
```

图 2-3-13　上传文件并更名

(6) 查看上传文件，如图 2-3-14 所示。

```
ftp> ls
227 Entering Passive Mode (192,168,1,100,246,49).
150 Here comes the directory listing.
-rw-r--r--    1 14         50              28 Nov 19 14:10 testfile-a.txt
226 Directory send OK.
```

图 2-3-14　查看上传文件

实例 7：Windows 客户端的用户使用本地用户 Ming 登录 FTP 服务器(192.168.1.100)，首先在用户主目录下创建一个目录 test，然后在 FTP 服务器端的 /home/Ming/test 目录下创建一个 testfile2.txt 文件，编辑内容"Welcome to visit FTP server!"，最后在 Windows 客户端使用 ftp 命令将该文件下载到本地主机工作目录中。

(1) 在命令行模式下，使用 ftp 命令建立与 FTP 服务器连接，如图 2-3-15 所示。

```
C:\Users\huige>ftp 192.168.1.100
连接到 192.168.1.100。
220 Welcome to visit feiyang.com!
```

图 2-3-15   Windows 客户端连接 FTP 服务器

(2) 用 Ming 用户登录，如图 2-3-16 所示。

```
用户<192.168.1.100:<none>>: Ming
331 Please specify the password.
密码:
230 Login successful.
```

图 2-3-16   用户登录

(3) 在 ftp 用户主目录下创建 test 目录。

```
ftp> mkdir test
257 "/test" created
```

(4) 切换到 test 目录下。

```
ftp> cd test
250 Directory successfully changed.
```

(5) 在 FTP 服务器的 /home/Ming/test 目录下，创建 testfile2.txt 文件并编辑内容
"Welcome to visit FTP server!"。

第一步，创建 testfile2.txt。

```
[root@ftp test]# vi testfile2.txt
```

第二步，编辑内容"Welcome to visit FTP server!"，并保存退出。

```
Welcome to visit FTP server!
~
~
-- INSERT --
```

(6) 在 Windows 客户端的命令行模式下使用 ftp 命令查看 test 目录，如图 2-3-17 所示。

```
ftp> ls
200 PORT command successful. Consider using PASV.
150 Here comes the directory listing.
testfile2.txt
226 Directory send OK.
ftp: 收到 15 字节，用时 0.00秒 7.50千字节/秒。
```

图 2-3-17   命令行模式下查看目录

(7) 下载 testfile2.txt 文件到本机主机工作目录下，如图 2-3-18 所示。

```
ftp> get testfile2.txt
200 PORT command successful. Consider using PASV.
150 Opening BINARY mode data connection for testfile2.txt (29 bytes).
226 Transfer complete.
ftp: 收到 29 字节，用时 0.04秒 0.76千字节/秒。
```

图 2-3-18   命令行模式下下载文件

(8) 使用交互命令!dir 查看文件是否下载至本地主机工作目录中，如图 2-3-19 所示。

图 2-3-19　命令行模式下查看下载文件是否成功

(9) 退出 ftp 登录状态。

```
ftp> bye
221 Goodbye.
```

◇ 技能训练

训练目的：

掌握 FTP 服务器的安装及 vsftpd 服务启动方法；

掌握匿名访问 FTP 服务器的配置方法；

掌握本地用户访问 FTP 服务器的配置方法；

掌握 FTP 服务器的防火墙及 SELinux 配置管理；

掌握使用 ftp 命令访问 FTP 服务器的方法。

技能训练 2-5

训练内容：

1. 使用 yum 安装 vsftpd 服务软件包；

2. 启动 vsftpd 服务；

3. 配置匿名访问 FTP 服务器(设置 /var/ftp/share 目录可以下载、上传、删除、新建文件夹等权限)；

4. 配置匿名访问 FTP 服务器的防火墙规则；

5. 配置匿名访问 FTP 服务器的 SELinux 设置；

6. 使用 ftp 命令访问 FTP 服务器，在 /var/ftp/share 目录下创建文件 test1.txt，编辑内容 FTP test!，并将其下载到本地主机工作目录下。

参考资源：

1. FTP 服务的基础配置及管理技能训练任务单；

2. FTP 服务的基础配置及管理技能训练任务书；

3. FTP 服务的基础配置及管理技能训练检查单；

4. FTP 服务的基础配置及管理技能训练考核表。

训练步骤：

1. 查询 vsftpd 安装情况。

2. 安装 vsftpd 软件包。

3. 启动 vsftpd 服务。

4. 配置 vsftpd.conf 文件。

5. 重启 vsftpd 服务。

6. 配置防火墙规则。

7. SELinux 设置。

8. 使用 ftp 命令登录 FTP 服务器。

9. 切换到/var/ftp/share 目录下。

10. 创建文件 test1.txt，并编辑内容 FTP test!。

11. 下载 test1.txt 文件到本地主机工作目录下。

任务 2.4　Web 服务器的配置与管理

【任务描述】

工作室的年轻人为了对外宣传和扩大其影响力，同时希望将他们的工作经验和资源分享给广大互联网用户，于是他们决定架设工作室门户网站。

考虑到成本和维护方便，他们决定使用 Apache 来搭建 www 服务器，把工作室域名取为 feiyang.com。

【问题引导】

1. HTTP 协议的含义是什么？
2. Web 服务器是如何工作的？
3. 什么是虚拟主机？
4. 静态网页和动态网页的区别是什么？

【知识学习】

1. HTTP 协议

HTTP(Hyper Text Transfer Protocol，超文本传输协议)是用于从 WWW 服务器传输超文本到本地浏览器的传输协议，也是目前互联网上应用最广泛的一种网络协议。它是基于请求与响应模式的、无状态的、应用层的协议，也是基于 TCP 的连接方式。HTTP1.1 版本给出了一种持续连接的机制，绝大多数 Web 开发都是建立在 HTTP 协议之上的。

HTTP 的 URL(Uniform Resource Locator，统一资源定位器)也就是网页地址，其格式为：http://host[:port]页面文件。其中 http 表示要通过 HTTP 协议来定位网络资源；host 表示合法的 Internet 主机域名或 IP 地址；port 指定一个端口号，默认为 80。

2. Web 服务器

Web 服务器又称 WWW(World Wide Web，万维网服务器)或者网页服务器。它的主要功能是提供网上信息浏览服务。

Web 服务器软件有很多种，比较常用的有 Apache、nginx、lighttpd 和 Microsoft IIS 等。Apache HTTP Server 是 Apache 软件基金会的一个开放源代码的 www 服务器，可以在大多数的操作系统中运行。由于其跨平台和安全性被广泛使用，是最流行的 Web 服务器端软件之一。

www 是互联网提供的一项主要服务。它结合了文字、图形、视频、音频等多媒体，使用超链接(Hyperlink)方式通过互联网将多媒体数据连接起来。

Web 服务器是指驻留在互联网上的某种类型计算机程序。当客户端 Web 浏览器连到服务器上请求文件时，服务器会处理该请求并将文件传送到该浏览器上，同时提示浏览器如何查看该文件(即文件类型)，其过程如图 2-4-1 所示。

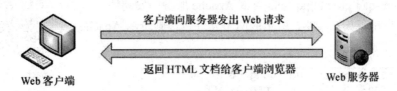

图 2-4-1　Web 客户端请求文件的过程

Web 服务器接收客户端发出的请求后，返回的主要资料是 HTML(超文本标记语言)、多媒体资料(图片、视频、音频和文本等)。

3. 虚拟主机

虚拟主机是一种 Web 服务器采用的节省服务器硬件成本的技术。一台实体服务器可以有多个虚拟主机，每个虚拟主机都具有独立的 Web 服务器功能，这样就降低了每台 Web 服务器的架构成本。

通常一个虚拟主机可以架设上百个网站。架设的网站越多，共享服务器的客户端也就越多，占用的系统资源也就越多，所以虚拟主机的数量与实体服务器的硬件配置有关。

虚拟主机可以基于 IP 地址、主机名或端口号建立。每个虚拟主机的设置方式略有不同。

(1) 基于 IP 地址的虚拟主机：需要服务器上配有多个 IP 地址，并为每个 Web 站点分配一个唯一的 IP 地址。

(2) 基于主机名的虚拟主机：要求拥有多个主机名，并为每个 Web 站点分配一个主机名。

(3) 基于端口号的虚拟主机：要求不同的 Web 站点通过不同的端口号监听。

4. 静态网页和动态网页

静态网页是标准的 HTML 文件格式，文件扩展名是 .htm、.html，可以包含文本、图像、声音、Flash 动画、客户端脚本和 ActiveX 控件及 Java 小程序等。它是网站建设的基础，早期的网站一般都是由静态网页构成的。静态网页相对于动态网页而言就是没有后台数据库、不含程序、不可交互的网页。相对而言静态网页更新麻烦，适用于更新较少的展示型网站。

动态网站是指可以让服务器和客户端交互的网站。一般情况下，动态网站通过数据库保存数据，如论坛、留言板、博客等。现在，一般的公司都采用动态网页来设计自己的网站。动态网站除了要设计网页外，还要通过数据库和编程来使网站具有更多的高级功能。流行的动态网页设计语言有 PHP、asp.net、JSP、ruby 和 python 等，网页文件以 .asp、.jsp、.php、.aspx 等为扩展名。

子任务 2.4.1　Apache 服务的安装与基础配置

1. Apache 服务的安装

httpd 是 Apache 服务的主程序，也是一个独立运行的后台进程。它会建立一个处理请求的子进程对客户端浏览器发送的请求进行服务。

1) 查询 httpd 安装情况

使用 rpm -qa | grep httpd 可以查询 Apache 服务的安装情况。
如果查询结果出现如图 2-4-2 所示的两个软件包，则表示 Apache
服务已经安装成功。

Apache 服务的安装
与基础配置讲解

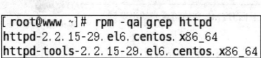

```
[root@www ~]# rpm -qa| grep httpd
httpd-2.2.15-29.el6.centos.x86_64
httpd-tools-2.2.15-29.el6.centos.x86_64
```

图 2-4-2　查询 httpd 安装情况

2) httpd 的安装

如果没有查询到如图 2-4-2 所示的两个软件包，则需要自行安装 httpd 软件包。
使用 yum -y install httpd 命令安装 Apache 服务所需的软件包，如图 2-4-3 所示。

```
[root@www ~]# yum -y install httpd
Loaded plugins: fastestmirror, refresh-packagekit, security
Loading mirror speeds from cached hostfile
c6-media                                                      | 4.0 kB    00:00 ...
Setting up Install Process
Resolving Dependencies
--> Running transaction check
---> Package httpd.x86_64 0:2.2.15-29.el6.centos will be installed
--> Processing Dependency: httpd-tools = 2.2.15-29.el6.centos for package: httpd-2.2.15-29.el6.cento
s.x86_64
--> Processing Dependency: apr-util-ldap for package: httpd-2.2.15-29.el6.centos.x86_64
--> Processing Dependency: /etc/mime.types for package: httpd-2.2.15-29.el6.centos.x86_64
--> Processing Dependency: libaprutil-1.so.0()(64bit) for package: httpd-2.2.15-29.el6.centos.x86_64
--> Processing Dependency: libapr-1.so.0()(64bit) for package: httpd-2.2.15-29.el6.centos.x86_64
--> Running transaction check
---> Package apr.x86_64 0:1.3.9-5.el6_2 will be installed
---> Package apr-util.x86_64 0:1.3.9-3.el6_0.1 will be installed
---> Package apr-util-ldap.x86_64 0:1.3.9-3.el6_0.1 will be installed
---> Package httpd-tools.x86_64 0:2.2.15-29.el6.centos will be installed
---> Package mailcap.noarch 0:2.1.31-2.el6 will be installed
--> Finished Dependency Resolution

Dependencies Resolved

================================================================================
 Package            Arch         Version                    Repository     Size
================================================================================
Installing:
 httpd              x86_64       2.2.15-29.el6.centos       c6-media      821 k
Installing for dependencies:
 apr                x86_64       1.3.9-5.el6_2              c6-media      123 k
 apr-util           x86_64       1.3.9-3.el6_0.1           c6-media       87 k
 apr-util-ldap      x86_64       1.3.9-3.el6_0.1           c6-media       15 k
 httpd-tools        x86_64       2.2.15-29.el6.centos       c6-media       73 k
 mailcap            noarch       2.1.31-2.el6               c6-media       27 k

Transaction Summary
================================================================================
Install       6 Package(s)

Total download size: 1.1 M
Installed size: 3.6 M
Downloading Packages:
--------------------------------------------------------------------------------
Total                                              1.5 MB/s | 1.1 MB     00:00
Running rpm_check_debug
Running Transaction Test
Transaction Test Succeeded
Running Transaction
  Installing : apr-1.3.9-5.el6_2.x86_64                                     1/6
  Installing : apr-util-1.3.9-3.el6_0.1.x86_64                              2/6
  Installing : apr-util-ldap-1.3.9-3.el6_0.1.x86_64                         3/6
  Installing : httpd-tools-2.2.15-29.el6.centos.x86_64                      4/6
  Installing : mailcap-2.1.31-2.el6.noarch                                  5/6
  Installing : httpd-2.2.15-29.el6.centos.x86_64                            6/6
  Verifying  : httpd-2.2.15-29.el6.centos.x86_64                            1/6
  Verifying  : apr-util-ldap-1.3.9-3.el6_0.1.x86_64                         2/6
  Verifying  : httpd-tools-2.2.15-29.el6.centos.x86_64                      3/6
  Verifying  : apr-1.3.9-5.el6_2.x86_64                                     4/6
  Verifying  : mailcap-2.1.31-2.el6.noarch                                  5/6
  Verifying  : apr-util-1.3.9-3.el6_0.1.x86_64                              6/6

Installed:
  httpd.x86_64 0:2.2.15-29.el6.centos

Dependency Installed:
  apr.x86_64 0:1.3.9-5.el6_2                 apr-util.x86_64 0:1.3.9-3.el6_0.1
  apr-util-ldap.x86_64 0:1.3.9-3.el6_0.1     httpd-tools.x86_64 0:2.2.15-29.el6.centos
  mailcap.noarch 0:2.1.31-2.el6

Complete!
```

图 2-4-3　安装 httpd 软件包

3) 启动 httpd 服务

使用 service httpd start 命令启动 httpd 服务，如图 2-4-4 所示。

```
[root@www ~]# service httpd start
正在启动 httpd：httpd: apr_sockaddr_info_get() failed for www.feiyang.com
httpd: Could not reliably determine the server's fully qualified domain name, us
ing 127.0.0.1 for ServerName
                                                              [确定]
```

图 2-4-4 启动 httpd 服务

由于没有 Web 服务和 DNS 服务，因此在 httpd 启动过程中不能确认 Apache 服务的完整域名。所以客户端将无法使用域名访问 Web 服务器，但可以使用 IP 地址访问。

2. Web 服务器的基本配置

Apache 服务默认的主配置文件为/etc/httpd/conf/httpd.conf，这个配置文件的内容主要包括三大部分：

(1) **Global Environment(全局变量)**

(2) **Main server configuration(主服务器配置)**

(3) **Virtual Hosts(虚拟主机配置)**

常用配置项说明如下：

- **ServerRoot   "/etc/httpd"**   //服务器相关配置文件目录
- **Timeout 60**   //设置连接超时
- **KeepAlive ON**   //设置是否允许持续连接，默认为 Off，一般情况改为 On
- **MaxKeepAliveRequests 100**   //设置当 KeepAlive 为 On 时持续连接的最大数量
- **KeepAliveTimeout 15**   //设置当 KeepAlive 为 On 时同一客户端同一连接请求的间隔秒数
- **ServerLimit   256**   //服务器最大连接限制
- **MaxClients   256**   //设置同一时间客户端最大连接请求数，不可超过 ServerLimit
- **Listen 80**   //Apache 服务的监听 IP 和端口
- **Include conf.d/*.conf**   //载入/etc/httpd/conf.d/目录下的所有子配置文件
- **ServerAdmin   root@localhost**   //设置服务器管理员邮箱地址
- **ServerName   www.example.com:80**   //设置访问的主机名
- **DocumentRoot   /var/www/html**   //设置网站根目录路径
- **DircetoryIndex   index.html index.html.var**   //设置网站默认首页的文件名

实例 1：工作室网管为了测试 Web 服务器是否运行正常，在/myWeb 目录下创建了一个测试网页 testWeb.html，并将/myWeb 作为网站根目录；为了防止 Web 服务器访问量过大导致服务器崩溃，将设置服务器最大连接数和请求数限制在 100；开启允许用户持续连接，并设置持续连接最大数量为 100，连接请求间隔为 20 秒。

(1) 创建测试网页文件。

第一步，创建 myWeb 目录。

```
[root@www ~]# mkdir /myweb
```

第二步，创建 testWeb.html 文件，内容为"This is a test Web!"。

```
[root@www ~]# echo This is a test web! >> /myweb/testweb.html
```

第三步，保存退出。

(2) 修改 Apache 服务主配置文件为/etc/httpd/conf/httpd.conf。

```
DocumentRoot "/myweb"
```

```
<Directory "/myweb">
```

```
DirectoryIndex testweb.html index.html index.html.var
```

```
ServerLimit       100
```

```
MaxClients        100
```

```
KeepAlive On
```

```
MaxKeepAliveRequests 100
```

```
KeepAliveTimeout 20
```

(3) 更改 /myWeb 目录权限。

由于 apache 对/myWeb 没有权限，所以需要开启读和执行权限。

```
[root@www ~]# chmod -R 755 /myweb
```

(4) 重启 httpd 服务，如图 2-4-5 所示。

```
[root@www ~]# service httpd restart
停止 httpd :                                        [确定]
正在启动 httpd : httpd: apr_sockaddr_info_get() failed for www.feiyang.com
httpd: Could not reliably determine the server's fully qualified domain name, us
ing 127.0.0.1 for ServerName
                                                    [确定]
```

图 2-4-5　重启 httpd 服务

子任务 2.4.2　Apache 服务的管理与使用

1. 设置防火墙配置允许 Web 服务请求

在默认情况下，Web 服务端口为 tcp 端口 80，需要在 Web 服务器端设置 iptables 规则允许客户端访问 80 端口；如果 Web 服务端口使用其他端口号，则需要采用同样的方式设置允许访问该端口的 iptables 规则。

实例 2：在 iptables 规则中添加允许 Web 服务请求访问 80 端口规则。

(1) 编辑/etc/sysconfig/iptables 文件。

```
[root@www ~]# vi /etc/sysconfig/iptables
```

(2) 增加 iptables 规则打开 80 端口，保存退出。

```
-A INPUT -p tcp --dport 80 -j ACCEPT
```

(3) 重启 iptables 服务(如图 2-4-6 所示)，使其生效。

Apache 服务的管理
与使用讲解

```
[root@www ~]# service iptables restart
iptables：将链设置为政策 ACCEPT：filter                    [确定]
iptables：清除防火墙规则：                                 [确定]
iptables：正在卸载模块：                                   [确定]
iptables：应用防火墙规则：                                 [确定]
```

图 2-4-6　重启 iptables 服务

2. 配置 SELinux 安全设置

实例 3：在本项目实例 1 中，由于将网站的主目录路径变更为/myWeb，但在 SELinux 安全设置中只允许客户端访问网站的原有默认主目录(/var/www/html)，因此需要配置 SELinux 允许访问改变后的网站主目录。

(1) 打开 SELinux。

```
[root@www ~]# setenforce 1
[root@www ~]# getenforce
Enforcing
```

(2) 查看并对比目录的安全标签。

```
[root@www ~]# ll -Zd /myweb
drwxr-xr-x. root root unconfined_u：object_r：default_t：s0 /myweb
```

```
[root@www ~]# ll -Zd /var/www/html
drwxr-xr-x. root root system_u：object_r：httpd_sys_content_t：s0 /var/www/html
```

(3) 给目录及目录中的文件重新打安全标签。

```
[root@www ~]# chcon -R --reference=/var/www/html/ /myweb/
```

(4) 重新查看 /myWeb 目录及目录中的文件安全标签。

```
[root@www ~]# ll -Z /myweb
-rwxr-xr-x. root root system_u：object_r：httpd_sys_content_t：s0 testweb.html
```

3. 客户端访问

实例 4：Windows 客户端通过火狐浏览器输入 IP 地址访问该网站，如图 2-4-7 所示。

图 2-4-7　从 Windows 客户端通过浏览器访问网站

4. 配置基于 IP 地址的虚拟主机

基于 IP 地址的虚拟主机，需要 Web 服务器网卡绑定多个 IP 地址，客户端可以通过不同的 IP 地址访问不同的网站。

实例 5：工作室的员工想创建两个网站，通过不同的 IP 地址访问。在测试网站时，一个网站使用 192.168.1.100 显示"This is Web1 site"；另一个网站使用 192.168.1.200 显示"This is Web2 site"。

(1) 配置虚拟网卡 IP 地址 192.168.1.200。

第一步，将 ifcfg-eth0 网卡配置文件复制为 ifcfg-eth0:0，即创建一个虚拟网卡接口

eth0:0，如图 2-4-8 所示。

```
[root@www ~]# cd /etc/sysconfig/network-scripts/
[root@www network-scripts]# cp ifcfg-eth0 ifcfg-eth0:0
```

图 2-4-8　创建虚拟网卡接口

第二步，修改 ifcfg-eth0:0 虚拟网卡配置文件：Device = eth0:0，IPADDR = 192.168.1.200，NAME = "System eth0:0"，保存后退出。

```
[root@www network-scripts]# vi ifcfg-eth0:0
```

```
DEVICE=eth0:0
```

```
IPADDR=192.168.1.200
```

```
NAME="System eth0:0"
```

第三步，重启 NetworkManager 服务，如图 2-4-9 所示。

```
[root@www ~]# service NetworkManager restart
停止 NetworkManager 守护进程：                          [确定]
设置网络参数...                                          [确定]
正在启动 NetworkManager 守护进程：                        [确定]
```

图 2-4-9　重启 NetworkManager

第四步，重启网络服务，如图 2-4-10 所示。

```
[root@www network-scripts]# service network restart
关闭环回接口：                                          [确定]
弹出环回接口：                                          [确定]
弹出界面 eth0：活跃连接状态：激活的
活跃连接路径：/org/freedesktop/NetworkManager/ActiveConnection/6
                                                       [确定]
```

图 2-4-10　重启网络服务

第五步，查看 IP 配置是否生效，如图 2-4-11 所示。

```
[root@www ~]# ifconfig
eth0      Link encap: Ethernet   HWaddr 00: 0C: 29: 27: FE: BA
          inet addr: 192.168.1.100  Bcast: 192.168.1.255  Mask: 255.255.255.0
          inet6 addr: fe80::20c:29ff:fe27:feba/64 Scope: Link
          UP BROADCAST RUNNING MULTICAST  MTU: 1500  Metric: 1
          RX packets: 179 errors: 0 dropped: 0 overruns: 0 frame: 0
          TX packets: 14 errors: 0 dropped: 0 overruns: 0 carrier: 0
          collisions: 0 txqueuelen: 1000
          RX bytes: 14672 (14.3 KiB)  TX bytes: 900 (900.0 b)

eth0:0    Link encap: Ethernet   HWaddr 00: 0C: 29: 27: FE: BA
          inet addr: 192.168.1.200  Bcast: 192.168.1.255  Mask: 255.255.255.0
          UP BROADCAST RUNNING MULTICAST  MTU: 1500  Metric: 1

lo        Link encap: Local Loopback
          inet addr: 127.0.0.1  Mask: 255.0.0.0
          inet6 addr: ::1/128 Scope: Host
          UP LOOPBACK RUNNING  MTU: 16436  Metric: 1
          RX packets: 120 errors: 0 dropped: 0 overruns: 0 frame: 0
          TX packets: 120 errors: 0 dropped: 0 overruns: 0 carrier: 0
          collisions: 0 txqueuelen: 0
          RX bytes: 9244 (9.0 KiB)  TX bytes: 9244 (9.0 KiB)
```

图 2-4-11　查看 IP 配置

(2) 修改配置文件 /etc/httpd/conf/httpd.conf。

```
[root@www ~]# vi /etc/httpd/conf/httpd.conf
```

在 Virtual Hosts(虚拟主机配置)部分添加以下内容，如图 2-4-12 所示。

```
<VirtualHost 192.168.1.100>
     DocumentRoot /myweb/ip1
</VirtualHost>
<VirtualHost 192.168.1.200>
     DocumentRoot /myweb/ip2
</VirtualHost>
```

图 2-4-12　修改文件 httpd.conf 虚拟主机配置部分

(3) 创建两个网站的主目录 /myweb/ip1 和 /myweb/ip2，分别在目录中新建两个网站的主页文件 /myWeb/ip1/testWeb.html 和 /myWeb/ip2/testWeb.html 并在主页文件中添加内容，如图 2-4-13 所示。

```
[root@www ~]# mkdir /myweb/ip1
[root@www ~]# mkdir /myweb/ip2
[root@www ~]# echo "This is 192.168.1.100 website" > /myweb/ip1/testweb.html
[root@www ~]# echo "This is 192.168.1.200 website" > /myweb/ip2/testweb.html
```

图 2-4-13　创建网站

(4) 重启 httpd 服务，如图 2-4-14 所示。

```
[root@www ~]# service httpd restart
停止 httpd：                                                [确定]
正在启动 httpd：httpd: apr_sockaddr_info_get() failed for www
httpd: Could not reliably determine the server's fully qualified domain name, us
ing 127.0.0.1 for ServerName
[Mon Nov 20 14:36:54 2017] [error] (EAI 3)Temporary failure in name resolution:
Failed to resolve server name for 192.168.1.200 (check DNS) -- or specify an exp
licit ServerName
[Mon Nov 20 14:36:54 2017] [error] (EAI 3)Temporary failure in name resolution:
Failed to resolve server name for 192.168.1.100 (check DNS) -- or specify an exp
licit ServerName
                                                           [确定]
```

图 2-4-14　重启 httpd 服务

注意：由于没有配置 DNS，所以会报出 IP 解析错误。

(5) 测试网站。

第一步，输入 192.168.1.100，测试第一个网站，如图 2-4-15 所示。

This is 192.168.1.100 website

图 2-4-15　测试第一个网站

第二步，输入 192.168.1.200，测试第二个网站，如图 2-4-16 所示。

This is 192.168.1.200 website

图 2-4-16　测试第二个网站

5. 配置基于端口的虚拟主机

基于端口的虚拟主机配置，需要修改主配置文件中的 Listen 项，添加需要监听的端口。

客户端可以通过不同的端口访问不同的网站。

实例 5：工作室想创建两个网站，通过不同的端口访问。在测试网站时，一个网站使用 192.168.1.100:8808，显示 "This is 8808port site"；另一个网站使用 192.168.1.100:8088，显示 "This is 8088port site"。

(1) 修改配置文件/etc/httpd/conf/httpd.conf。

```
[root@www ~]# vi /etc/httpd/conf/httpd.conf
```

在 Main server configuration(主服务器配置)部分的 Listen 中添加监听端口，如图 2-4-17 所示。

```
#Listen 12.34.56.78:80
Listen 80
Listen 8808
Listen 8088
```

图 2-4-17　在 Listen 中添加监听端口

在 Virtual Hosts(虚拟主机)配置部分添加网站主目录，如图 2-4-18 所示。

```
<VirtualHost 192.168.1.100:8808>
     DocumentRoot /myweb/port1
</VirtualHost>
<VirtualHost 192.168.1.100:8088>
     DocumentRoot /myweb/port2
</VirtualHost>
```

图 2-4-18　在虚拟主机配置中添加网站主目录

(2) 在目录 myweb 内创建两个网站目录 port 1 和 port 2，及其主页 /myWeb/port1/testWeb.html 和 /myWeb/port2/testWeb.html，如图 2-4-19 所示。

```
[root@www ~]# mkdir /myweb/port1
[root@www ~]# mkdir /myweb/port2
[root@www ~]# echo "This is 8808port site" > /myweb/port1/testweb.html
[root@www ~]# echo "This is 8088port site" > /myweb/port2/testweb.html
```

图 2-4-19　创建网站目录及其主页

(3) 配置 iptables 规则允许 Web 客户端访问 Web 服务器的 8808 和 8088 端口。

第一步，编辑/etc/sysconfig/iptables 文件。

```
[root@www ~]# vi /etc/sysconfig/iptables
```

第二步，增加 iptables 规则打开 8808 和 8088 端口，保存退出。

```
-A INPUT -p tcp --dport 8808 -j ACCEPT
-A INPUT -p tcp --dport 8088 -j ACCEPT
```

第三步，重启 iptables 服务(如图 2-4-20 所示)，使其生效。

```
[root@www ~]# service iptables restart
iptables：将链设置为政策 ACCEPT：filter              [确定]
iptables：清除防火墙规则：                          [确定]
iptables：正在卸载模块：                            [确定]
iptables：应用防火墙规则：                          [确定]
```

图 2-4-20　重启 iptables 服务

(4) 配置 SELinux，在 http 端口规则中加入 8808 和 8088 两个端口。

第一步，使用 semanage 命令查询 http 端口开放情况，如图 2-4-21 所示。

```
[root@www ~]# semanage port -l | grep http
http_cache_port_t              tcp         3128, 8080, 8118, 8123, 10001-10010
http_cache_port_t              udp         3130
http_port_t                    tcp         80, 81, 443, 488, 8008, 8009, 8443, 9000
pegasus_http_port_t            tcp         5988
pegasus_https_port_t           tcp         5989
```

图 2-4-21　查询 http 端口开放情况

注意：如果不能使用 semanage 命令，请自行安装 policycoreutils-python 软件包。

第二步，使用 semanage 命令将 8808 和 8088 加入 http 端口规则。

```
[root@www ~]# semanage port -a -t http_port_t -p tcp 8808
```

```
[root@www ~]# semanage port -a -t http_port_t -p tcp 8088
```

第三步，再次查看端口是否添加成功，如图 2-4-22 所示。

```
[root@www ~]# semanage port -l | grep http
http_cache_port_t              tcp         3128, 8080, 8118, 8123, 10001-10010
http_cache_port_t              udp         3130
http_port_t                    tcp         8808, 8088, 80, 81, 443, 488, 8008, 8009
, 8443, 9000
pegasus_http_port_t            tcp         5988
pegasus_https_port_t           tcp         5989
```

图 2-4-22　查看端口是否添加成功

(5) 重启 httpd 服务，如图 2-4-23 所示。

```
[root@www ~]# service httpd restart
停止 httpd :                                           [确定]
正在启动 httpd : httpd: apr_sockaddr_info_get() failed for www
httpd: Could not reliably determine the server's fully qualified domain name, us
ing 127.0.0.1 for ServerName
[Mon Nov 20 16:06:07 2017] [error] (EAI 3)Temporary failure in name resolution:
Failed to resolve server name for 192.168.1.100 (check DNS) -- or specify an exp
licit ServerName
[Mon Nov 20 16:06:07 2017] [error] (EAI 3)Temporary failure in name resolution:
Failed to resolve server name for 192.168.1.100 (check DNS) -- or specify an exp
licit ServerName
                                                      [确定]
```

图 2-4-23　重启 httpd 服务

注意：由于没有配置 DNS，所以会报出 IP 解析错误。

(6) 测试网站。

第一步，输入 192.168.1.100：8808，测试第一个网站，如图 2-4-24 所示。

This is 8808port site

图 2-4-24　测试第一个网站

第二步，输入 192.168.1.100：8088，测试第二个网站，如图 2-4-25 所示。

图 2-4-25　测试第二个网站

◇ 技能训练

测验习题

训练目的:

1. 掌握 Apache 服务器安装及 httpd 服务启动方法;

2. 掌握网站主页、主目录更改及访问控制的配置方法;

3. 掌握 Apache 服务器的安全配置;

4. 掌握 Web 客户端访问方法;

5. 掌握虚拟主机配置方法。

技能训练 2-6

训练内容:

1. 使用 yum 安装 httpd 服务软件包;

2. 启动 httpd 服务;

3. 配置 Web 服务器(创建网页和网站目录,修改网站主目录路径、主网页配置,配置访问限制等参数);

4. 配置 iptables 规则;

5. 配置 SELinux;

6. Web 客户端访问;

7. 配置虚拟主机。

参考资源:

1. Apache 服务的基础配置及管理技能训练任务单;

2. Apache 服务的基础配置及管理技能训练任务书;

3. Apache 服务的基础配置及管理技能训练检查单;

4. Apache 服务的基础配置及管理技能训练考核表。

训练步骤:

1. 查询 httpd 安装情况。

2. 安装 httpd 软件包。

3. 启动 httpd 服务。

4. 配置 httpd.conf 文件。

5. 重启 httpd 服务。

6. 设置防火墙配置允许 Web 服务请求。

7. 配置 SELinux 安全设置。

8. 客户端浏览器访问。

9. 配置基于 IP 地址的虚拟主机。

10. 配置基于端口的虚拟主机。

项目 3　中小企业服务器搭建

【学习目标】

知识目标：

- 了解中小企业服务器建设包含的内容；
- 了解中小企业服务器用户配置的内容；
- 了解中小企业服务器网络配置的内容；
- 了解中小企业服务器基础服务搭建的流程与规范；
- 了解中小企业服务器基础服务高级配置的流程与规范；
- 了解中小企业服务器基础服务安全配置的流程与规范；
- 了解中小企业服务器基础运维的内容。

技能目标：

- 掌握中小企业服务器用户的配置；
- 掌握中小企业服务器网络的配置；
- 掌握中小企业服务器基础服务的搭建；
- 掌握中小企业服务器基础服务的高级配置；
- 掌握中小企业服务器基础服务的安全配置；
- 掌握中小企业服务器的基础运维。

素质目标：

- 具备文献检索、资料查找与阅读能力；
- 具备自主学习能力；
- 具备独立思考问题、分析问题的能力；
- 具备表达沟通、诚信守时和团队合作能力；
- 树立成本意识、服务意识和质量意识。

【项目导读】

【学习情境】

　　蓝雨公司是一家新兴的 IT 企业，主要从事应用软件、网络系统集成、私有云搭建等项目的开发与建设。公司发展至今，在业界和客户中已经小有口碑。为了加强信息化建设、提高员工工作效率，保障业务持续稳定发展，公司决定成立信息管理部门，全权负责公司的信息化建设。

【项目描述】

现阶段，公司最重要的信息化建设任务是搭建一套完整的基础服务群组。出于性价比、安全性等方面的考虑，经过充分讨论，信息部门决定利用 CentOS 6.5 作为信息化服务的操作系统平台。在此平台上，搭建 DNS 服务器，为公司员工在内网访问相关站点时提供域名解析服务；搭建 DHCP 服务器，为公司内网的每个接入终端自动分配相关网络参数，以减轻网络管理人员的工作量；搭建 Web 服务器，提供公司业务与相关案例展示、客户咨询等网站业务的窗口；搭建 FTP 服务器，为公司员工提供网络存取文件服务；搭建文件共享服务器，为公司内部装载了 Windows 操作系统的终端与服务器之间、服务器与服务器之间提供文件共享服务；搭建 MySql 服务器，为公司的 OA 系统等信息化平台提供数据库服务。以上六类服务构建成蓝雨公司的信息化基础服务群组。

任务 3.1 服务器基础配置

【任务描述】

根据公司信息化基础服务群组建设的需求，了解 CentOS 6.5 中关于用户、网络、软件源和系统安全的有关知识，掌握用户和用户组配置、网络参数配置、软件源配置以及安全配置。

【问题引导】

1. CentOS 6.5 中的用户类别与 Windows 系统中的用户类别有何不同？
2. CentOS 6.5 中的软件源是什么？
3. CentOS 6.5 的安全设置与 Windows 系统的安全设置有何不同？

【知识学习】

1. 用户和用户组

CentOS 6.5 是一种典型的多用户、多任务的分时操作系统。其用户类型包括超级用户(即系统管理员)、普通用户和伪用户三类；用户组则分为超级用户组、普通用户组、系统组和登录组四类。

1) 用户

CentOS 6.5 中，超级用户账号在系统安装时生成，用户名为 root。root 具备完整的系统控制权，比如创建用户、修改系统配置等。超级用户创建的用户账号一般为普通用户。普通用户只具备一定的控制权限，一般仅限于对该账号创建的相关文件的控制。伪用户与系统、程序服务相关，如 Bin、baemon、shutdown、halt 等是任何 CentOS 系统都默认生成的伪用户，Mail、news、games、apache、ftp、mysql 及 sshd 等伪用户，则与 CentOS 系统的进程相关。伪用户通常不需要或无法登录系统，也可以没有宿主目录。

每一个用户账号都有一个唯一的 UID(用户身份标识)、一个 GID(组身份标识)和其他用户相关信息。这些信息分别存储在目录"/etc"下的 passwd 和 shadow 两个文件中。

① passwd 文件。

在 passwd 文件中，存放的是用户的基础信息，如图 3-1-1 所示。信息由 6 个冒号分割为 7 个信息。

```
[root@localhost Desktop]# head -3 /etc/passwd
root:x:0:0:root:/root:/bin/bash
bin:x:1:1:bin:/bin:/sbin/nologin
daemon:x:2:2:daemon:/sbin:/sbin/nologin
```

图 3-1-1 passwd 文件中的用户信息

用户名：用于区分不同的用户。在同一系统中注册名是唯一的。在很多系统上，该字段被限制在 8 个字符(字母或数字)的长度之内；要注意，通常在 CentOS 系统中对字母大小写是敏感的。这与 MS-DOS/Windows 是不一样的。

密码：系统用密码来验证用户的合法性。超级用户 root 或某些高级用户可以使用系统命令 passwd 来更改系统中所有用户的密码；普通用户可以在登录系统后使用 passwd 命令来更改自己的密码。现在的 Unix/Linux 系统，密码不再直接保存在 passwd 文件中。通常将 passwd 文件中的密码字段用一个"x"来代替，把 /etc /shadow 作为真正的密码文件，用于保存包括个人密码在内的数据。当然 shadow 文件是不能被普通用户读取的，只有超级用户才有权读取。

UID(User ID，用户标识)：UID 是 CentOS 系统中唯一的用户标识，用数值的形式区别不同的用户。在 Linux 系统中，注册名和 UID 都可以用于标识用户。对于系统而言 UID 更为重要，因为在系统内部管理进程和文件保护时均使用 UID 字段；而对于用户而言注册名使用更便捷。在某些特定情况下，系统可以存在多个注册名不同而 UID 相同的用户，但这些使用不同注册名的用户是同一个用户。在 CentOS 系统中，超级用户的 UID 为 0；伪用户的 UID 为 1~499；普通用户的 UID 为 500~60000。

GID(Group ID，组标识)：当前用户的缺省工作组标识。具有相似属性的多个用户可以被分配到同一个组内，每个组都有自己的组名，且以自己的组标识号来区分。像 UID 一样，用户的组标识号也存放在 passwd 文件中。在 CentOS 中，每个用户可以同时属于多个组。除了在 passwd 文件中指定其归属的基本组之外，还在 /etc/group 文件中指明一个组所包含用户。

用户全名或本地账号：包含有关用户的一些信息，如用户的真实姓名、办公室地址、联系电话等。在 CentOS 系统中，Mail 和 finger 等程序利用这些信息来标识系统的用户。

用户主目录(home_directory)：当用户登录后，Shell 将把该目录作为用户的工作目录。在 CentOS 系统中，超级用户 root 的工作目录为"/root"；而其他个人用户在"/home"目录下均有自己独立的工作环境。系统在该目录下为每个用户配置了自己的主目录。个人用户的文件都放置在各自的主目录下。

登录使用的 Shell：就是对登录命令进行解析的工具。Shell 是用户登录系统时运行的程序名称。通常此项是一个 Shell 程序的全路径名，如 /bin/bash(若为空格，则缺省为 /bin/sh)。

② shadow 文件。

在 shadow 中，存放的是用户的密码信息，如图 3-1-2 所示，由 8 个冒号分割为 9 个信息：

```
[root@localhost Desktop]# tail -3 /etc/shadow
tcpdump:!!::17493::::::
test:$1$p/YO/p3i$GKGwmuAVk9rzzCNOgP/Sh.:17493:0:99999:7:::
student:!$1$jyTOhtod$fPU0HytKy6xr6eIoQcGKr/:17570:0:99999:7:::
```

图 3-1-2　shadow 文件中的用户密码信息

用户名：与 etc/passwd 文件中的用户名对应。

加密密码：加密算法为 SHA512 散列加密算法。如果密码位为"!!"或"＊"表示没有密码，不能登录；若密码位第一个字符为"!"，则表示该账号已被锁定。加密密码后若跟随"/Sh.",则表示其 Shell 为"/bin/bash"。

密码最后一次修改时间:以 1970 年 1 月 1 日作为标准时间,每过一天时间戳加 1。

强制密码修改时间:要过多少天才可以更改密码,默认是 0,即不限制密码的有效期。

密码到期时间:默认为 99999。若设置成 20,即 20 天后到期。到期必须修改密码,否则无法登录系统。

密码到期前警告期限:若设置为 6,即到期前 6 天会通知用户。

账号失效宽限期(和第 5 字段相对比):若设置为 2,到期过 2 天后再不修改密码,用户锁定。

账号的生命周期(用时间戳表示):到了指定的期限,账号将失效。

保留字段:暂无意义。

2) 用户组

在操作系统中,每个用户的权限可能是各不相同的,可以将具有相同权限的用户划为一组,这样可以减轻管理员的负担。只要对这个用户组赋予一定的权限,那么该组内的用户就具有相同的权限。CentOS 6.5 中的用户组包括超级用户组、普通用户组、系统组和登录组。常用的用户组为管理员组和普通用户组。

用户组的常用信息保存在目录"etc"内的 group 文件中,如图 3-1-3 所示。它由 3 个冒号分割为 4 个信息:

```
[root@localhost Desktop]# head -3 /etc/group
root:x:0:
bin:x:1:bin,daemon
daemon:x:2:bin,daemon
```

图 3-1-3 group 文件中的用户组信息

组名:是用户组的名称,由字母或数字构成。与/etc/passwd 中的用户名一样,组名不应重复。新建用户时,若没有特殊指定,系统自动创建一个与用户名相同的用户组名,并把该新建用户账号划归到此用户组。

密码:存放的是用户组加密后的密码。一般 CentOS 系统的用户组都没有密码,即这个字段一般为空,或者是"x"。

组标识号(GID):与用户标识号类似,也是一个数值,被系统内部用来标识组。

组内用户列表:属于这个组的所有用户列表,不同用户之间用逗号分隔。这个用户组可能是用户的主组,也可能是附加组。

2. 网络参数

CentOS 6.5 所遵循的网络协议为通用的 TCP/IP 协议。TCP/IP(传输控制/因特网互联协议)是 Internet 最基本的协议,也是 Internet 国际互联网络的基础,由传输层的 TCP 协议和网络层的 IP 协议组成。TCP/IP 定义了如何连接因特网以及数据如何在电子设备之间传输的标准。TCP/IP 采用了 4 层架构,每一层都调用它的下一层所提供的协议来完成自己的需求。简单来说,TCP 负责发现传输的问题,一有问题就发出信号,要求重新传输,直到所有数据安全、正确地传输到目的地。而 IP 是给因特网的每一台联网设备规定一个地址。

TCP/IP 经常需要配置的网络参数包括主机的 IP 地址、子网掩码、网关、DNS 服务器地址、主机名等。

CentOS 6.5 的网络参数配置文件均在"/etc"目录下，如：

主机名文件：/etc/sysconfig/network 和 /etc/hosts。配置主机名。

网络适配器文件(单网卡模式)：/etc/sysconfig/network-scripts/ifcfg-eth0。配置 IP 地址、子网掩码、网关、DNS 服务器地址等相关参数。

DNS 解析文件：/etc/resolv.conf。配置 DNS 服务器地址。

3. 软件包

在 CentOS 上，一个软件包通常由二进制程序、库文件、配置文件和帮助文件组成。其中：二进制程序一般都放在"/bin""/sbin""/usr/bin""/usr/sbin""/usr/local/bin"和"/usr/local/sbin"等目录下；库文件都放在"/lib""/lib64""/usr/lib""/usr/lib64""/usr/local/lib"和"/usr/local/lib64"等目录下；配置文件一般都是放在"/etc"目录下；而最基本的 man 帮助文件则是放在"/usr/share/man"目录下。

在 CentOS 上，软件的安装方式一般有四种。

① 通用二进制编译：由志愿者把开发完成的源代码编译成二进制文件，打包后发布在网络上，大家都可以通过网络进行下载，下载到本地之后，经过解压配置就可以使用。

② 软件包管理器：使用包管理工具安装，有时候必须要解决软件包之间的依赖问题，例如 RPM 和 DEB 等。

③ 软件包前端管理工具：可以自动解决软件包依赖关系，例如 YUM 和 apt-get 等。

④ 源码包安装：从网络上下载软件源码包到本地计算机，需要用 GCC 等编译工具编译成二进制文件后才能使用，但有时必须要解决库文件的缺失问题。

目前常用的安装方式有 RPM 和 YUM 两种方式。

1) RPM

CentOS 上默认使用的软件包格式是 RPM 包。RPM 是由 Red Hat 公司开发的一种软件包管理工具，最初它的全称是 Redhat Package Manager。现在包括 SUSE 在内的很多 Linux 发行版都使用这种软件管理工具，使得 RPM 成为 Linux 的软件包管理标准，所以现在它的全称为 Rpm Package Manager。RPM 包的管理器包括软件的打包、查询、校验、安装、升级、卸载以及数据库管理等功能。

在 CentOS 上，一个 RPM 包的格式为：name-version.release.arch.rpm，其中 version 由主版本号和次版本号构成。例如：httpd-2.2.15-59.el6.centos.x86_64.rpm，其中 httpd 是软件包的包名，2.2.15-59 依次是软件包的主发行版本号、次发行版本号和修正号等，el6.centos 是软件包适用的操作系统的版本号，x86_64 是软件包的架构。

RPM 是以数据库记录的方式将所需要的套件安装到 Linux 主机的一套管理程序。Linux 系统中存在一个关于 RPM 的数据库，它记录了安装的包以及包与包之间的依赖性。RPM 包是预先在 Linux 机器上编译并打包好的文件，安装快捷。但是它也有缺点，例如：安装的环境必须与编译时的环境一致；包与包之间存在着互相依赖的情况；卸载包时需要依赖的包卸载，如果依赖的包是系统所必须的，就不能卸载这个包，否则会造成系统崩溃。

2) YUM

作为一个标准的软件包管理系统，RPM 很强大，但是 RPM 软件包的依赖性等问题会导致用户(尤其是入门级用户)频繁安装与卸载，因此 RPM 包的前端管理工具就应运而生了。

　　YUM(Yellow dog Updater Modified)，是一个基于 RPM 包管理的字符前端软件包管理器。它基于 C/S 架构，能够从配置好的 YUM 仓库自动下载 RPM 包并且安装，也可以处理依赖性关系，并且一次安装所有依赖的软件包，无须繁琐地一次次下载、安装。

　　YUM 的仓库由各共享的 RPM 包及包之间依赖关系的文件列表等元数据文件组成。YUM 的客户端由 YUM 配置文件、缓存元数据组成。YUM 客户端的工作过程如下：

　　• YUM 源配置完成后，YUM 会到各可用的 YUM 仓库下载元数据到本地，并缓存在 "/var/cache/yum" 目录下。

　　• 当管理员想要安装某个软件时，YUM 会根据具体的操作请求分析缓存在系统本地的元数据，结合系统已经安装的软件包，分析出要安装或升级的软件包的列表。

　　• 向 YUM 仓库请求分析出的软件包列表中的软件，下载到本地客户端完成安装。

　　• 本次安装完成后，清除本次安装过程中下载到本地的软件包，以节省硬盘空间。

　　YUM 的配置文件分为两部分：主配置文件和源/服务器配置文件。

　　① 主配置文件中，main 部分定义了全局配置选项，整个 YUM 配置文件应该只有一个 main。

　　② 源/服务器配置文件(repository)定义了其具体配置，可以是一个或多个文件。

　　YUM 的主配置文件 /etc/yum.conf，如图 3-1-4 所示。

```
[root@localhost Desktop]# cat /etc/yum.conf
[main]
cachedir=/var/cache/yum/$basearch/$releasever
keepcache=0
debuglevel=2
logfile=/var/log/yum.log
exactarch=1
obsoletes=1
gpgcheck=1
plugins=1
installonly_limit=5
bugtracker_url=http://bugs.centos.org/set_project.php?project_id=16&ref=http://b
ugs.centos.org/bug_report_page.php?category=yum
distroverpkg=centos-release
```

图 3-1-4　YUM 主配置文件

YUM 主配置文件主要内容解释如下：

cachedir：下载软件包缓存目录。

keepcache：软件包安装后是否保留软件包，0 为不保留。

logfile：yum 的系统日志文件。

exactarch = 1：有 1 和 0 两个选项。设置为 1，则 yum 只安装和系统架构匹配的软件包。例如，yum 不会将 i686 的软件包安装在适合 i386 的系统中。默认为 1。

gpgcheck：是否校验要安装的软件包，1 为校验。

distroverpkg：对应程序的版本。

　　YUM 的源/服务器配置文件通常位于 "/etc/yum.repos.d/" 目录下，如图 3-1-5 所示。以 "repo" 结尾的文件都是 YUM 的源/服务器配置文件。

```
[root@localhost ~]# ls /etc/yum.repos.d/
CentOS-Base.repo  CentOS-Debuginfo.repo  CentOS-Media.repo  CentOS-Vault.repo
```

图 3-1-5　YUM 的源/服务器配置文件

一般情况下，只需要修改系统自带的 YUM 源文件 CentOS-Base.repo 即可完成 YUM 源的基础配置，如图 3-1-6 所示。

```
[root@localhost ~]# cat /etc/yum.repos.d/CentOS-Base.repo
# CentOS-Base.repo
#
# The mirror system uses the connecting IP address of the client and the
# update status of each mirror to pick mirrors that are updated to and
# geographically close to the client.  You should use this for CentOS updates
# unless you are manually picking other mirrors.
#
# If the mirrorlist= does not work for you, as a fall back you can try the
# remarked out baseurl= line instead.
#
#


[base]
name=CentOS-$releasever - Base
mirrorlist=http://mirrorlist.centos.org/?release=$releasever&arch=$basearch&repo
=os
#baseurl=http://mirror.centos.org/centos/$releasever/os/$basearch/
gpgcheck=1
gpgkey=file:///etc/pki/rpm-gpg/RPM-GPG-KEY-CentOS-6
```

图 3-1-6　CentOS-Base.repo 配置文件

CentOS-Base.repo 配置文件通常由五部分组成：base、update、extra、centosplus 和 contib。一般只需要配置 base 部分即可：

[base]：yum 源的名字。

name：yum 源的描述信息。

baseurl：指定对应 yum 仓库的访问方式，可以使用以下四种方式。

- ftp：书写格式为 ftp://server/path/to/repo
- http：书写格式为 http://server/path/to/repo
- nfs：书写格式为 nfs://server/path/to/repo
- file：书写格式为 file://local file path

gpgckeck：校验软件包。0 为不校验，1 为校验。默认为 1。

gpgkey：指定公钥的位置。

4. 安全设置

操作系统不仅提供了友好的操作界面方便用户便捷操作，同时也提供了大量的安全设置来保护用户的信息不被侵犯。

CentOS 6.5 常规的安全设置包括：利用系统安全记录文件记录相关敏感操作；设置复杂的用户密码；注释不需要的用户和用户组等。除此之外，常用的安全配置包括：SELinux 和 iptables。

1) SELinux

SELinux 是 Security-Enhanced Linux 的简称，即安全加强的 Linux。传统的 Linux 权限是对文件和目录的“owner”“group”和“other”的“rwx”进行控制；而 SELinux 采用的是委任式访问控制，即控制一个进程对具体文件系统上的文件和目录的访问。SELinux 规定了很多的规则，来决定哪个进程可以访问哪些文件和目录。

SELinux 的配置文件为/etc/selinux/config，如图 3-1-7 所示。

```
[root@localhost ~]# cat /etc/selinux/config

# This file controls the state of SELinux on the system.
# SELINUX= can take one of these three values:
#     enforcing - SELinux security policy is enforced.
#     permissive - SELinux prints warnings instead of enforcing.
#     disabled - No SELinux policy is loaded.
SELINUX=enforcing
# SELINUXTYPE= can take one of these two values:
#     targeted - Targeted processes are protected,
#     mls - Multi Level Security protection.
SELINUXTYPE=targeted
```

图 3-1-7　SELinux 的配置文件

SELinux 有三种状态：enforcing、permissive 和 disabled。

① enforcing：打开 SELinux。

② permissive：如果不符合 SELinux 的权限控制，会出现"warning 提示信息"，但不会限制进程的访问。

③ disabled：关闭 SELinux。

SELinux 是根据进程或文件的 security context (安全上下文，是指一类定义某个进程操作许可和权限的集合)决定进程是否有权限访问文件系统。"security context"由"identify:role:type"三部分组成。

identify：身份标识。主要包括三种：

➢ root：表示身份是 root，在安全上下文中显示 root 用户根目录下的文件。

➢ system_u：表示在系统程序方面的识别，通常是指进程。

➢ user_u：代表一般用户账号的身份。

role：角色。通过这个字段可以判断这个数据是属于程序、文件资源、还是代表用户。一般有以下两种角色：

➢ object_r：代表文件或目录等资源。

➢ system_r：代表进程。

type：类型。类型字段在文件中与进程的定义有所不同，在文件资源(object)上称为类型；在主体程序中称为域。

在默认的 targeted 策略中，identity 与 role 字段是不重要的。简单地说，当 SElinux 的类型为"SELINUXTYPE = targeted"的时候，只有"security context"的"type"是有用的。

2) iptables

iptables 是 Linux 下的数据包过滤软件，也是目前 Linux 发行版中默认的防火墙，位于"/sbin"目录下，其核心是 netfilter——Linux 内核中一个包过滤框架。iptables 利用数据包过滤机制，分析数据包的报头数据，根据报头数据与定义的规则来决定该数据包是进入主机还是丢弃，即根据数据包的分析资料"对比"预先定义的规则内容。若数据包数据与规则内容相同则进行动作，否则就继续下一条规则的比对。

假设 iptables 定义了十条防火墙规则，在互联网中的一个数据包进入主机前，会先经过 iptables 的规则。iptables 检查通过则接受(ACCEPT)进入本机取得资源，如果检查不通过，则可能予以丢弃(DROP)。iptables 定义的规则是有顺序的，一旦某个数据包符合"Rule1"，则会执行"Rule1"对应的"Action1"而并不会理会后面所有的"Rule"。当所有"Rule"都不匹配，会执行默认操作。

iptables 的规则顺序是非常重要的，比如为一台提供 www 服务的主机设置 iptables 规则，则需针对 80 端口来启动通过的数据包规则。如果发现 IP 为 192.168.1.2 存在恶意操作，则需禁止该 IP 访问该服务，同时所有非 www 的数据包全部丢弃。完成这三个功能的规则顺序：

(1) Rule1 先阻挡 192.168.1.2。

(2) Rule2 再让请求 www 服务的数据包通过。

(3) Rule3 将所有的数据包丢弃。

iptables 包含四个表、五个链。其中表是按照对数据包的操作区分的，链是按照不同的 Hook 点来区分的，表和链实际上是 netfilter 的两个维度。

① iptables 的表、链结构。

iptables 的作用是为包过滤机制的实现提供规则，通过各种规则告诉 netfilter 对来自某些源、前往某些目的或具有某些协议特征的数据包应该如何处理。为了更加方便地组织和管理防火墙规则，iptables 采用了"表"和"链"的分层结构(四表五链)。

四个表依次为：filter、nat、mangle、raw，默认表是 filter，表的处理优先级依次为 raw、mangle、nat、filter，其具体含义为：

filter：一般的过滤功能。

nat：用于网络地址转换功能(端口映射，地址映射等)。

mangle：用于对特定数据包的修改。

raw：优先级最高。设置 raw 时，一般是为了不再让 iptables 作数据包的链接跟踪处理，提高性能。

五个链依次为：PREROUTING、INPUT、FORWARD、OUTPUT、POSTROUTING，其具体含义如下：

PREROUTING：数据包进入路由器之前。

INPUT：通过路由表后的目的地为本机。

FORWARDING：通过路由表后，目的地不为本机。

OUTPUT：由本机产生，向外转发。

POSTROUTING：发送到网卡接口之前。

② 规则表。

filter 表的三个链是 INPUT、FORWARD、OUTPUT；作用是过滤数据包；内核模块是 iptables_filter。

nat 表的三个链是 PREROUTING、POSTROUTING、OUTPUT；作用是用于网络地址转换(IP、端口)；内核模块是 iptable_nat。

mangle 表的五个链是 PREROUTING、POSTROUTING、INPUT、OUTPUT、FORWARD；作用是修改数据包的服务类型、TTL，并且可以配置路由实现 QoS；内核模块是 iptable_mangle(设置策略时基本为默认状态)。

raw 表的两个链是 OUTPUT、PREROUTING；作用是决定数据包是否被状态跟踪机制处理；内核模块是 iptable_raw。

③ 规则链。

INPUT：进来的数据包应用此规则链中的策略。

OUTPUT：外出的数据包应用此规则链中的策略。

FORWARD：转发数据包时应用此规则链中的策略。

PREROUTING：对数据包作路由选择前应用此链中的规则，所有的数据包进来的时候都先由这个链处理。

POSTROUTING：对数据包作路由选择后应用此链中的规则，所有的数据包出来的时候都先由这个链处理。

子任务 3.1.1 CentOS 6.5 的用户配置

根据任务描述，安装操作系统后，需要对操作系统的用户账号进行规划。用户账号的规划分为两个方面：用户和用户组。

根据公司实际情况，用户和用户组的规划如表 3-1-1 所示。

表 3-1-1 用户和用户组规划表

账号类型	账号名称	所属用户组	备注
超级用户账号	root	root	管理员
FTP 用户账号	ftpuser1~ftpuser10	ftp	—
Samba 用户账号	sa1~sa20	sa	—

1. 用户的配置与管理

操作系统安装时包含了超级用户账号，因此，只需要添加 FTP 用户账号和 Samba 用户账号即可。

1) 添加用户

useradd 命令可以创建一个新的用户账号，其基本格式为：

useradd [选项] 新用户名

常用选项包括：

-g gid：指定新用户所属组。

-u：指定新用户 UID。

-p：指定新用户密码。

-d：指定新用户的宿主目录。

用户管理讲解

若不带任何选项创建新用户，系统会同时创建与新用户同名的用户组。若该用户是创建的首个新用户，则其 UID 和 GID 均为 500，后续创建的用户顺序加 1，如图 3-1-8 所示。

```
[root@localhost ~]# useradd gw
[root@localhost ~]# tail -4 /etc/passwd
ftpuser1:x:502:50::/home/ftpuser1:/bin/bash
student:x:501:503::/home/student:/bin/bash
test:x:500:500::/home/test:/bin/bash
gw:x:503:504::/home/gw:/bin/bash
```

图 3-1-8 不带参数添加用户账号

添加一个 FTP 用户账号，指定其用户组，命令如下：

[root@localhost ~]# useradd ftpuser1 -g ftp

结果如图 3-1-9 所示。

```
[root@localhost ~]# useradd ftpuser1 -g ftp
[root@localhost ~]# tail -3 /etc/passwd
test:x:500:0:CentOS 6.5:/home/test:/bin/bash
student:x:501:501::/home/student:/bin/bash
ftpuser1:x:502:50::/home/ftpuser1:/bin/bash
```

图 3-1-9　添加 FTP 用户账号

2) 删除用户

userdel 命令可以删除已有的用户账号，其基本格式为：

userdel [选项]　用户名

常用选项包括：

-f：强制删除用户，即使用户当前已登录。

-r：删除用户的同时，删除与用户相关的所有文件。

若不带任何选项删除某个用户(如 gw)，则仅删除该用户账号，不删除相关文件，命令如下：

[root@localhost ~]# userdel gw

结果如图 3-1-10 所示。

```
[root@localhost ~]# ls /home
ftpuser1  gw  student  test
[root@localhost ~]# userdel gw
[root@localhost ~]# ls /home
ftpuser1  gw  student  test
[root@localhost ~]# tail -4 /etc/passwd
tcpdump:x:72:72::/:/sbin/nologin
ftpuser1:x:502:50::/home/ftpuser1:/bin/bash
student:x:501:503::/home/student:/bin/bash
test:x:500:500::/home/test:/bin/bash
```

图 3-1-10　不带选项删除用户账号

删除了 gw 后，其宿主目录 "/home/gw" 仍然存在。

若不小心误删了某个用户账号，只要没有使用 "-r" 选项，就可以通过创建相同用户名且指定其 UID 和 GID 的方式恢复该账号。

3) 修改用户账号信息

usermod 命令可以修改用户账号相关信息，其基本格式为：

usermod [选项]用户名

常用选项包括：

-c：修改用户账号的备注文字。

-d：修改用户宿主目录。

-e：修改账号的有效期限。

-f：修改在密码过期后多少天即关闭该账号。

-g gid：修改用户所属的群组。

-l：修改用户账号名称。

-L：锁定用户密码，使密码无效。

-s：修改用户登录后所使用的 shell。

-u：修改用户的 UID。

-U：解除密码锁定。

若创建 ftpuser2 时，没有将其纳入 ftp 用户组，则可以通过 usermod 命令将其放入 ftp 用户组，命令如下：

[root@localhost ~]# usermod–g ftp ftpuser2

结果如图 3-1-11 所示。

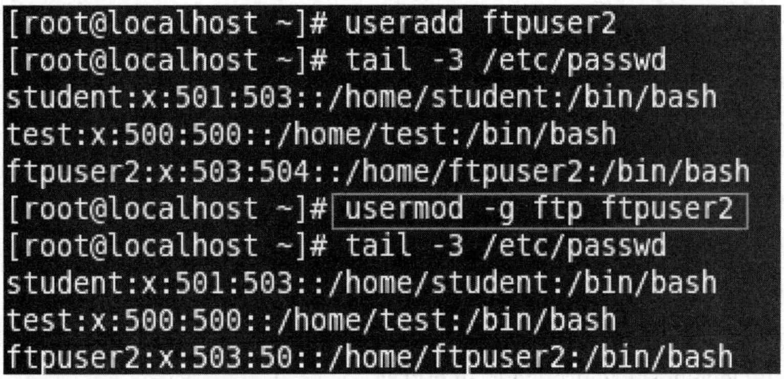

```
[root@localhost ~]# useradd ftpuser2
[root@localhost ~]# tail -3 /etc/passwd
student:x:501:503::/home/student:/bin/bash
test:x:500:500::/home/test:/bin/bash
ftpuser2:x:503:504::/home/ftpuser2:/bin/bash
[root@localhost ~]# usermod -g ftp ftpuser2
[root@localhost ~]# tail -3 /etc/passwd
student:x:501:503::/home/student:/bin/bash
test:x:500:500::/home/test:/bin/bash
ftpuser2:x:503:50::/home/ftpuser2:/bin/bash
```

图 3-1-11　修改 ftpuser2 的用户组

4) 设置账号密码

passwd 命令可以设置或修改账号密码，其基本格式为：

passwd [选项]

常用选项包括：

-d：删除密码。

-f：强制执行。

-k：更新只能在过期之后发送。

-l：停止账号使用。

-S：显示密码信息。

-u：启用已被停止的账户。

-x：设置密码的有效期。

-g：修改群组密码。

-i：过期后停止用户账号使用。

创建 ftpuser1 后，需要为其设置密码。设置密码的命令如下：

[root@localhost ~]# passwd ftpuser1

结果如图 3-1-12 所示。

```
[root@localhost ~]# passwd ftpuser1
Changing password for user ftpuser1.
New password: 设置密码
BAD PASSWORD: it is too simplistic/systematic
BAD PASSWORD: is too simple
Retype new password: 确认密码
passwd: all authentication tokens updated successfully.
```

图 3-1-12　设置 ftpuser1 的密码

注意：root 账号可以给任意账号设置密码，普通账号只能给自身设置密码。root 账号或普通账号给自身设置密码时，只需要输入"passwd"即可。

2．用户组的配置与管理

1) 添加用户组

groupadd 命令可以新建用户组，其基本格式为：

groupadd [选项] 用户组名

常用选项包括：

-g gid：指定用户组的 GID，数值不可为负。除非使用"-o"选项否则该值必须唯一。

-o：允许设置相同 GID 的群组。

-r：建立 GID 低于 499 的系统组。

-f：强制执行，而且不用"-o"选项。

根据需求，利用 groupadd 命令新建 sa 用户组且指定该组的 GID 为 600，命令如下：

[root@localhost ~]# groupadd -g 600 sa

结果如图 3-1-13 所示。

```
[root@localhost ~]# groupadd -g 600 sa
[root@localhost ~]# tail -3 /etc/group
test:x:500:
ftpuser2:x:504:
sa:x:600:
```

图 3-1-13　添加 sa 用户组

2) 修改用户组信息

groupmod 可以修改用户组信息，其基本格式如下：

groupmod [选项] 原用户组名

常用选项如下：

-g gid：指定 GID。

-o：与 groupadd 相同。

-n group_name：修改用户组名。

若要修改 student 用户组的名称为 st，命令如下：

[root@localhost ~]# groupmod -n st student

效果如图 3-1-14 所示。

```
[root@localhost ~]# tail -3 /etc/group
student:x:503:
test:x:500:
sa:x:600:
[root@localhost ~]# groupmod -n st student
[root@localhost ~]# tail -3 /etc/group
test:x:500:
sa:x:600:
st:x:503:
```

图 3-1-14　修改用户组名称

3) 删除用户组

groupdel 命令可以删除已有的用户组，其基本格式如下：

groupdel 用户组名/GID

若要删除 ftpuser2 用户组，命令如下：

　　[root@localhost ~]# groupdel ftpuser2

效果如图 3-1-15 所示。

```
[root@localhost ~]# groupdel ftpuser2
[root@localhost ~]# tail -3 /etc/group
student:x:503:
test:x:500:
sa:x:600:
```

图 3-1-15　删除用户组

groupdel 命令只能用于删除系统中存在的用户组，若组内的任一用户正在使用，则该组无法删除。

子任务 3.1.2　CentOS 6.5 的网络配置

根据任务描述，还需要为服务器配置网络参数，使其能接入局域网，以便为网络中的终端提供相应服务。

服务器网络参数配置要求如表 3-1-2 所示。

表 3-1-2　服务器网络参数规划

服务器类型	IP 地址/子网掩码	网关	DNS 服务器地址	主机名
DNS 服务器	192.168.0.253/24	192.168.0.254	—	DNS
FTP 服务器	192.168.0.251/24	192.168.0.254	192.168.0.253	FTP
Web 服务器	192.168.0.250/24	192.168.0.254	192.168.0.253	WEB
DHCP 服务器	192.168.0.249/24	192.168.0.254	192.168.0.253	DHCP
SMB 服务器	192.168.0.248/24	192.168.0.254	192.168.0.253	SMB
MySQL 服务器	192.168.0.247/24	192.168.0.254	192.168.0.253	MySQL

1. 网络配置

CentOS 6.5 配置网络参数一般有两种方式：临时性配置和永久性配置。

网络配置管理讲解

1) 临时性配置

① 修改 IP 地址。

ifconfig 命令可以临时修改主机 IP 地址，其基本格式如下：

ifconfig 网络设备名 [选项]

常用选项如下：

up：启动指定网络设备/网卡。

down：关闭指定网络设备/网卡。

arp：设置指定网卡是否支持 ARP 协议。

promisc：设置是否支持网卡的 promiscuous 模式，如果选择此参数，网卡将接收网络发给它的所有数据包。

allmulti：设置是否支持多播模式，如果选择此参数，网卡将接收网络中所有的多播数据包。

-a：显示全部接口信息。

-s：显示摘要信息(类似 "netstat -i" 命令)。

add：给指定网卡配置 IPv6 地址。

del：删除指定网卡的 IPv6 地址。

<硬件地址>：配置网卡最大的传输单元。

mtu<字节数>：设置网卡的最大传输单元(bytes)。

netmask<子网掩码>：设置网卡的子网掩码。掩码可以是有前缀 0x 的 32 位十六进制数，也可以是用点分开的 4 个十进制数。如果不打算将网络分成子网，可以不管这一选项；如果要使用子网，则网络中每一个系统必须有相同子网掩码。

tunel：建立隧道。

dstaddr：设定一个远端地址，建立点对点通信。

broadcast<地址>：为指定网卡设置广播协议。

pointtopoint<地址>：为网卡设置点对点通讯协议。

multicast：为网卡设置组播标志。

address：为网卡设置 IPv4 地址。

txqueuelen<长度>：为网卡设置传输队列的长度。

设置主机网络参数前，可以利用 ifconfig 命令检查当前活动的网络接口的网络参数，命令如下：

　　　　[root@localhost Desktop]# ifconfig

效果如图 3-1-16 所示。从图中可以看出，当前活动的网络接口只有 "eth0" 和 "lo"。"eth0" 为当前活动的网络适配器，当前没有设定 IP 地址；"lo" 为本地环回接口，固定 IP 地址为 127.0.0.1。

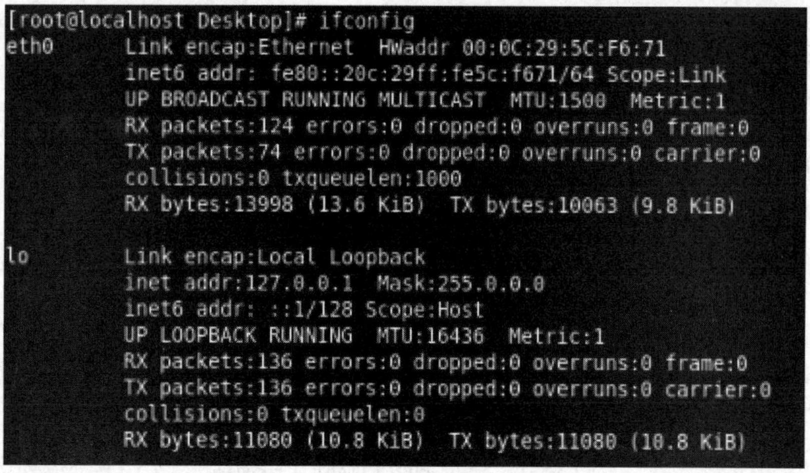

图 3-1-16　查询活动网络接口信息

若设置主机 IP 地址为 192.168.0.1，子网掩码为 255.255.255.0，命令如下：

[root@localhost Desktop]# ifconfig eth0 192.168.0.1 netmask 255.255.255.0

效果如图 3-1-17 所示。

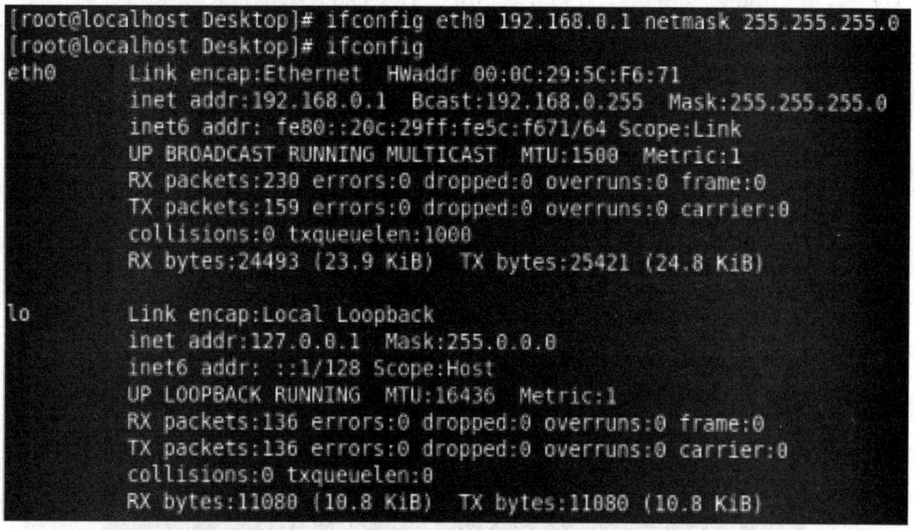

图 3-1-17　设置临时 IP

一般情况下，若只输入命令"ifconfig eth0 192.168.0.1"，子网掩码默认为"255.255.255.0"。

特殊情况下，若输入"ifconfig"命令后，只显示"lo"本地回环接口，则有可能"eth0"为非活动状态，需要激活。激活"eth0"的命令如下：

[root@localhost Desktop]# ifconfig eth0 up

或者，可以在设置"eth0"的临时 IP 地址时同步激活，命令如下：

[root@localhost Desktop]# ifconfig eth0 192.168.0.1 up

效果如图 3-1-18 所示。

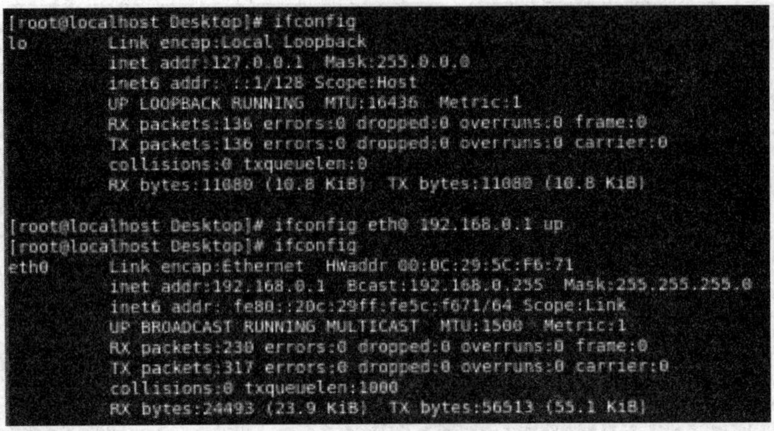

```
[root@localhost Desktop]# ifconfig
lo        Link encap:Local Loopback
          inet addr:127.0.0.1  Mask:255.0.0.0
          inet6 addr: ::1/128 Scope:Host
          UP LOOPBACK RUNNING  MTU:16436  Metric:1
          RX packets:136 errors:0 dropped:0 overruns:0 frame:0
          TX packets:136 errors:0 dropped:0 overruns:0 carrier:0
          collisions:0 txqueuelen:0
          RX bytes:11080 (10.8 KiB)  TX bytes:11080 (10.8 KiB)

[root@localhost Desktop]# ifconfig eth0 192.168.0.1 up
[root@localhost Desktop]# ifconfig
eth0      Link encap:Ethernet  HWaddr 00:0C:29:5C:F6:71
          inet addr:192.168.0.1  Bcast:192.168.0.255  Mask:255.255.255.0
          inet6 addr: fe80::20c:29ff:fe5c:f671/64 Scope:Link
          UP BROADCAST RUNNING MULTICAST  MTU:1500  Metric:1
          RX packets:230 errors:0 dropped:0 overruns:0 frame:0
          TX packets:317 errors:0 dropped:0 overruns:0 carrier:0
          collisions:0 txqueuelen:1000
          RX bytes:24493 (23.9 KiB)  TX bytes:56513 (55.1 KiB)
```

图 3-1-18　设置 eth0 的临时 IP 并激活

② 修改网关地址。

临时修改网关地址的命令为：

route add default gw IP

例如，临时修改主机网关地址为 192.168.0.254 的命令如下：

[root@localhost ~]# route add default gw 192.168.0.254

③ 修改 DNS 服务器地址。

通过命令可以将 DNS 服务器地址写入“resovl.conf”文件中，命令格式为：

echo "nameserver IP" >> /etc/resolv.conf

例如，将 DNS 服务器地址设置为“8.8.8.8”的命令如下：

[root@localhost ~]# echo "nameserver 8.8.8.8" >>/etc/resolv.conf

效果如图 3-1-19 所示。

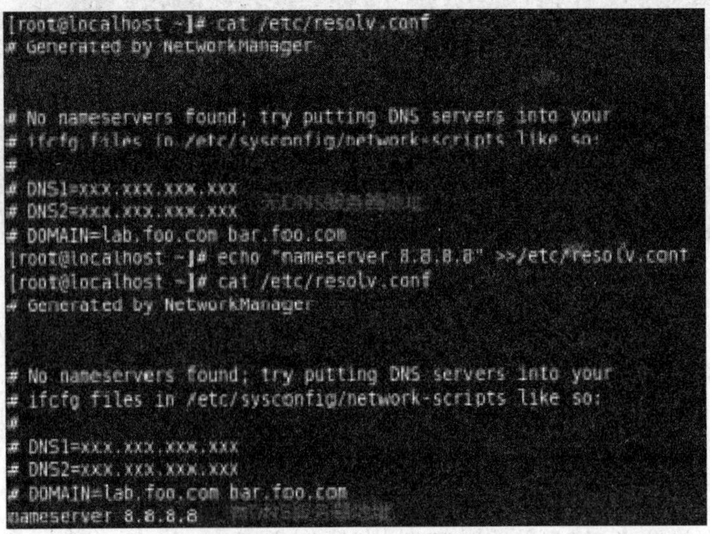

```
[root@localhost ~]# cat /etc/resolv.conf
# Generated by NetworkManager


# No nameservers found; try putting DNS servers into your
# ifcfg files in /etc/sysconfig/network-scripts like so:
#
# DNS1=xxx.xxx.xxx.xxx
# DNS2=xxx.xxx.xxx.xxx
# DOMAIN=lab.foo.com bar.foo.com
[root@localhost ~]# echo "nameserver 8.8.8.8" >>/etc/resolv.conf
[root@localhost ~]# cat /etc/resolv.conf
# Generated by NetworkManager


# No nameservers found; try putting DNS servers into your
# ifcfg files in /etc/sysconfig/network-scripts like so:
#
# DNS1=xxx.xxx.xxx.xxx
# DNS2=xxx.xxx.xxx.xxx
# DOMAIN=lab.foo.com bar.foo.com
nameserver 8.8.8.8
```

图 3-1-19　修改 DNS 服务器地址

④ 修改主机名。

hostname 命令可以查看、临时修改主机名。

查看主机名命令如下：

　　[root@localhost Desktop]# hostname

临时修改主机名为"centos"的命令如下：

　　[root@localhost Desktop]# hostname centos

以上两条命令的效果如图 3-1-20 所示。

```
[root@localhost Desktop]# hostname
localhost.localdomain
[root@localhost Desktop]# hostname centos
[root@localhost Desktop]# hostname
centos
```

图 3-1-20　查看、临时修改主机名

临时性配置指利用"ifconfig""hostname"等命令临时修改服务器的网络参数，一旦网络服务或者服务器重启，以上操作除 DNS 服务器地址的修改有效外，其他设置均会还原成初始状态。

2) 永久性配置

(1) 修改 IP 地址。

永久性配置主机 IP 地址，需要在"eth0"网络接口的配置文件 ifcfg-eth0 中设置。ifcfg-eth0 文件具体内容如图 3-1-21 所示。

```
[root@localhost ~]# cat /etc/sysconfig/network-scripts/ifcfg-eth0
DEVICE="eth0"
BOOTPROTO="dhcp"
HWADDR="00:0C:29:5C:F6:71"
IPV6INIT="yes"
NM_CONTROLLED="yes"
ONBOOT="yes"
TYPE="Ethernet"
UUID="ea21141e-a867-480b-abd1-ee739c170328"
```

图 3-1-21　eth0 配置文件

其中：

DEVICE：网络接口名称。

BOOTPROTO：IP 地址的配置方法，共有四种：none、static、bootp、dhcp，即引导时不使用协议、静态分配 IP 地址、BOOTP 协议、DHCP 协议。

HWADDR：MAC 地址。

IPV6INIT：IPV6 是否有效。

NM_CONTROLLED：Network Manger 的参数，确定修改后的参数是否实时生效，即修改后是否无需要重启网卡立即生效。

ONBOOT：系统启动的时候网络接口是否有效。

TYPE：网络类型。通常为 Ethernet。

UUID：通用唯一识别码。

若修改主机 IP 地址为 192.168.0.1，子网掩码为 255.255.255.0，其步骤如下：

① 利用 vi 命令打开 ifcfg-eth0 文件，命令如下：

　　[root@localhost ~]# vi /etc/sysconfig/network-scripts/ifcfg-eth0

② 进入编辑模式后，修改文件中"BOOTPROTO"项的值为"static"。
③ 修改文件中"IPV6INIT"项的值为"no"。
④ 在文件末尾处另起一行添加：IPADDR = 192.168.0.1。
⑤ 在文件末尾处另起一行添加：NETMASK = 255.255.255.0。
⑥ 保存并退出。
修改界面如图 3-1-22 所示。

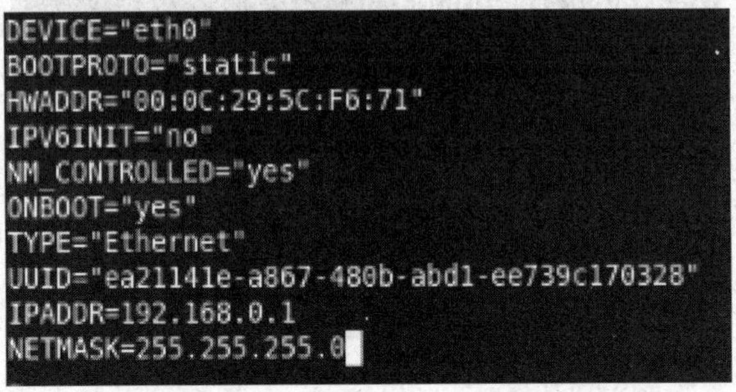

图 3-1-22　修改 eth0 配置文件

修改后，重启网络服务，命令如下：

[root@localhost ~]# service network restart

"etho"网络接口的网络参数修改效果如图 3-1-23 所示。

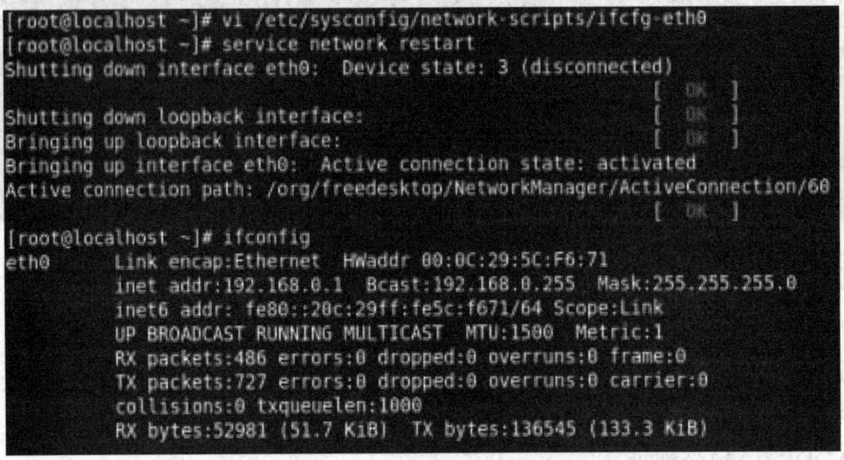

图 3-1-23　"etho"网络接口的网络参数修改效果界面

注意，服务的启动、重启、关闭以及状态查询均可以使用两种方式操作：service 命令操作和服务脚本启动：

① service 命令的基本格式如下：

Service[选项]　服务名

命令中的选项包括：启动、停止等。以网络服务为例，常用的命令有：

- [root@localhost ~]# service network start　　　//启动服务
- [root@localhost ~]# service network stop　　　//停止服务
- [root@localhost ~]# service network restart　　　//重启服务

- [root@localhost ~]# service network status　　　//查看服务状态

② 因服务脚本基本位于目录"/etc/init.d/"下，启动服务脚本的命令基本格式如下：

　　　/etc/init.d/服务脚本名称[选项]

以网络服务为例，常用的命令有：

- [root@localhost ~]# /etc/init.d/network start　　//启动服务
- [root@localhost ~]# /etc/init.d/network stop　　 //停止服务
- [root@localhost ~]# /etc/init.d/network restart　 //重启服务
- [root@localhost ~]# /etc/init.d/network status　 //查看服务状态

(2) 修改网关地址。

永久性配置网关地址，需要在 network 文件中进行修改。network 文件内容如图 3-1-24 所示。

```
[root@localhost ~]# cat /etc/sysconfig/network
NETWORKING=yes
HOSTNAME=localhost.localdomain
```

图 3-1-24　network 配置文件

其中：

NETWORKING：表示系统是否使用网络。

HOSTNAME：设置本机的主机名(应与"/etc/hosts"中设置的主机名相同)。

例如，将网关地址修改为 192.168.0.254，其步骤如下：

① 利用 vi 命令打开 network 文件。

② 进入编辑模式后，在文件末尾处另起一行添加：GATEWAY = 192.168.0.254。如图 3-1-25 所示。

③ 保存并退出。

```
NETWORKING=yes
HOSTNAME=localhost.localdomain
GATEWAY=192.168.0.254
```

图 3-1-25　添加网关地址

修改后，若未生效，可以通过"service network restart"命令重启网络服务即可。

(3) 修改主机名。

永久性配置主机名，需要修改两个文件：一个是/etc/sysconfig/network，另一个是 /etc/hosts，只修改任一个会导致系统启动异常。

在 network 文件中，主机名设置项为"HOSTNAME"，如图 3-1-25 所示；在 hosts 文件中，主机名设置项为"127.0.0.1"所在行，其中"127.0.0.1"为本地环回地址，"localhost"为主机别名，"localhost.localdomain"为主机名，如图 3-1-26 所示。

```
[root@localhost Desktop]# cat /etc/hosts
127.0.0.1   localhost localhost.localdomain
::1         localhost localhost.localdomain
```

图 3-1-26　hosts 配置文件

例如，修改主机名为"centos"，其步骤如下：

① 利用 vi 命令打开 network 文件。

② 进入编辑模式，修改文件中"HOSTNAME"项的值为"centos"后，保存并退出。

③ 利用 vi 命令打开 hosts 文件。

④ 进入编辑模式，修改文件中"localhost.localdomain"为"centos"后，保存并退出。

修改界面如图 3-1-27 所示。

```
[root@centos Desktop]# vi /etc/sysconfig/network
[root@centos Desktop]# cat /etc/sysconfig/network
NETWORKING=yes
HOSTNAME=centos
GATEWAY=192.168.0.254
[root@centos Desktop]# vi /etc/hosts
[root@centos Desktop]# cat /etc/hosts
127.0.0.1     localhost centos localhost4 localhost4.localdomain4
::1           localhost localhost.localdomain localhost6 localhost6.localdomain6
[root@centos Desktop]# hostname
centos
```

图 3-1-27　修改主机名

(4) 同时配置主机 IP 地址、子网掩码、网关以及 DNS 服务器地址。

单一网卡情况下，可以在"ifcfg-eth0"文件中同时配置主机 IP 地址、子网掩码、网关以及 DNS 服务器地址等网络参数。

例如，设置 FTP 服务器 IP 地址为 192.168.0.251，子网掩码为 255.255.255.0，网关为 192.168.0.254，DNS 服务器地址为 192.168.0.253，其步骤如下：

① 利用 vi 命令打开 ifcfg-eth0 文件。

② 进入编辑模式后，将文件中"BOOTPROTO"项的值修改为"static"。

③ 将文件中"IPV6INIT"项的值修改为"no"。

④ 在文件末尾处另起一行添加：IPADDR = 192.168.0.,251。

⑤ 在文件末尾处另起一行添加：NETMASK = 255.255.255.0。

⑥ 在文件末尾处另起一行添加：GATEWAY = 192.168.0.254。

⑦ 在文件末尾处另起一行添加：DNS1 = 192.168.0.253 (注意"DNS1"表示首选 DNS 服务器，"DNS2"为备选 DNS 服务器，若没有备选 DNS 服务器，则不用添加"DNS2")。

⑧ 保存并退出。

配置界面如图 3-1-28 所示。

```
DEVICE="eth0"
BOOTPROTO="static"
HWADDR="00:0C:29:5C:F6:71"
IPV6INIT="no"
NM_CONTROLLED="yes"
ONBOOT="yes"
TYPE="Ethernet"
UUID="ea21141e-a867-480b-abd1-ee739c170328"
IPADDR=192.168.0.251
NETMASK=255.255.255.0
GATEWAY=192.168.0.254
DNS1=192.168.0.253
```

图 3-1-28　在 ifcfg-eth0 配置文件中配置多项网络参数

修改后，利用"service network restart"命令重启网络服务即可生效。

2. 网络管理

使用服务器过程中，经常需要用到一些命令进行较复杂的网络管理，例如：网卡绑定多个 IP 地址，多个网卡共用一个 IP 地址，网络连通性测试和查看端口使用情况等。

1) 网卡绑定多个 IP 地址

可通过网卡别名的方式将多个 IP 地址绑定到一个网卡上。网卡别名为冒号加数字的形式出现，如 eht0:1。网卡绑定多个 IP 地址有两种方式：临时绑定和永久绑定。

(1) 临时绑定。通过 ifconfig 命令可以将多个 IP 地址临时绑定到一个网卡上，若网络服务或系统重启，临时绑定的 IP 地址将失效。

临时绑定的命令格式如下：

ifconfig eth0:1 IP

命令中的"eth0:1"代表在 eth0 网卡上绑定的第一个临时 IP 地址，若要绑定第二个或多个临时 IP 地址，则将冒号后的数字逐次加 1。

例如，给主机网卡绑定两个临时 IP 地址(192.168.0.250 和 192.168.0.249)，命令如下：

[root@centos Desktop]# ifconfig eth0:1 192.168.0.250

[root@centos Desktop]# ifconfig eth0:2 192.168.0.249

界面如图 3-1-29 所示。

```
[root@centos Desktop]# ifconfig eth0:1 192.168.0.250
[root@centos Desktop]# ifconfig eth0:2 192.168.0.249
[root@centos Desktop]# ifconfig
eth0      Link encap:Ethernet  HWaddr 00:0C:29:5C:F6:71
          inet addr:192.168.0.251  Bcast:192.168.0.255  Mask:255.255.255.0
          inet6 addr: fe80::20c:29ff:fe5c:f671/64 Scope:Link
          UP BROADCAST RUNNING MULTICAST  MTU:1500  Metric:1
          RX packets:567 errors:0 dropped:0 overruns:0 frame:0
          TX packets:28 errors:0 dropped:0 overruns:0 carrier:0
          collisions:0 txqueuelen:1000
          RX bytes:58755 (57.3 KiB)  TX bytes:1608 (1.5 KiB)

eth0:1    Link encap:Ethernet  HWaddr 00:0C:29:5C:F6:71
          inet addr:192.168.0.250  Bcast:192.168.0.255  Mask:255.255.255.0
          UP BROADCAST RUNNING MULTICAST  MTU:1500  Metric:1

eth0:2    Link encap:Ethernet  HWaddr 00:0C:29:5C:F6:71
          inet addr:192.168.0.249  Bcast:192.168.0.255  Mask:255.255.255.0
          UP BROADCAST RUNNING MULTICAST  MTU:1500  Metric:1
```

图 3-1-29　临时绑定多个 IP 地址

(2) 永久绑定。网卡永久绑定多个 IP 地址时，需要为每个网卡别名单独创建一个对应的配置文件，并可在配置文件里设置 IP 地址，且 IP 地址必须是静态指定的，不能使用 DHCP 获取。

例如，给主机网卡绑定两个 IP 地址：eth0:0 为 192.168.0.251；eth0:1 为 192.168.0.250。因 eth0:0 已配置完毕，则只需配置 eth0:1 即可，其步骤如下：

① 在"/etc/sysconfig/network-scripts/"目录下复制文件 ifcfg-eth0 到当前目录并改名为 ifcfg-eth0:1，如图 3-1-30 中方框处所示。(注意：在 eth0 网卡上每绑定一个地址就需要建一个对应的配置文件)

图 3-1-30　以 ifcfg-eth0 为模板增加配置文件 ifcfg-eth0:1

② 利用 vi 命令把文件 ifcfg-eth0:1 中的设备接口名称修改为"eth0:1"，IP 地址配置方式修改为"static"，IP 地址修改为"192.168.0.250"。具体修改的内容如图 3-1-31 所示，然后保存文件并退出。

图 3-1-31　修改 ifcfg-eth0:1 配置文件

③ 重启网络服务使之生效，如图 3-1-32 所示。

图 3-1-32　重启网络服务使绑定 IP 地址生效

一个网卡上绑定多个地址时，主网卡可以使用 DHCP 自动获取地址，但是绑定的 IP 地址则不能使用 DHCP 获取地址，只能设置静态 IP 地址。

2) 多个网卡共用一个 IP 地址

为实现服务器的高可用或者负载均衡，可通过 bonding 的方式实现多个网卡共用一个 IP 地址。Bonding 常用的工作模式有三种，分别为：

Mode0(balance-rr)：轮询(Round-robin)策略，以轮询的方式在每一个网卡接口上发送数据包，这种模式可提供负载均衡和容错的能力。

Mode1(active-backup)：活动–备份(热备)策略，在绑定的多个网卡中，只有一个被激活，其他的都是备用状态，当且仅当活动的接口出现问题时，会自动激活另外一个网卡接口。

Mode3(broadcast)：广播策略，在所有绑定的接口上转发所有报文，这种模式可提供容错能力。

中小型企业对服务器的要求是尽可能地采用成熟的技术提高其可用性，而以"活动–备份策略"为核心的热备技术是目前市场上相当成熟的技术之一，因此众多中小型企业在实现服务器的高可用性时，均采用 bonding 方式的 Mode1 模式。

假设主机现有两块网卡"eth0"和"eth1"，需要通过 bonding 中的 Mode1 模式实现"eth0"和"eth1"两块网卡共用一个 IP 地址"192.168.0.251"，其步骤如下：

① 若安装的操作系统为图形界面 init5 级别，先将"NetworkManager"服务关闭。因为后续绑定操作中很可能受到"NetworkManager"服务影响而导致绑定失败，关闭命令如下：

　　　[root@centos Desktop]# chkconfig NetworkManager off 　　　//关闭服务

　　　[root@centos Desktop]# chkconfig|grep NetworkManager 　　　//查看服务是否关闭

效果如图 3-1-33 所示。

```
[root@centos Desktop]# chkconfig NetworkManager off
[root@centos Desktop]# chkconfig|grep NetworkManager
NetworkManager  0:off  1:off  2:off  3:off  4:off  5:off  6:off
```

图 3-1-33 关闭"NetworkManager"服务

② 在"/etc/sysconfig/network-scripts/"目录下创建一个 bonding 的配置文件，命名为 ifcfg-bond0，并填写相关信息，如图 3-1-34 所示。

```
[root@centos Desktop]# cat /etc/sysconfig/network-scripts/ifcfg-bond0
DEVICE="bond0"
BOOTPROTO="static"
ONBOOT="yes"
TYPE="Ethernet"
IPADDR=192.168.0.251
NETMASK=255.255.255.0
GATEWAY=192.168.0.254
DNS1=192.168.0.253
BONDING_OPTS="miimon=100 mode=1"
```

图 3-1-34 创建 ifcfg-bond0 配置文件

图 3-1-34 中"BONDING_OPTS"项的"miimon"参数是用来进行链路检测的，此处

"miimon = 100" 表示系统每 100 ms 检测一次链路连接状态。如果有一条线路不通就会自动转到另一条线路；"mode" 参数代表 bonding 的模式，此处 "mode = 1" 表示选择 Mode1 模式。

③ 修改 "eth0" 和 "eth1" 两块网卡的配置文件，如图 3-1-35 所示。

```
[root@centos Desktop]# cat /etc/sysconfig/network-scripts/ifcfg-eth0
DEVICE="eth0"
BOOTPROTO="none"
ONBOOT="yes"
MASTER=bond0
SLAVE=yes
[root@centos Desktop]# cat /etc/sysconfig/network-scripts/ifcfg-eth1
DEVICE="eth1"
BOOTPROTO="none"
ONBOOT="yes"
MASTER=bond0
SLAVE=yes
```

图 3-1-35　修改网卡配置文件

图中两块网卡配置文件的"SLAVE = yes"项表示该网卡作为备用；"MASTER = bond0" 项表示使用 bond0 设备作为主用。

④ 重启网络服务，使之生效。

通过 ifconfig 命令查看绑定信息如图 3-1-36 所示。

```
[root@centos network-scripts]# ifconfig
bond0     Link encap:Ethernet  HWaddr 00:0C:29:5C:F6:71
          inet addr:192.168.0.251  Bcast:192.168.0.255  Mask:255.255.255.0
          inet6 addr: fe80::20c:29ff:fe5c:f671/64 Scope:Link
          UP BROADCAST RUNNING MASTER MULTICAST  MTU:1500  Metric:1
          RX packets:668 errors:0 dropped:0 overruns:0 frame:0
          TX packets:101 errors:0 dropped:0 overruns:0 carrier:0
          collisions:0 txqueuelen:0
          RX bytes:69374 (67.7 KiB)  TX bytes:5106 (4.9 KiB)

eth0      Link encap:Ethernet  HWaddr 00:0C:29:5C:F6:71
          UP BROADCAST SLAVE MULTICAST  MTU:1500  Metric:1
          RX packets:632 errors:0 dropped:0 overruns:0 frame:0
          TX packets:85 errors:0 dropped:0 overruns:0 carrier:0
          collisions:0 txqueuelen:1000
          RX bytes:65662 (64.1 KiB)  TX bytes:4002 (3.9 KiB)

eth1      Link encap:Ethernet  HWaddr 00:0C:29:5C:F6:71
          UP BROADCAST RUNNING SLAVE MULTICAST  MTU:1500  Metric:1
          RX packets:36 errors:0 dropped:0 overruns:0 frame:0
          TX packets:16 errors:0 dropped:0 overruns:0 carrier:0
          collisions:0 txqueuelen:1000
          RX bytes:3712 (3.6 KiB)  TX bytes:1104 (1.0 KiB)
```

图 3-1-36　查看绑定信息

从图 3-1-36 中可以看出，"bond0""eth1" 及 "eth2" 的 MAC 地址(HWaddr)均为 "00:0C:29:5C:F6:71"，且 "eth1" 和 "eth2" 均为 "SLAVE" 状态。

通过查看文件 /proc/net/bonding/bond0，如图 3-1-37 所示，可以得知 "eth1" 作为主用网卡，"eth0" 作为备用网卡。

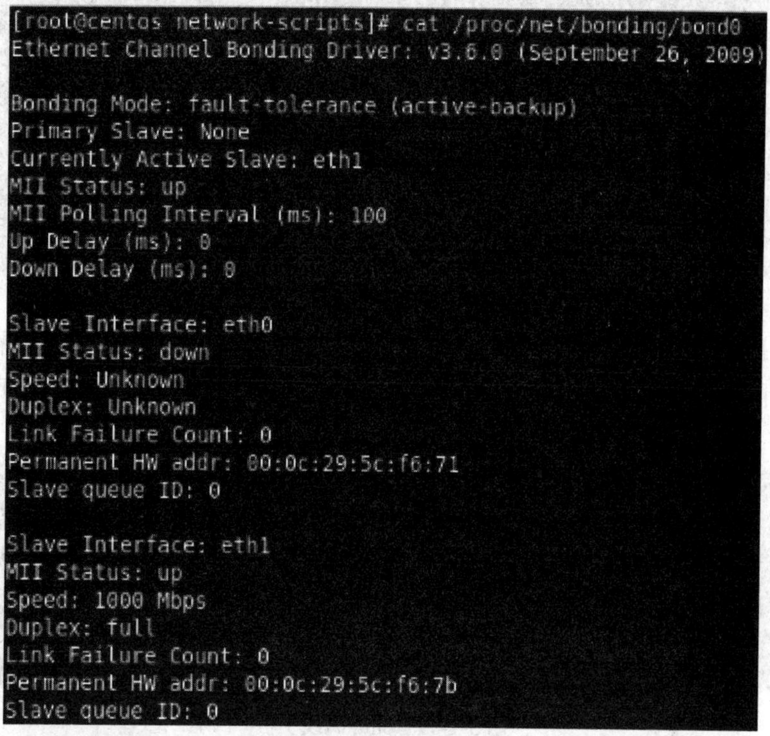

图 3-1-37　查看 bond0 文件

3) 网络连通性测试命令

在网络管理中，若要测试一台计算机是否正常连入网络，最便捷的方式是通过"ping"命令进行测试，其基本格式如下：

ping [选项]　主机名或 IP

常用选项如下：

-c count：指定被发送(或接收)的回送信号请求的数目，由 count 变量指定。

-w timeout：此选项仅和-c 选项一起才能起作用。它使 ping 命令以最长的超时时间去等待应答(发送最后一个信息包后)，默认超时时间为 4000 ms。

-r：忽略路由表，直接将数据包送到远端主机上。此选项通常用来查看本机的网络接口是否有问题。

-R：记录路由过程。Y-R 标志包括 ECHO_REQUEST 信息包中的 RECORD_ROUT 选项，并且显示返回信息包上的路由缓冲。

-v：详细显示指令的执行过程。

-q：不显示任何传送封包的信息，只显示最后的结果。

"ping"命令经常用来测试主机是否在线。通过向目标 IP 地址发送一个数据包，等待对方返回一个同样大小的数据包，根据返回的数据包可以确定目标主机的存在。若目标在线，则返回的信息包括对方 IP 地址、数据包序列号、TTL 值和所需时间等，并在末尾处显示发出数据包的总量、收到数据包的总量、数据包丢失率及所需总时间等，如图 3-1-38所示。

```
[root@centos network-scripts]# ping 192.168.0.251
PING 192.168.0.251 (192.168.0.251) 56(84) bytes of data.
64 bytes from 192.168.0.251: icmp_seq=1 ttl=64 time=0.102 ms
64 bytes from 192.168.0.251: icmp_seq=2 ttl=64 time=0.055 ms
64 bytes from 192.168.0.251: icmp_seq=3 ttl=64 time=0.032 ms
64 bytes from 192.168.0.251: icmp_seq=4 ttl=64 time=0.034 ms
^C
--- 192.168.0.251 ping statistics ---
4 packets transmitted, 4 received, 0% packet loss, time 3402ms
rtt min/avg/max/mdev = 0.032/0.055/0.102/0.029 ms
```

图 3-1-38   ping 在线主机

若目标主机不在线，则显示目标主机无法到达，且在末尾处显示发出数据包的总量、收到数据包的总量和数据包丢失率等。例如，向目标主机 192.168.0.254 发送两个数据包，但该主机不在线，结果如图 3-1-39 所示。

```
[root@centos network-scripts]# ping -c 2 192.168.0.254
PING 192.168.0.254 (192.168.0.254) 56(84) bytes of data.
From 192.168.0.251 icmp_seq=1 Destination Host Unreachable
From 192.168.0.251 icmp_seq=2 Destination Host Unreachable

--- 192.168.0.254 ping statistics ---
2 packets transmitted, 0 received, +2 errors, 100% packet loss, time 3001ms
pipe 2
```

图 3-1-39   ping 离线主机

若发现主机无法正常连通网络，可以使用"ping"命令检查主机网络连通性，通常有六个步骤：

① 使用 ifconfig 观察本地网络设置是否正确。

② ping 127.0.0.1 回送地址，检查本地的 TCP/IP 协议设置是否正确。

③ ping 本机 IP 地址，检查本机的 IP 地址设置是否有误。

④ ping 本网网关或本网 IP 地址，检查硬件设备是否有问题，也可以检查本机与本地网络连接是否正常(在非局域网中此步骤可以忽略)。

⑤ ping 本地 DNS 地址，检查 DNS 是否能够将 IP 正确解析。

⑥ ping 远程主机 IP 地址，检查本网或本机与外部的连接是否正常。

4) 网络信息检查

在网络管理过程中，需要经常检查很多网络信息，如网络连接、路由表、接口状态(Interface Statistics)、masquerade 连接、多播成员 (Multicast Memberships) 等，以便分析当前网络情况。"netstat"命令可用于列出系统上所有的网络套接字连接情况，包括 TCP、UDP 以及 Unix 套接字，另外它还能列出处于监听状态(即等待接入请求)的套接字。其基本格式如下：

netstat [选项]

常用选项如下：

-a：显示所有选项。

-t：仅显示 TCP 相关选项。

-u：仅显示 UDP 相关选项。

-n：不显示别名，能用数字表示的信息全部转化成数字。

-l：仅列出服务状态为 LISTEN 的链接。

-p：显示建立相关链接的程序名。

-r：显示路由信息和路由表。

-e：显示扩展信息，例如 UID 等。

-s：按各个协议进行统计。

-c：每隔一个固定时间，执行该 netstat 命令。

注意：LISTEN 和 LISTENING 的状态只有用"-a"或者"-l"选项才能看到。

查看端口和连接的信息时，能查看到他们对应的进程名和进程号对系统管理员来说是非常有用的。例如，某个服务开启某 TCP 端口，如果你要查看该服务是否已经启动，由哪个进程启动的，可以通过"netstat -tnlp"命令查看，界面如图 3-1-40 所示。

```
[root@centos -]# netstat -tnlp
Active Internet connections (only servers)
Proto Recv-Q Send-Q Local Address          Foreign Address        State       PID/Program name
tcp        0      0 0.0.0.0:22             0.0.0.0:*              LISTEN      1948/sshd
tcp        0      0 127.0.0.1:631          0.0.0.0:*              LISTEN      1792/cupsd
tcp        0      0 127.0.0.1:25           0.0.0.0:*              LISTEN      2072/master
tcp        0      0 :::22                  :::*                   LISTEN      1948/sshd
tcp        0      0 ::1:631                :::*                   LISTEN      1792/cupsd
tcp        0      0 ::1:25                 :::*                   LISTEN      2072/master
```

图 3-1-40　查看活动链接的端口及进程信息

从图 3-1-40 中可以看出，"sshd"进程打开了本地 22 号端口，且处于监听状态。

◇ 技能训练

训练目的：

掌握中小型企业服务器的用户配置、网络配置等基础配置的方法。

训练内容：

依据任务 3.1 中服务器用户配置和网络配置的方法，对蓝雨公司的服务器进行用户配置、网络配置等基础配置。

参考资源：

1. 中小企业服务器基础配置技能训练任务单；

2. 中小企业服务器基础配置技能训练任务书；

3. 中小企业服务器基础配置技能训练检查单；

4. 中小企业服务器基础配置技能训练考核表。

技能训练 3-1

训练步骤：

1. 学生依据蓝雨公司的实际需求，分析各服务器的用户配置、网络配置需求并制定需求清单。

2. 制定工作计划，进行服务器用户配置和网络配置。

3. 形成蓝雨公司服务器用户配置和网络配置报告。

子任务 3.1.3　CentOS 的软件源配置

根据任务描述，需要为服务器安装相关软件，以便提供相应服务。所需安装的服务项目如表 3-1-3 所示。

表 3-1-3　需要安装的服务列表

服务器类型	需要安装的服务	版本号	是否有包依赖关系
DNS 服务器	bind	bind-9.8.2-0.17.rc1.el6_4.6.x86_64	有
FTP 服务器	vsftp	vsftpd-2.2.2-11.el6_4.1.x86_64	无
Web 服务器	http	httpd-2.2.15-29.el6.centos.x86_64	有
DHCP 服务器	dhcp	dhcp-4.1.1-38.P1.el6.centos.x86_64	有
SMB 服务器	samba	samba-3.6.9-164.el6.x86_64	有
MySQL 服务器	mysql	mysql-5.1.71-1.el6.x86_64	有

1. RPM 方式安装软件

rpm 命令可以查看、安装、更新和删除软件，其基本格式如下：

rpm [选项]　软件包名

常用选项如下：

-i：安装软件包。

-v：输出信息。

-h：用#作进度标记。

-q：查询一个软件包是否被安装。

-a：列出所有的软件包，与-q 选项合用。

-U：升级一个软件包。

-e：删除软件包。

以安装 FTP 服务器为例，在配置好的主机上安装 vsftp 软件包。

1) 查询

查询系统中是否安装了 vsftp，命令如下：

　　[root@centos ~]# rpm -aq|grep vsftp

效果如图 3-1-41 所示。

```
[root@centos ~]# rpm -aq|grep vsftp
[root@centos ~]#
```

图 3-1-41　查询是否安装软件包

该命令指在所有已安装的软件包中查找带有"vsftp"字符的软件包。通过查询，系统尚未安装 vsftp。

2) 安装

将光盘中的内容挂载至"/mnt/cdrom"目录下，进入"/mnt/cdrom/Packages"目录，安装 rpm 软件包，命令如下：

    [root@centos Packages]# rpm -ivh vsftpd-2.2.2-11.el6_4.1.x86_64.rpm

效果如图 3-1-42 所示。

```
[root@centos Packages]# rpm -ivh vsftpd-2.2.2-11.el6_4.1.x86_64.rpm
warning: vsftpd-2.2.2-11.el6_4.1.x86_64.rpm: Header V3 RSA/SHA1 Signature, key I
D c105b9de: NOKEY
Preparing...                ########################################### [100%]
   1:vsftpd                 ########################################### [100%]
[root@centos Packages]#
[root@centos Packages]# rpm -aq|grep vsftp
vsftpd-2.2.2-11.el6_4.1.x86_64
```

图 3-1-42　利用 rpm 命令安装软件包

该命令指安装并显示详细安装信息，安装时输出"#"显示进度。从图 3-1-42 中可以看出，已成功安装 vsftp 软件包，且能在所有已安装的软件包中查询出其版本号。

注意：

- 安装命令必须在"/mnt/cdrom/Packages"目录下执行，否则无法安装。
- 使用 rpm 命令安装软件包时，包名称必须完整，否则无法安装。

3) 删除

若要删除 vsftp 软件包，命令如下：

    [root@centos Packages]# rpm -e vsftpd

效果如图 3-1-43 所示。

```
[root@centos Packages]# rpm -e vsftpd
[root@centos Packages]# rpm -aq|grep vsftpd
[root@centos Packages]# rpm -aq|grep vsftp
[root@centos Packages]#
```

图 3-1-43　利用 rpm 命令删除软件包

在该命令中，vsftp 软件包的包名是"vsftpd"。因此，参数必须为"vsftpd"，若写"vsftp"，系统会提示"vsftp"没有安装。命令执行后，通过查询，已无法在所有已安装的软件包中查询出其版本号。

2. YUM 方式安装软件

RPM 方式安装软件有一个最大的弊端，就是软件包之间若有一定的依赖关系，必须逐一安装依赖软件包，而 YUM 方式安装则可以解决这个问题。

yum 命令可以查看、安装、更新和删除软件，其基本格式如下：

    yum [选项] 软件包名

常用选项如下：

list：显示所有的软件包。

install：安装软件包。

yum 的使用讲解

update：更新软件包。

remove 或 erase：删除软件包。

info：查看软件包信息。

provides：查看某文件来自哪个软件包。

search：搜索指定的软件包。

clean：清空缓存。

history：查看 yum 事务日志。

以安装 DHCP 服务器为例，在配置好的主机上安装 DHCP 软件包。

1) 配置本地 yum 源

将光盘中的内容挂载至“/mnt/cdrom”目录后，配置 yum 源配置文件。yum 源配置文件位于目录“/etc/yum.repos.d”内，配置步骤如下：

① 目录“/etc/yum.repos.d”内共有四个文件，只保留文件 CentOS-Media.repo，其余三个文件均删除，如图 3-1-44 所示。

```
[root@centos ~]# cd /etc/yum.repos.d/
[root@centos yum.repos.d]# ls
CentOS-Base.repo  CentOS-Debuginfo.repo  CentOS-Media.repo  CentOS-Vault.repo
[root@centos yum.repos.d]# rm *.*
rm: remove regular file `CentOS-Base.repo'? y
rm: remove regular file `CentOS-Debuginfo.repo'? y
rm: remove regular file `CentOS-Media.repo'? n  保留该文件
rm: remove regular file `CentOS-Vault.repo'? y
[root@centos yum.repos.d]# ls
CentOS-Media.repo
```

图 3-1-44　保留文件 CentOS-Media.repo

② 打开文件 CentOS-Media.repo，修改“baseurl”项为“file:///mnt/cdrom”“enabled”项为“1”，如图 3-1-45 所示。

```
[c6-media]
name=CentOS-$releasever - Media
baseurl=file:///mnt/cdrom/
gpgcheck=1
enabled=1
gpgkey=file:///etc/pki/rpm-gpg/RPM-GPG-KEY-CentOS-6
```

图 3-1-45　修改文件 CentOS-Media.repo

③ 保存文件并退出后，检查 yum 命令可以使用的软件包，命令如下：

```
[root@centos yum.repos.d]# yum list
```

配置后，root 账户在任意目录下均可使用 yum 命令安装软件包。

2) 安装

安装 DHCP 软件包，命令如下：

```
[root@centos ~]# yum install -y dhcp
```

效果如图 3-1-46 所示。

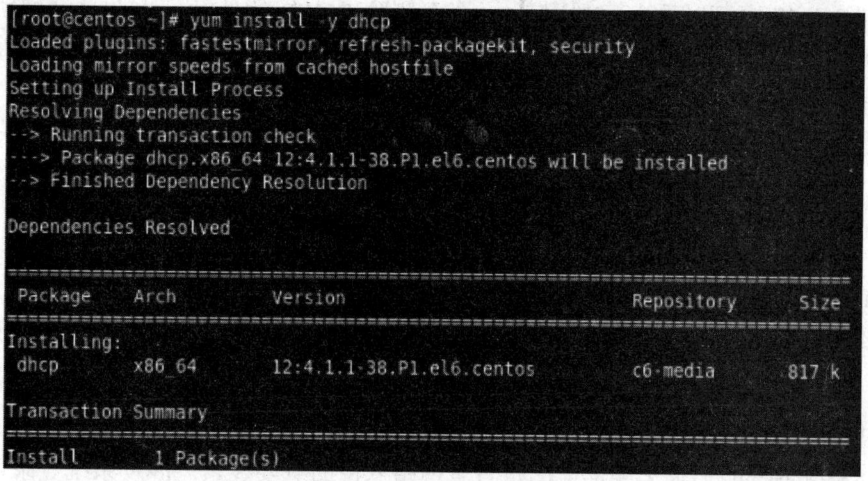

```
[root@centos ~]# yum install -y dhcp
Loaded plugins: fastestmirror, refresh-packagekit, security
Loading mirror speeds from cached hostfile
Setting up Install Process
Resolving Dependencies
--> Running transaction check
---> Package dhcp.x86_64 12:4.1.1-38.P1.el6.centos will be installed
--> Finished Dependency Resolution

Dependencies Resolved

================================================================================
 Package     Arch        Version                          Repository      Size
================================================================================
Installing:
 dhcp        x86_64      12:4.1.1-38.P1.el6.centos        c6-media       817 k

Transaction Summary
================================================================================
Install       1 Package(s)
```

图 3-1-46　安装 DHCP 软件包

该命令中的“-y”表示在安装过程中不需要回答问题，全自动安装。从图 3-1-46 中可以看出，利用 yum 命令安装 DHCP 软件包时，会自动解决包依赖问题(即 Dependencies Resolved)。

3) 删除

若要删除已安装的 DHCP 软件包，命令如下：

[root@centos ~]# yum remove dhcp

效果如图 3-1-47 所示。

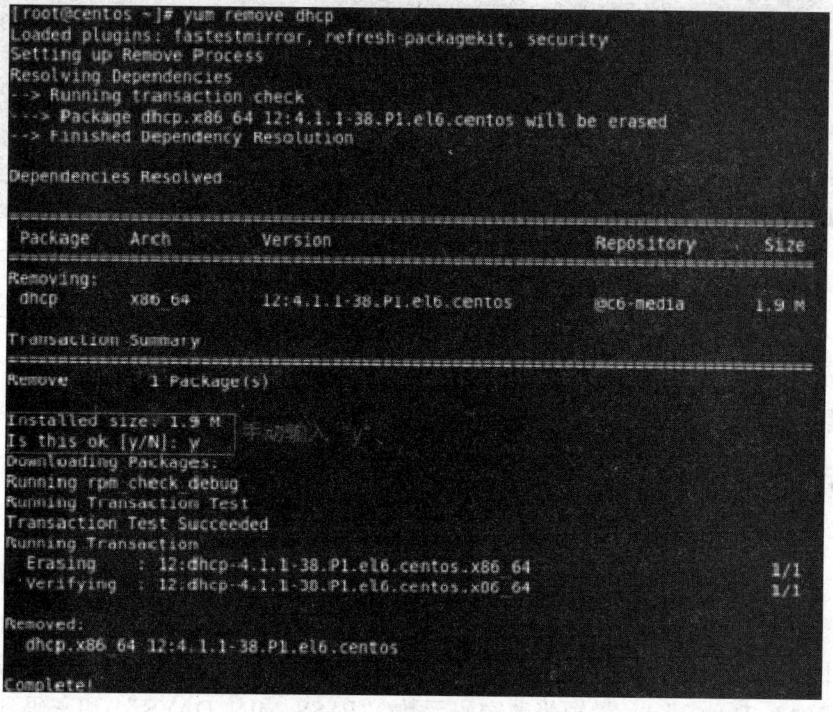

```
[root@centos ~]# yum remove dhcp
Loaded plugins: fastestmirror, refresh-packagekit, security
Setting up Remove Process
Resolving Dependencies
--> Running transaction check
---> Package dhcp.x86_64 12:4.1.1-38.P1.el6.centos will be erased
--> Finished Dependency Resolution

Dependencies Resolved

================================================================================
 Package     Arch        Version                          Repository      Size
================================================================================
Removing:
 dhcp        x86_64      12:4.1.1-38.P1.el6.centos        @c6-media      1.9 M

Transaction Summary
================================================================================
Remove        1 Package(s)

Installed size: 1.9 M
Is this ok [y/N]: y
Downloading Packages:
Running rpm_check_debug
Running Transaction Test
Transaction Test Succeeded
Running Transaction
  Erasing    : 12:dhcp-4.1.1-38.P1.el6.centos.x86_64                        1/1
  Verifying  : 12:dhcp-4.1.1-38.P1.el6.centos.x86_64                        1/1

Removed:
  dhcp.x86_64 12:4.1.1-38.P1.el6.centos

Complete!
```


图 3-1-47　删除 DHCP 软件

从图 3-1-47 中可以看出，利用 yum 命令删除 DHCP 软件时，也会自动解决包依赖问题。另外，因命令中没有“-y”项，所以在执行命令时，需要手动输入“y”才能继续执行命令。

子任务 3.1.4　CentOS 的安全配置

CentOS 6.5 系统安装后，涉及安全的一些参数的默认值都是比较保守的，可以通过禁用不必要的服务、重置防火墙规则等方式，来提高系统的安全性，以便更好地发挥系统的可用性。

1. 查看系统安全记录文件

操作系统内部的记录文件是检测是否有网络入侵的重要线索。涉及系统登录、账号修改、用户组修改、远程登录和网络连接等安全情况的记录均会保存在文件“/var/log/secure”中。因此定期查阅文件内容，可以针对潜在的安全问题采取相应的对策。

例如，在文件中查询关于“passwd”的内容，命令如下：

```
[root@centos ~]# more /var/log/secure | grep passwd
```

效果如图 3-1-48 所示。

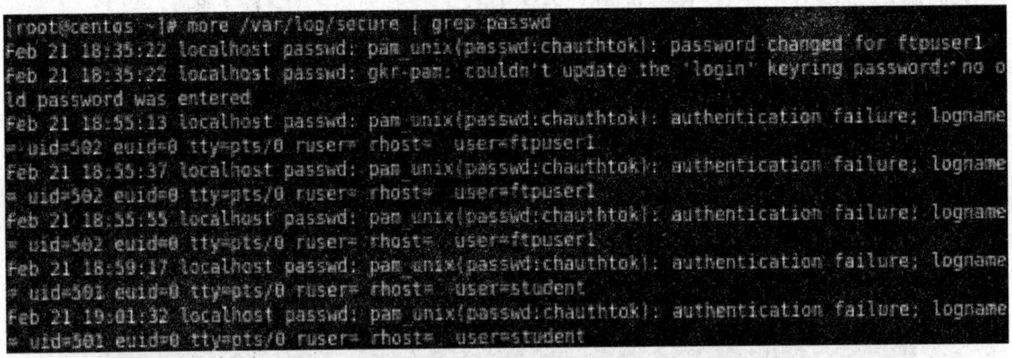

```
[root@centos ~]# more /var/log/secure | grep passwd
Feb 21 18:35:22 localhost passwd: pam_unix(passwd:chauthtok): password changed for ftpuser1
Feb 21 18:35:22 localhost passwd: gkr-pam: couldn't update the 'login' keyring password: no o
ld password was entered
Feb 21 18:55:13 localhost passwd: pam_unix(passwd:chauthtok): authentication failure; logname
= uid=502 euid=0 tty=pts/0 ruser= rhost=  user=ftpuser1
Feb 21 18:55:37 localhost passwd: pam_unix(passwd:chauthtok): authentication failure; logname
= uid=502 euid=0 tty=pts/0 ruser= rhost=  user=ftpuser1
Feb 21 18:55:55 localhost passwd: pam_unix(passwd:chauthtok): authentication failure; logname
= uid=502 euid=0 tty=pts/0 ruser= rhost=  user=ftpuser1
Feb 21 18:59:17 localhost passwd: pam_unix(passwd:chauthtok): authentication failure; logname
= uid=501 euid=0 tty=pts/0 ruser= rhost=  user=student
Feb 21 19:01:32 localhost passwd: pam_unix(passwd:chauthtok): authentication failure; logname
= uid=501 euid=0 tty=pts/0 ruser= rhost=  user=student
```

图 3-1-48　查询安全记录文件

从图 3-1-48 中可以看出，何时修改了哪个账号的密码等信息。这些信息对于管理员进行安全管理是非常有用的。

2. 修改用户登录密码的强制性要求

用户登录密码是 Linux 安全的基础。CentOS 6.5 的默认登录密码长度要求为 5 位，很容易被人破解。因此可以在系统中强制要求用户设置足够长度的登录密码，以防被轻易破解。

用户登录密码强制性设置参数在文件 /etc/login.defs 中。例如：要设置用户登录密码为 8 位，可以修改文件 /etc/login.defs 中的“PASS_MIN_LEN”项为“8”，如图 3-1-49 所示。从图中可以看出，此处不仅可以设置密码长度要求，还可以设置密码最长使用天数(“PASS_MAX_DAYS”)、最短修改密码天数(“PASS_MIN_DAYS”)和密码到期前提示天数(“PASS_WARN_AGE”)。

```
# Password aging controls:
#
#       PASS_MAX_DAYS   Maximum number of days a password may be used.
#       PASS_MIN_DAYS   Minimum number of days allowed between password changes.
#       PASS_MIN_LEN    Minimum acceptable password length.
#       PASS_WARN_AGE   Number of days warning given before a password expires.
#
PASS_MAX_DAYS   99999
PASS_MIN_DAYS   0
PASS_MIN_LEN    8
PASS_WARN_AGE   7
```

图 3-1-49　修改用户登录密码长度要求

另外，在文件/etc/login.defs 中还可以修改新建用户 UID 数值范围、新建用户组 GID 数值范围等。

3. 删除多余用户和用户组

操作系统安装完毕，会发现除了超级用户之外，还有很多伪用户及其用户组。应该禁止所有默认的不必要被操作系统本身启动的账号，如 games、operator、news、sync 等，因为账号越多，系统就越容易受到攻击。

4. 防止非授权用户获取密码文件权限

CentOS 6.5 中，用户和用户组的关键信息都存储在/etc/passwd、/etc/shadow 和/etc/group 等文件中，为了防止非授权用户获取相关文件的权限，可以使用 chattr 命令给这些文件加上不可更改的属性。

在 CentOS 6.5 中，文件的属性包括以下 8 种：

a：可以修改文件或目录中的内容，但不得删除。

b：不能更新文件或目录的最后存取时间。

c：将文件或目录压缩后存放。

d：将文件或目录排除在倾倒操作之外。

i：不得任意更改、移动文件或目录。

s：保密性删除文件或目录。

S：即时更新文件或目录。

u：预防意外删除。

chattr 命令的基本格式如下：

chattr [选项]　文件名/目录名

常用选项如下：

-R：递归处理，将指令目录下的所有文件及子目录一并处理。

-v<版本编号>：设置文件或目录版本。

-V：显示指令执行过程。

+<属性>：开启文件或目录的该项属性。

-<属性>：关闭文件或目录的该项属性。

=<属性>：指定文件或目录的该项属性。

例如，给文件 /etc/passwd 添加“不得任意更改移动文件或目录”的属性。先使用 lsattr 命令查看文件 /etc/passwd 是否具备该属性，若无，则添加。命令如下：

```
[root@centos ~]# lsattr /etc/passwd        //查看文件属性
[root@centos ~]# chattr +i /etc/passwd     //添加文件属性
```

效果如图 3-1-50 所示。

```
[root@centos ~]# lsattr /etc/passwd
-------------e- /etc/passwd
[root@centos ~]# chattr +i /etc/passwd
[root@centos ~]# lsattr /etc/passwd
----i--------e- /etc/passwd
```

图 3-1-50   查看、添加文件属性

添加该属性后，任何用户均无法更改、移动、删除该文件。

5. 关闭重启 Ctrl + Alt + Delete 组合键

关闭重启 Ctrl + Alt + Delete 组合键能防止恶意重启服务器，其步骤如下：

(1) 用 vi 打开文件 /etc/init/control-alt-delete.conf，进入编辑模式，将 "exec /sbin/shutdown -r now "Control-Alt-Delete pressd"" 项所在行项格添加 "#"，可把该行注释掉，关闭该项功能。

(2) 保存并退出。

利用 tail 命令查看是否关闭重启 Ctrl + Alt + Delete 组合键，如图 3-1-51 所示。

```
[root@centos ~]# tail -3 /etc/init/control-alt-delete.conf
start on control-alt-delete

#exec /sbin/shutdown -r now "Control-Alt-Delete pressed"
```

图 3-1-51   关闭重启 Ctrl + Alt + Delete 组合键

6. 管理 root 账号远程访问服务器

为了方便管理员在任何时候、任意地点管理服务器，CentOS 6.5 安装后，默认允许 root 账号远程访问服务器。

若不允许 root 账号远程访问服务器，可以在文件/etc/ssh/sshd_config 中进行编辑，将 "PermitRootLogin" 项设置为 "no"，修改后重新载入 SSH 配置，命令如下：

```
[root@centos ~]# /etc/init.d/sshd reload
```

若允许 root 账号远程访问服务器，则可以设置以下安全策略来保障远程登录安全：

修改 SSH 连接默认端口：在文件 /etc/ssh/sshd_config 中进行编辑，修改 "Port" 项的默认值 "22"，建议修改为 1024 之后未被其他进程占用的端口。

禁止空密码：在文件/etc/ssh/sshd_config 中进行编辑，将 "PermitEmptyPasswords" 项设置为 "no"。

修改后重新载入 SSH 配置即可生效。

7. 精简开机自启动服务

刚安装的操作系统会默认启动大量的服务，树立 "少开启一个服务，则少一分危险" 的意识，尽可能的关闭那些暂时无用的服务。一般情况，建议只开启 "crond" "network" "rsyslog" "sshd" 四个服务，后期则可根据业务需求制订自启服务。

利用 chkconfig 命令可以查询服务的状态。例如，查询当前所有服务的状态，命令如下：

```
[root@centos ~]# chkconfig --list
```

效果如图 3-1-52 所示。

```
[root@centos ~]# chkconfig --list
NetworkManager  0:off   1:off   2:off   3:off   4:off   5:off   6:off
abrt-ccpp       0:off   1:off   2:off   3:on    4:off   5:on    6:off
abrtd           0:off   1:off   2:off   3:on    4:off   5:on    6:off
acpid           0:off   1:off   2:on    3:on    4:on    5:on    6:off
atd             0:off   1:off   2:off   3:on    4:on    5:on    6:off
auditd          0:off   1:off   2:on    3:on    4:on    5:on    6:off
```

图 3-1-52　查询服务状态

从图 3-1-52 中可以看出，每项服务后均由 0～6 共 7 个选项，状态用“on”(即开启)、“off”(即关闭)表示。1~6 分别表示系统的 7 个运行级别，常用的级别为 3 和 5，即“有网络连接的多用户命令行模式”和“带图形界面的多用户模式”。

若需查看有网络连接的多用户命令行模式下开启了哪些服务，使用的命令如下：

[root@centos ~]# chkconfig --list | grep 3:on

若需关闭多余的服务(例如 NetworkManager)，可使用如下命令：

[root@centos ~]# chkconfig NetworkManager off

效果如图 3-1-53 所示。

```
[root@centos ~]# chkconfig --list | grep NetworkManager
NetworkManager  0:off   1:off   2:on    3:on    4:on    5:on    6:off
[root@centos ~]# chkconfig NetworkManager off
[root@centos ~]# chkconfig --list | grep NetworkManager
NetworkManager  0:off   1:off   2:off   3:off   4:off   5:off   6:off
```

图 3-1-53　关闭服务“NetworkManager”

8. 关闭 SELinux

SELinux 是以牺牲系统服务和驱动程序的兼容性来提高系统安全性的。在 SELinux 没有设置为“permissive”或“disabled”的情况下，有些应用程序运行可能会被拒绝，导致无法正常运行的情况，例如：如果没有正确配置某服务关联文件的安全上下文，即使 root 用户也不能启动该服务。因此，绝大多数情况下，安装 CentOS 6.5 后，可以将 SELinux 关闭，以保证系统服务和驱动程序的兼容性。

1) 查看 SELinux 的运行状态

查看 SELinux 的运行状态的命令如下：

[root@centos ~]# getenforce

效果如图 3-1-54 所示。

```
[root@centos ~]# getenforce
Enforcing
```

图 3-1-54　查看 SELinux 的运行状态

从图 3-1-54 中可以看出，输入查询命令后，系统反馈“Enforcing”，表示 SELinux 已经启用。

2) 修改 SELinux 的运行状态

修改 SELinux 的运行状态有两种方式：修改后临时生效和修改后永久生效。

① 修改后临时生效。

setenforce 命令可以临时修改 SELinux 的运行状态为"Enforcing"或"Permissive"，修改后立即生效，但重启系统后将恢复为默认状态。其命令如下：

　　　　[root@centos ~]# setenforce 0　　　　//设置为"Permissive"

　　　　[root@centos ~]# setenforce 1　　　　//设置为"Enforcing"

② 修改后永久生效。

若要修改后永久生效，需修改 SELinux 的配置文件/etc/selinux/config，将文件中"SELINUX"项修改为某个值即可(例如关闭 SELinux，则设置为"disabled")，如图 3-1-55 所示。

```
# This file controls the state of SELinux on the system.
# SELINUX= can take one of these three values:
#     enforcing - SELinux security policy is enforced.
#     permissive - SELinux prints warnings instead of enforcing.
#     disabled - No SELinux policy is loaded.
SELINUX=disabled
# SELINUXTYPE= can take one of these two values:
#     targeted - Targeted processes are protected,
#     mls - Multi Level Security protection.
SELINUXTYPE=targeted
```

图 3-1-55　修改 SELinux 的配置文件

注意：修改后需要重启系统方可生效。

9. 重置防火墙规则

防火墙作为系统安全的重要组成部分，能有效地阻止外界对服务器的非法访问。防火墙能否最大限度地保护系统，主要是防火墙规则设置是否合理。

例如，设置某台服务器允许 192.168.0.0/24 网段的终端访问；其他网段的终端均不允许访问；不允许 IP 地址为 192.168.0.2 的终端访问；只允许 IP 地址为 192.168.0.3 的终端访问 80 号端口。

通过分析防火墙规则设置要求，设置该服务器的防火墙的规则顺序为：

① 拒绝 192.168.0.2 访问。

② 只允许 192.168.0.3 访问端口 80。

③ 192.168.0.0/24 网段均允许访问。

④ 拒绝非 192.168.0.0/24 网段访问。

防火墙的
基础配置讲解

在以上规则顺序制约下，任意一个数据包进入防火墙后，会先匹配规则 A，如果符合规则 A 则执行，否则继续匹配规则 B；如果符合规则 B 则执行，否则继续匹配规则 C……依次判断，直至符合某一规则后执行。一旦执行，无论是否有后续规则，均忽略。

分析完防火墙的规则设置顺序和要求后，即可通过 iptables 命令实施。

iptables 命令可以查看、添加、修改、删除防火墙规则，其基本格式如下：

iptables -t 表名 [选项] 链名 条件匹配 -j 目标动作或跳转

格式中的表名、链名用于指定 iptables 命令所操作的表和链。选项用于指定管理 iptables 规则的方式，例如插入、增加、删除和查看等；条件匹配用于指定对符合什么样条件的数据包进行处理；目标动作或跳转用于指定数据包的处理方式，如允许通过、拒绝、丢弃、跳转(Jump)给其他链处理。

常用选项如下：

-A：在指定链的末尾添加(append)一条新的规则。

-D：删除(delete)指定链中的某一条规则，可以按规则序号和内容删除。

-I：在指定链中插入(insert)一条新的规则，默认在第一行添加。

-R：修改、替换(replace)指定链中的某一条规则，可以按规则序号和内容替换。

-L：列出(list)指定链中所有的规则。

-F：清空(flush)。

-N：新建(new-chain)一条用户自己定义的规则链。

-X：删除指定表中用户自定义的规则链(delete-chain)。

-P：设置指定链的默认策略(policy)。

-n：使用数字形式(numeric)显示输出结果。

-v：查看规则表详细信息(verbose)的信息。

-V：查看版本(version)。

-h：获取帮助(help)信息。

目标动作即处理数据包的方式有四种。

① ACCEPT：允许数据包通过。

② DROP：直接丢弃数据包，不给出任何回应信息。

③ REJECT：拒绝数据包通过，必要时给数据发送端一个响应的信息。

④ LOG：在 /var/log/messages 文件中记录日志信息，然后将数据包传递给下一条规则。

1) 查看防火墙默认规则

设置防火墙规则之前，可以先查看防火墙默认规则，命令如下：

[root@centos ~]# iptables -L –n

查看的界面如图 3-1-56 所示。

```
[root@centos ~]# iptables -L -n
Chain INPUT (policy ACCEPT)
target     prot opt source               destination
ACCEPT     all  --  0.0.0.0/0            0.0.0.0/0           state RELATED,ESTABLISHED
ACCEPT     icmp --  0.0.0.0/0            0.0.0.0/0
ACCEPT     all  --  0.0.0.0/0            0.0.0.0/0
ACCEPT     tcp  --  0.0.0.0/0            0.0.0.0/0           state NEW tcp dpt:22
REJECT     all  --  0.0.0.0/0            0.0.0.0/0           reject-with icmp-host-prohibited

Chain FORWARD (policy ACCEPT)
target     prot opt source               destination
REJECT     all  --  0.0.0.0/0            0.0.0.0/0           reject-with icmp-host-prohibited

Chain OUTPUT (policy ACCEPT)
target     prot opt source               destination
```

图 3-1-56　查看防火墙规则

从图 3-1-56 中可以看出，目前防火墙设置了“INPUT”“FORWARD”和“OUTPUT”三个链的基本规则。因默认规则太简单，在重置防火墙规则前，可以清空防火墙规则，命令如下：

　　　[root@centos ~]# iptables -F　　　　　//清除预设表 filter 中所有规则链的规则

　　　[root@centos ~]# iptables -X　　　　　//清除预设表 filter 中用户自定义链中的规则

保存设置后，重启 iptables 服务，命令如下：

　　　[root@centos ~]# service iptables save　　　　//保存 iptables 配置

　　　[root@centos ~]# service iptables restart　　　//重启 iptables 服务

重启服务后通过"iptables -L -n"命令再次查看，发现默认规则均删除。

2) 配置防火墙 Filter 表规则

　　防火墙 Filter 表规则均保存在配置文件/etc/sysconfig/iptables 中，如图 3-1-57 所示。防火墙 Filter 表规则的配置、修改，可以在文件中操作，也可以通过 iptables 命令直接操作。此处均以 iptables 命令操作为例。

```
[root@centos Desktop]# cat /etc/sysconfig/iptables
# Firewall configuration written by system-config-firewall
# Manual customization of this file is not recommended.
*filter
:INPUT ACCEPT [0:0]
:FORWARD ACCEPT [0:0]
:OUTPUT ACCEPT [0:0]
-A INPUT -m state --state ESTABLISHED,RELATED -j ACCEPT
-A INPUT -p icmp -j ACCEPT
-A INPUT -i lo -j ACCEPT
-A INPUT -m state --state NEW -m tcp -p tcp --dport 22 -j ACCEPT
-A INPUT -j REJECT --reject-with icmp-host-prohibited
-A FORWARD -j REJECT --reject-with icmp-host-prohibited
COMMIT
```

图 3-1-57　防火墙配置文件的 Filter 表规则

① 设定预设规则。

清空防火墙默认规则后，先预设默认规则：

· INPUT 链最终处理规则为不允许进入，如有服务允许进入，则后续配置。

· OUTPUT 链最终处理规则为允许发出，如有服务不允许发出，则后续配置。

· FORWARD 链最终处理规则为不允许转发，如有服务允许转发，则后续配置。

其命令如下：

　　　[root@centos Desktop]# iptables -P INPUT DROP

　　　[root@centos Desktop]# iptables -P OUTPUT ACCEPT

　　　[root@centos Desktop]# iptables -P FORWARD DROP

② 开启 22 号端口。

为方便管理员随时随地安全地访问服务器，可以开启 TCP 的 22 号端口，允许通过 SSH 远程连接。其命令如下：

　　　[root@centos Desktop]# iptables -A INPUT -p tcp --dport 22 -j ACCEPT

命令中"-A INPUT"表示在 INPUT 链的末尾处新增一条规则；"-p tcp"表示指定协议，"-p"代表 protocol，"tcp"代表 TCP 协议(因 SSH 使用 TCP 协议传输数据，此处须指定协议为 TCP，若要指定协议为 UDP 协议，则该选项为"-p udp")，"--dport 22"表示指定目标端口，"--dport"代表目标端口，"22"代表 SSH 进程所使用的端口号(若要表示源端口，则为"--sport"），"-j ACCEPT"表示执行 ACCEPT 动作。

注意：若 OUTPUT 链基本规则为 DROP，则需要添加命令"iptables -A OUTPUT -p tcp --sport 22 -j ACCEPT"，允许 SSH 通过 22 号端口发出数据包。

若要关闭 22 号端口，则命令为：

　　　　[root@centos Desktop]# iptables -D INPUT -p tcp --dport 22 -j ACCEPT

③ 开启常用端口。

为保障服务器正常使用，可以开启常用服务所需要的端口，如 Web 服务对应的 80 端口，FTP 服务对应的 20、21 端口，DNS 服务对应的 53 端口等，命令如下：

　　　　[root@centos Desktop]# iptables -A INPUT -p tcp --dport 80 -j ACCEPT

　　　　[root@centos Desktop]# iptables -A OUTPUT -p tcp --sport 80 -j ACCEPT

　　　　[root@centos Desktop]# iptables -A INPUT -p tcp --dport 20 -j ACCEPT

　　　　[root@centos Desktop]# iptables -A INPUT -p tcp --dport 21 -j ACCEPT

　　　　[root@centos Desktop]# iptables -A INPUT -p tcp --dport 25 -j ACCEPT

　　　　[root@centos Desktop]# iptables -A INPUT -p udp --dport 53 -j ACCEPT

若后续需要增加某项服务，均可使用 iptables 命令将该服务所需要的端口开放。

④ 允许 ping 和环回地址测试。

为了方便使用 ping 命令测试主机是否在线，应允许 icmp 协议通过防火墙，命令如下：

　　　　[root@centos Desktop]# iptables -A INPUT -p icmp -j ACCEPT

注意：若 OUTPUT 链基本规则为 DROP，则需要添加命令"iptables -A OUTPUT -p icmp -j ACCEPT"。

若只允许本机 ping 其他终端，不允许其他终端 ping 本机，命令如下：

　　　　[root@centos Desktop]# iptables -A INPUT -p icmp --icmp-type 0 -j ACCEPT

命令中"--icmp-type 0"表示 ping 命令的 echo-reply(报头代码为 0)数据包。

允许 loopback 环回地址测试，命令如下：

　　　　[root@centos Desktop]# iptables -A INPUT -i lo -p all -j ACCEPT

命令中"-i lo"表示指定接收数据的网卡接口类型为本地环回接口，其中"-i"表示指定接收数据的网卡接口类型。若要指定发送数据的网卡接口类型，则为"-o"；"lo"表示本地环回接口。

注意：若 OUTPUT 链基本规则为 DROP，则需要添加命令"iptables -A OUTPUT -o lo -p all -j ACCEPT"。

⑤ 允许指定 IP 地址或 IP 网段远程连接。

为了安全起见，允许管理员通过 SSH 远程连接时，可以指定其 IP 地址或 IP 网段，如允许管理员通过 IP 地址为 192.168.0.5 的终端进行远程连接，命令如下：

　　　　[root@centos ~]# iptables -A INPUT -s 192.168.0.5 -p tcp --dport 22 -j ACCEPT

命令中"-s 192.168.0.5"表示指定源 IP 地址为 192.168.0.5，其中"-s"表示指定源 IP 地址，若要指定目标 IP 地址，则为"-d"。

如允许管理员通过 IP 网段为 192.168.0.0/24 的终端进行远程连接，命令如下：

　　　　[root@centos ~]# iptables -A INPUT -s 192.168.0.0/24 -p tcp --dport 22 -j ACCEPT

若需要允许指定网段经指定的网卡接口，通过 SSH 连接服务器，例如允许管理员通过网段为 192.168.0.0/24 的终端经 eth0 网卡远程 SSH 连接本服务器，命令如下：

    [root@centos ~]# iptables -A INPUT -i eth0 -p tcp -s 192.168.0.0/24 --dport 22 -m
state --state NEW,ESTABLESHED -j ACCEPT

    [root@centos ~]# iptables -A OUTPUT -o eth0 -p tcp --sport 22 -m state --state
ESTABLISHED -j ACCEPT

    [root@centos ~]# iptables -A INPUT -i eth0 -p tcp -s 192.168.0.0/24 --dport 22 -m
state --state ESTABLESHED -j ACCEPT

    [root@centos ~]# iptables -A OUTPUT -o eth0 -p tcp --sport 22 -m state --state NEW,
ESTABLISHED -j ACCEPT

以上四条命令中，"-m state --state NEW，ESTABLESHED"表示当连接状态为初始化和联机成功的时候；"-m state --state ESTABLESHED"表示当连接状态为联机成功的时候。

"-m state --state"参数后面可以连接四种状态。

- INVALID：无效的封包，例如数据破损的封包状态。
- ESTABLISHED：已经联机成功的联机状态。
- NEW：想要新建立联机的封包状态。
- RELATED：表示这个封包与主机发送出去的封包有关，可能是响应封包或者是联机成功之后的传送封包。此状态经常被使用。因为设定后，后续由本机发送出去的封包可以忽略 INPUT 规则进入主机，简化了防火墙规则的复杂性。

⑥ 设定转发功能。

若本机具有双网卡，则应开启转发功能，防止双网卡之间无法相互通信，命令如下：

    [root@centos ~]# iptables -A FORWARD -i eth0 -o eth1 -m state --state RELATED，
ESTABLISHED -j ACCEPT

    [root@centos ~]#iptables -A FORWARD -i eth1 -o eh0 -j ACCEPT

⑦ 丢弃非法连接。

丢弃非法连接指丢弃状态为"INVALID"的无效数据封包，命令如下：

    [root@centos ~]# iptables -A INPUT -m state --state INVALID -j DROP

    [root@centos ~]# iptables -A OUTPUT -m state --state INVALID -j DROP

    [root@centos ~]# iptables -A FORWARD -m state --state INVALID -j DROP

⑧ 允许所有已经建立连接的相关连接通过防火墙。

若已建立连接，则基于该连接的后续数据包应允许通过防火墙，避免数据传输被中断。同时，因某些服务建立连接后，会启用相关连接，如 FTP 服务控制连接是 21 号端口，数据连接是 20 号端口，一旦用户登录认证通过，FTP 服务器会自动打开 20 号端口与客户端建立数据连接并传输数据，所以应允许基于已建立连接的相关连接通过防火墙。命令如下：

    [root@centos ~]# iptables -A INPUT -m state --state ESTABLISHED, RELATED
-j ACCEPT

    [root@centos ~]# iptables -A OUTPUT -m state --state ESTABLISHED, RELATED
-j ACCEPT

⑨ 阻止某个 IP 地址访问服务器。

若要阻止 IP 地址为 192.168.0.2 的终端通过防火墙，命令如下：

```
[root@centos ~]# iptables -A INPUT -p tcp -s 192.168.0.2 -j DROP
```
⑩ 限定条件通过防火墙。

若要允许 IP 地址为 192.168.0.3 的终端通过防火墙，但只能访问特定的 80 号端口，命令如下：

```
[root@centos ~]# iptables -A INPUT -p tcp -s 192.168.0.3 -dport 80 -j ACCEPT
[root@centos ~]# iptables -A INPUT -p tcp -s 192.168.0.3 -j DROP
```

因该终端只能访问服务器的 80 号端口，所以先允许该终端访问 80 号端口，再设置该终端不允许访问服务器。一旦该终端尝试与非 80 号端口连接，防火墙则会拒绝连接。

3) 配置防火墙 NAT 表规则

因大部分服务器与外网连接时，均采用 NAT 方式，以节省 IPv4 地址资源并隐藏本机内网 IP 地址，防止外网攻击，所以在配置防火墙时，也需要对 NAT 表规则进行配置。

(1) 查看 NAT 表规则。

在配置 NAT 表规则之前，可以查看默认的 NAT 表规则，命令如下：

```
[root@centos ~]# iptables -t nat -L
```
界面如图 3-1-58 所示。

```
[root@centos ~]# iptables -t nat -L
Chain PREROUTING (policy ACCEPT)
target     prot opt source               destination

Chain POSTROUTING (policy ACCEPT)
target     prot opt source               destination

Chain OUTPUT (policy ACCEPT)
target     prot opt source               destination
```

图 3-1-58 查看 NAT 表默认规则

从图 3-1-58 中可以看出，NAT 表中没有任何自定义规则，默认三个链的规则均为 ACCEPT。若有自定义规则，则需先清空 NAT 表，命令如下：

```
[root@centos ~]# iptables -F -t nat
[root@centos ~]# iptables -X -t nat
[root@centos ~]# iptables -Z -t nat
```

(2) 局域网共享上网。

若有两台服务器，一台为双网卡并连接了内、外网，另一台为单网卡并连接了内网。通过对连接了内、外网的服务器的 NAT 表规则设置，可以实现局域网共享上网。

例如：双网卡服务器的外网 IP 地址为 123.221.20.11，内网 IP 地址为 192.168.0.100，单网卡服务器的内网 IP 地址为 192.168.0.101，其步骤如下：

① 在双网卡服务器上设置 iptables 规则，命令如下：

```
[root@centos ~]# iptables -t nat -A POSTROUTING -s 192.168.0.101 -j SNAT --to
123.221.20.11
```

命令中 "-t nat" 表示设定 NAT 表的规则；"-A POSTROUTING" 表示在表的末尾处新增一条数据包进入路由表之前的规则；"-s 192.168.0.101" 表示需要转换的源 IP 地址为

192.168.0.101；"-j SNAT --to 123.221.20.11"表示执行源目标地址转换动作，将 IP 地址转换为 123.221.20.11。

② 检查双网卡服务器是否开启内核转发功能，命令如下：

[root@centos ~]# sysctl -a |grep 'net.ipv4.ip_forward'

效果如图 3-1-59 所示。

```
[root@centos ~]# sysctl -a |grep 'net.ipv4.ip_forward'
net.ipv4.ip forward = 0
```

图 3-1-59　检查系统是否打开内核转发功能

在图 3-1-59 中可以看出，"net.ipv4.ip forward = 0"表示尚未打开内核转发功能，故必须修改配置文件"/etc/sysctl.conf"，将"net.ipv4.ip forward"项设置为"1"。修改后运行命令"sysctl -p"即可。

③ 在单网卡服务器上，设置其网关 IP 地址为 192.168.0.100 后，重启网络服务即可。

4) 配置规则生效

防火墙各项规则配置完毕，应先保存配置再重启服务，命令如下：

[root@centos ~]# service iptables save　　　　#保存配置

[root@centos ~]# service iptables restart　　　#重启服务

界面如图 3-1-60 所示。

```
[root@centos ~]# service iptables save
iptables: Saving firewall rules to /etc/sysconfig/iptables:[  OK  ]
[root@centos ~]# service iptables restart
iptables: Setting chains to policy ACCEPT: nat filter      [  OK  ]
iptables: Flushing firewall rules:                         [  OK  ]
iptables: Unloading modules:                               [  OK  ]
iptables: Applying firewall rules:                         [  OK  ]
```

图 3-1-60　保存配置并重启 iptables 服务

◇ 技能训练

训练目的：

掌握中小型企业服务器的软件源配置、安全配置等基础配置的方法。

训练内容：

依据任务 3.1 中服务器软件源配置和安全配置的方法，对蓝雨公司的服务器进行软件源配置、安全配置等基础配置。

测验习题

参考资源：

1. 中小企业服务器软件源配置、安全配置技能训练任务单；
2. 中小企业服务器软件源配置、安全配置技能训练任务书；
3. 中小企业服务器软件源配置、安全配置技能训练检查单；
4. 中小企业服务器软件源配置、安全配置技能训练考核表。

技能训练 3-2

训练步骤：

1. 学生依据蓝雨公司的实际需求，分析各服务器的软件源配置、安全配置需求并制定需求清单。

2. 制定工作计划，进行服务器软件源配置和安全配置。

3. 形成蓝雨公司服务器软件源配置和安全配置报告。

任务 3.2　DNS 服务器的配置与管理

【任务描述】

根据公司信息化基础服务群组建设的需求，了解 CentOS 6.5 中和 DNS 服务器的配置与管理相关的知识，掌握主域名服务器、辅助域名服务器的配置与管理方法。

【问题引导】

1. 什么是 DNS？
2. DNS 的工作原理是什么？
3. DNS 服务器由什么组件构成？

【知识学习】

1. DNS

DNS(Domain Name System，域名系统)，是万维网上作为域名和 IP 地址相互映射的一个分布式数据库，能够使用户更方便地访问互联网，而不用去记住能够被机器直接读取的 IP 数串。通过域名，得到该域名对应的 IP 地址的过程叫做域名解析(或主机名解析)。DNS 协议运行在 UDP 协议之上，使用端口号 53。

在互联网中，访问某台主机只能通过其在网络中的唯一身份标识——IP 地址才能访问。为了避免记忆大量的、无关联的 IP 数串，每个 IP 地址有一个主机名，主机名由一个或多个字符串组成，字符串之间用小数点隔开。有了主机名，就只要记住相对直观有意义的主机名就行了。这就是 DNS 协议所要完成的功能。

例如，我们访问提供万维网服务的服务器(如新浪网)时，在浏览器的地址栏中输入的是一组字符串(www.sina.com.cn)，而不是该服务器的 IP 地址；当我们使用 ping 命令测试一个网站的服务器是否在线时，ping 命令的参数是该网站的域名，但返回的信息是该网站服务器的 IP 地址，如图 3-2-1 所示。访问过程中的域名与 IP 地址转换是依靠 DNS 完成的。

```
[root@centos Desktop]# ping www.sina.com.cn
PING spool.grid.sinaedge.com (183.232.24.222) 56(84) bytes of data.
64 bytes from 183.232.24.222: icmp_seq=1 ttl=52 time=18.1 ms
64 bytes from 183.232.24.222: icmp_seq=2 ttl=52 time=17.3 ms
64 bytes from 183.232.24.222: icmp_seq=3 ttl=52 time=16.8 ms
64 bytes from 183.232.24.222: icmp_seq=4 ttl=52 time=17.5 ms
```

图 3-2-1　ping 网站域名

DNS 在互联网体系中有着重要的作用：从技术角度看，DNS 解析是互联网绝大多数应用的实际寻址方式，域名技术的再发展以及基于域名技术的多种应用，丰富了互联网应用和协议；从资源角度看，域名是互联网上的身份标识，并且是唯一标识资源。

2. DNS 的结构

由于因特网的用户较多，所以 DNS 采用的是树状层次结构，如图 3-2-2 所示。

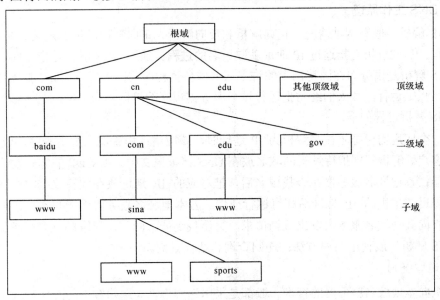

图 3-2-2　DNS 分层结构

根据 DNS 的层次结构，任何一个连接在因特网上的主机或路由器，都有一个唯一的层次结构的名字，即域名(Domain Name)。其中，"域"(Domain)是名字空间中一个可被管理的划分。

DNS 的层级名称及含义如表 3-2-1 所示。

表 3-2-1　DNS 的层级名称及含义

层 级 名 称	代 表 意 义
com	商业机构(commercial organization)
edu	教育机构(educational institution)
net	网络服务机构(networking organization)
cn	中国
gov	政府机构(government)

从语法上讲，每一个域名都是由标号(label)序列组成，而各标号之间用小数点"."隔开。如新浪网的域名 **www.sina.com.cn**，"cn"代表顶级域名，"com"代表二级域名，"sina"代表子域名，而"www"则表示主机名。

DNS 规定，域名中的标号都由英文和数字组成。每一个标号不超过 63 个字符(为了记忆方便，一般不会超过 12 个字符)，也不区分大小写字母，标号中除连字符"-"外不能使用其他的标点符号。主机名或级别最低的域名写在最左边，级别最高的域名写在最右边。由多个标号组成的完整域名总共不超过 255 个字符。DNS 没有规定一个域名需要包含多少个下级域名，也没有每一级域名代表什么意思。各级域名由其上一级的域名管理机构管理，而顶级域名则由 ICANN 进行管理。这种方法可使每一个域名在整个互联网范围内是唯一的，并且也容易设计出一种查找域名的机制。

3. DNS 工作原理

DNS 解析一般有两种情况：正向解析和反向解析。正向解析是指通过域名获取 IP 地址的过程；反向解析是指通过 IP 地址获取域名的过程。通常 DNS 解析是指正向解析。

DNS 解析是由分布在因特网上的许多域名服务器程序共同完成的。域名服务器程序在专设的结点上运行，故人们经常把运行域名服务器程序的机器称为 DNS 服务器。

DNS 解析过程如下：

当一个应用需要把主机名解析为 IP 地址时，该应用进程就调用解析程序，成为 DNS 的一个客户。解析程序把待解析的域名放在 DNS 请求报文中，以 UDP 的方式发给本地域名服务器；本地域名服务器在查找域名后，把对应的 IP 地址放在回答报文中返回；应用程序获得目的主机的 IP 地址后即可进行通信。若本地域名服务器不能回答该请求，则会代替客户向其他域名服务器发出查询请求，直至找到能够回答该请求的域名服务器为止。

DNS 解析一般使用两种方法：递归查询和迭代查询。

1) 递归查询

主机向本地域名服务器的查询一般都是采用递归查询。递归查询的工作流程是：若主机所询问的本地域名服务器不知道被查询域名的 IP 地址，那么本地域名服务器就以 DNS 客户的身份，向其他根域名服务器继续发出查询请求报文(即替主机继续查询)，而不是让主机自己进行下一步查询。因此，递归查询返回的查询结果或者是所要查询的 IP 地址，或者是报错(表示无法查询到所需的 IP 地址)。

2) 迭代查询

本地域名服务器向根域名服务器的查询一般都是采用迭代查询。迭代查询的特点：当根域名服务器收到本地域名服务器发出的迭代查询请求报文时，要么给出所要查询的 IP 地址，要么告诉本地域名服务器："你下一步应当向哪一个域名服务器进行查询"，然后让本地服务器进行后续的查询。根域名服务器通常是把自己知道的顶级域名服务器的 IP 地址告诉本地域名服务器，让本地域名服务器再向顶级域名服务器查询；顶级域名服务器在收到本地域名服务器的查询请求后，要么给出所要查询的 IP 地址，要么告诉本地服务器下一步应当向哪一个权限域名服务器进行查询；最后，知道了所要解析的 IP 地址或报错后，将结果返回给发起查询的主机。

4. DNS 服务系统组成

DNS 服务系统并不是由一台单一的服务器构成，它包括：主 DNS 服务器、辅助 DNS 服务器。在 DNS 服务系统中，还包括：DNS 子域、DNS 转发器等概念。

1) 主 DNS 服务器和辅助 DNS 服务器

根据 DNS 的层次结构，若每一个节点都采用一个域名服务器，会导致域名服务器的数量太多，从而使域名服务器系统的运行效率降低。所以在 DNS 中，要采用划区的方法。一个服务器所负责管辖的范围叫做区(zone)。可以依据具体情况来划分某台服务器管辖的区，但在一个区中的所有节点必须是能够连通的。每一个区设置相应的权限域名服务器，用来保存该区所有主机域名到 IP 地址的映射。因此，DNS 服务器的管辖范围不是以"域"为单位，而是以"区"为单位。区是 DNS 服务器实际管辖的范围。

为保证服务的高可用性，DNS 要求使用多台名称服务器冗余支持每个区。

某个区域的资源记录通过手动或自动方式更新到单个主域名服务器(称为主 DNS 服务器)上，主 DNS 服务器可以是一个或几个区域的权限域名服务器。

其他冗余域名服务器(称为辅助 DNS 服务器)用作同一区域中主 DNS 服务器的备份 DNS 服务器，以防主服务器无法访问或宕机导致域名解析服务失效。辅助 DNS 服务器定期与主 DNS 服务器通讯，确保它的区域信息保持最新。如果不是最新信息，辅助 DNS 服务器就会从主 DNS 服务器获取最新区域数据文件的副本。这种将区域文件复制到多台名称服务器的过程称为区域复制。

2) DNS 子域和 DNS 子域委派

DNS 服务器不仅可以为属于本域的客户端用户提供解析服务，也可以授权给某个域，让它也可以为其他域提供相应的 DNS 解析服务，称为子域授权。

DNS 子域委派的作用是为了方便管理，提高 DNS 的解析性能，实现通信负载平衡。

3) DNS 转发器

根服务只有 13 个，如果 DNS 的查询全部都发送到根服务器效率就比较低。启动 DNS 转发器后，DNS 若遇到本机不能解析的查询，就向 DNS 转发器请求查询。DNS 转发器一般是指比较大的 DNS 服务器，这些服务器通常接受大量的 DNS 查询操作，比如电信的核心 DNS。

4) 资源记录

资源记录记载了 DNS 域中服务器的信息，包括授权记录、名称服务器记录、地址资源记录以及 MX 资源记录等。

① SOA 资源记录。

每个区的开始处都包含了一个起始授权记录(Start of Authority Record)，简称 SOA 记录。SOA 定义了域的全局参数，进行整个域的管理设置。一个区域文件只允许有唯一的 SOA 记录。

② NS 资源记录。

NS(名称服务器)资源记录指定该区的授权服务器。他们表示 SOA 资源记录中指定的该区主、辅助服务器，也指定任何授权区的服务器。每个区根处至少包含一个 NS 记录。

③ A 资源记录。

A(地址)资源记录把 FQDN(Fully Qualified Domain Name，全限定域名，同时带有主机名和域名的名称)映射到 IP 地址，使解析器能查询 FQDN 对应的 IP 地址。

④ PTR 资源记录。

相对于 A 资源记录，PTR(指针)记录把 IP 地址映射到 FQDN。

⑤ CNAME 资源记录。

CNAME(规范名字)资源记录创建特定 FQDN 的别名。用户可以使用 CNAME 记录来隐藏用户网络的实现细节，使连接的客户机无法知道这些细节。

⑥ MX 资源记录。

　　MX(邮件交换)资源记录为 DNS 域名指定邮件交换服务器。邮件交换服务器是为 DNS 域名处理或转发邮件的主机。处理邮件指把邮件投递到目的地或转交另一不同类型的邮件传送者。转发邮件指把邮件发送到最终目的服务器。

子任务 3.2.1　DNS 服务的安装与基础配置

　　根据任务描述，完成服务器基础配置后，要给 DNS 服务器安装 DNS 服务并进行基础设置，才能为内网客户端提供 DNS 解析服务。DNS 解析服务要求如表 3-2-2 所示。

表 3-2-2　DNS 解析服务

域　名	IP 地址	备　注
ftp.lanyu.com	192.168.0.251	公司 FTP 服务器网址
www.lanyu.com	192.168.0.250	公司网站地址
oa.lanyu.com	192.168.0.2	公司 OA 系统网址
xsb1.lanyu.com	192.168.0.3	公司销售部 1 组网址
xsb2.lanyu.com	192.168.0.3	公司销售部 2 组网址

1. DNS 常用命令

　　(1) dig 命令是一个功能强大的 DNS 查询命令，其基本格式如下：

　　　　dig [选项] IP 地址

　　常用选项如下：

　　@global-server：默认是以文件"/etc/resolv.conf"作为 DNS 查询的主机，这里可以填入其他 DNS 主机 IP 地址。

　　domain：要查询的域名。

　　-b<ip 地址>：当主机具有多个 IP 地址时，指定使用本机的哪个 IP 地址向域名服务器发送域名查询请求。

　　-P：指定域名服务器所使用端口号。

　　常用查询选项如下：

　　q-type：查询记录的类型，例如 a、any、mx、ns、soa、hinfo、axfr、txt 等，默认查询 a。

　　q-class：查询的类别，相当于 nslookup 命令中的"set class"参数。默认值为 in(Internet)。

　　q-opt：查询的方式。常用方式有：

　　➢ -f file：为通过批处理文件解析多个地址。

　　➢ -p port：指定另一个端口(缺省的 DNS 端口为 53)。

　　d-opt：dig 特有的选项。使用时要在参数前加上一个"+"号。它的常用选项有：

　　➢ +vc：使用 TCP 协议查询。

　　➢ +time = ###：设置超时时间。

　　➢ +trace：从根域开始跟踪查询结果。

　　如要查询新浪网的域名信息，命令如下：

[root@centos Desktop]# dig www.sina.com.cn

效果如图 3-2-3 所示。

```
[root@centos Desktop]# dig www.sina.com.cn

; <<>> DiG 9.8.2rc1-RedHat-9.8.2-0.17.rc1.el6_4.6 <<>> www.sina.com.cn
;; global options: +cmd
;; Got answer:
;; ->>HEADER<<- opcode: QUERY, status: NOERROR, id: 27977
;; flags: qr rd ra; QUERY: 1, ANSWER: 2, AUTHORITY: 0, ADDITIONAL: 0

;; QUESTION SECTION:
;www.sina.com.cn.               IN      A

;; ANSWER SECTION:
www.sina.com.cn.        3521    IN      CNAME   spool.grid.sinaedge.com.
spool.grid.sinaedge.com. 21     IN      A       183.232.24.222
                                                新浪网的IP地址
;; Query time: 42 msec
;; SERVER: 111.8.14.18#53(111.8.14.18) 查询的DNS服务器IP地址和端口号
;; WHEN: Tue Feb 27 22:09:52 2018 查询的时间
;; MSG SIZE  rcvd: 86
```

图 3-2-3　使用 dig 命令查询 DNS 信息

(2) host 命令是常用的分析域名查询工具，可以用来测试域名系统工作是否正常。其基本格式如下：

host [选项] 主机名/域名

常用选项如下：

-a：显示详细的 DNS 信息。

-c<类型>：指定查询类型，默认值为“IN”。

-C：查询指定主机的完整的 SOA 记录。

-r：在查询域名时，不使用递归的查询方式。

-t<类型>：指定查询的域名信息类型。

-v：显示指令执行的详细信息。

-w：如果域名服务器没有给出应答信息，则总是等待，直到域名服务器给出应答。

-W<时间>：指定域名查询的最长时间。如果在指定时间内域名服务器没有给出应答信息，则退出指令。

例如要查询新浪网的域名信息，命令如下：

[root@centos Desktop]# host www.sina.com.cn

效果如图 3-2-4 所示。

```
[root@centos Desktop]# host www.sina.com.cn
WWW.sina.com.cn is an alias for spool.grid.sinaedge.com.
spool.grid.sinaedge.com has address 183.232.24.222
```

图 3-2-4　使用 host 命令查询 DNS 信息

(3) nslookup 命令是常用域名查询工具，专用于查询 DNS 信息的命令。

nslookup 有两种工作模式：交互模式和非交互模式。在交互模式下，用户可以向域名服务器查询各类主机、域名的信息，或者输出域名中的主机列表；而在非交互模式下，用户可以针对一个主机或域名仅仅获取特定的名称或所需信息。

若要进入交互模式，直接输入命令"nslookup"，不加任何参数，则直接进入交互模式，此时 nslookup 会连接到默认的域名服务器(即本机文件 /etc/resolv.conf 的第一个 dns 服务器 IP 地址)；或者输入命令"nslookup -nameserver/ip"。若要进入非交互模式，就直接输入命令"nslookup 域名"即可。

nslookup 命令的基本格式如下：

nslookup [选项]　域名

常用选项如下：

-sil：不显示任何警告信息。

若要使用交互模式查询新浪网的域名信息，效果如图 3-2-5 所示。

图 3-2-5　使用 nslookup 命令交互模式查询 DNS 信息

2. 安装 DNS 服务

BIND(Berkeley InternetName Daemon)是现今互联网上最常使用的 DNS 服务器软件，使用 BIND 作为服务器软件的 DNS 服务器约占所有 DNS 服务器的九成。BIND 现在由互联网系统协会(Internet Systems Consortium)负责开发与维护。

安装本地 DNS 服务，一般需要以下四个软件包：

(1) bind-libs.x86_64：提供库文件。

(2) bind-utils.x86_64：提供工具包。

(3) bind.x86_64：提供主程序包。

(4) bind-chroot.x86_64：提供基于伪目录的监牢技术。

监牢技术(chroot)是通过将相关文件封装到一个伪根目录内，以达到安全防护的目的。即使该程序被攻破，也能访问到伪根目录内的内容，而不是访问真实的根目录。安装了 chroot 这个服务，DNS 服务的配置文件就会被安装到伪根目录内，并在内生成一个与原来服务完全相同的一个目录体系结构。该服务的根目录会把"/var/named/chroot"当成是自己的根目录，这样就可以对真实根目录进行保护。所以，建议在安装网络服务时最好都附带安装上此软件包。

配置本地 yum 源后，通过 yum 命令安装 BIND 软件，命令如下：

[root@dns ~]# yum install -y bind bind-chroot bind-libs bind-utils

安装后，检查安装情况，命令如下：

[root@dns ~]# rpm -aq bind*

若显示以上四个 BIND 软件，则表示安装成功。

3. 配置基础 DNS 服务

1) 复制相关配置文件

BIND 的配置文件主要包括：

named.conf：主配置文件。

named.rfc1912.zone：区域配置文件。

named.localhost：正向解析区域模板文件。

DNS 服务基础配置讲解

named.loopback：反向解析区域模板文件。

BIND 的配置文件通常是保存在两个位置：

① /etc/：BIND 服务主配置文件和区域配置文件存放目录。

② /var/named/：区域解析文件存放目录。

而 BIND 的一些服务文档位置和模板存放在目录"/usr/share/doc/bind-9.8.2/sample"下，因安装了"bind-chroot"程序后，BIND 的配置文件存放位置发生了改变，这些文件会被封装到一个伪根目录内，此时的具体位置为：

/var/named/chroot/etc/：BIND 服务主配置文件和区域配置文件存放目录。

/var/named/chroot/var/named/：区域解析文件存放目录。

因此，我们需要将相关文件复制至伪根目录内以便进行后续配置，命令如下：

> [root@dns ~]# cp /etc/named.conf /var/named/chroot/etc/

> [root@dns ~]# cp /etc/named.rfc1912.zones /var/named/chroot/etc/

> [root@dns ~]# cp -rv /usr/share/doc/bind-9.8.2/sample/var/* /var/named/chroot/var/

相关文件复制完毕后，需要修改目录"/var/named/"及其下属子目录、文件的所有者和所有者所在用户组为"named"，否则服务无法启动。命令如下：

> [root@dns ~]# chown named.named /var/named -R

2) 修改配置文件

(1) 修改主配置文件 named.conf。

DNS 服务的主配置文件 named.conf 的内容主要分为两个方面。

options：全局配置，包括设置监听的 IP 地址、端口、接受 DNS 解析请求等。

zone：定义区域，一个 zone 关键字定义一个区域。

因 named.rfc1912.zones 文件内也可以定义区域，所以，主配置文件中只需要配置"options"项。进入目录"/var/named/chroot/etc"，打开主配置文件 named.conf，在其"options"项中，只需修改图 3-2-6 中三处方框内的值为"any;"即可。

```
options {
        listen-on port 53 { 127.0.0.1; };
        listen-on-v6 port 53 { ::1; };
        directory       "/var/named";
        dump-file       "/var/named/data/cache_dump.db";
        statistics-file "/var/named/data/named_stats.txt";
        memstatistics-file "/var/named/data/named_mem_stats.txt";
        allow-query     { localhost; };
        recursion yes;
```

图 3-2-6 修改主配置文件 named.conf

修改后，需要增加文件 named.conf 的其他用户可读权限，否则启动服务可能报错。命令如下：

　　　　[root@dns etc]# chmod o+r named.conf

(2) 修改区域配置文件 named.rfc1912.zones。

区域配置文件 named.rfc1912.zones 可以设置正向解析和反向解析区域。修改方式如下：

① 按照定义本地区域"localhost"的 zone 代码进行修改，配置正向解析区域，域名为"lanyu.com"，正向解析区域文件为 lanyu.com.zone，效果如图 3-2-7 所示。

图 3-2-7　添加正向解析区域

图中"type master"项表示主 DNS 服务器正向解析区域；"file 'lanyu.com.zone'"项表示正向解析区域文件为 lanyu.com.zone；"allow-update { none; }"项表示是否允许更新。

② 按照定义本地回环区域"1.0.0.127.in-addr.arpa"的 zone 代码进行修改，配置反向解析区域，域名为"0.168.192.in-addr.arpa"，反向解析区域文件为 192.168.0.zone，效果如图 3-2-8 所示。

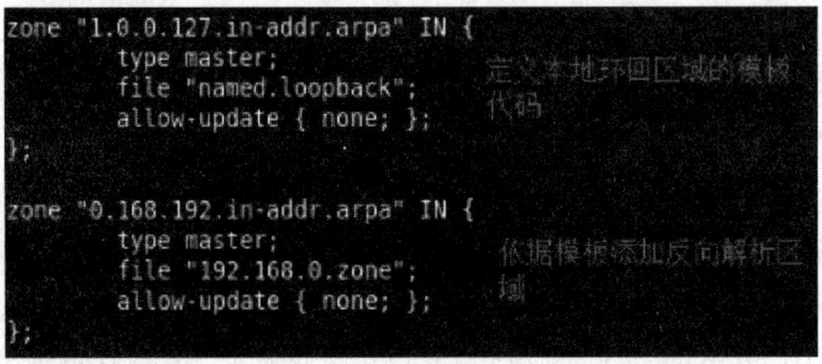

图 3-2-8　添加反向解析区域

③ 保存并退出。

修改后，需要增加文件 named.rfc1912.zones 的其他用户可读权限，否则启动服务可能报错。命令如下：

　　　　[root@dns etc]# chmod o+r named.rfc1912.zones

(3) 配置正向解析区域文件。

正向解析区域文件的模板在"/var/named/chroot/var/named/"目录下，文件名为 named.localhost。复制该模板文件并命名为 lanyu.com.zone，命令如下：

　　　　[root@dns named]# cp -p named.localhost lanyu.com.zone

命令中的“-p”选项表示复制保留源文件的属性。

打开文件 lanyu.com.zone，文件初始内容如图 3-2-9 所示。

```
$TTL 1D
@       IN SOA  @ rname.invalid. (
                                        0       ; serial
                                        1D      ; refresh
                                        1H      ; retry
                                        1W      ; expire
                                        3H )    ; minimum
        NS      @
        A       127.0.0.1
        AAAA    ::1
```

图 3-2-9　正向解析区域文件初始内容

从图 3-2-9 中可以看出：

$TTL：DNS 缓存时间，单位为“秒”。

第二行的第一个“@”：区域名称。

SOA：起始授权。

第二行的第二个“@”：主域名服务器的 FQDN。

rname.invalid.：管理员邮件地址，其中邮件地址中的“@”用“.”代替。

serial：序列号，以十进制数表示，不能超过十位，通常使用日期。它是区域复制依据，每次主要区域修改数据后，要手动增加它的值。

refresh：刷新时间，默认以秒为单位，是辅助 DNS 服务器请求与源服务器同步的等待时间。当刷新间隔到期时，辅助 DNS 服务器请求源服务器的 SOA 记录副本，然后辅助 DNS 服务器将源服务器的 SOA 记录的序列号与其本地 SOA 记录的序列号比较，如不同，则辅助 DNS 服务器从主 DNS 服务器请求区域传输。

retry：重试时间，默认以秒为单位，表示辅助 DNS 服务器在请求失败后，等待多少时间重试。一般此处时间应短于刷新时间。

expire：过期时间，默认以秒为单位。当这个时间到期时，如辅助 DNS 服务器还无法与源服务器进行区域传输，则辅助 DNS 服务器会把它的本地数据当做不可靠数据。

minimum：默认以秒为单位，表示区域的默认生存时间和缓存否定应答名称查询的间隔时间。

正向解析区域文件中，记录的书写格式如下：

NS 记录：

　　区域名　IN　NS　FQDN.

A 资源记录：

　　域名中的主机名　IN　A　IP 地址

CNAME 资源记录：

　　别名　IN　CNAME　域名中的主机名

MX 资源记录：

　　区域名　IN　MX 10　邮件服务器的 FQDN

注意：每条 NS 记录后的 FQDN 必须以“.”结束，否则文件会报错。

根据任务需求，正向解析文件内容修改如图 3-2-10 所示。

```
$TTL 1D
@        IN SOA  dns.lanyu.com root.lanyu.com. (
                                         0       ; serial
                                         1D      ; refresh
                                         1H      ; retry
                                         1W      ; expire
                                         3H )    ; minimum
         NS      dns.lanyu.com.
dns  IN  A       192.168.0.253
www  IN  A       192.168.0.250
oa   IN  A       192.168.0.2
xsb1 IN  A       192.168.0.3
xsb2 IN  CNAME   xsb1
```

图 3-2-10　文件 lanyu.com.zone

(4) 配置反向解析区域文件。

反向解析区域文件的模板在"/var/named/chroot/var/named/"目录下，文件名为 named.loopback。复制该模板文件并命名为 192.168.0.zone，命令如下：

　　　[root@dns named]# cp -p named.loopback 192.168.0.zone

打开文件 192.168.0.zone，文件初始内容如图 3-2-11 所示。

```
$TTL 1D
@        IN SOA  @ rname.invalid. (
                                         0       ; serial
                                         1D      ; refresh
                                         1H      ; retry
                                         1W      ; expire
                                         3H )    ; minimum
         NS      @
         A       127.0.0.1
         AAAA    ::1
         PTR     localhost.
```

图 3-2-11　反向解析区域文件初始内容

反向解析区域文件中，记录的书写格式如下：

PTR 记录：

　　　IP 地址中的主机号　　IN　　PTR　　FQDN.

注意：每条 PTR 记录后的 FQDN 必须以"."结束，否则无法正常进行反向解析。

根据任务需求，反向解析文件内容修改如图 3-2-12 所示。

```
$TTL 1D
@        IN SOA  dns.lanyu.com. root.lanyu.com. (
                                         0       ; serial
                                         1D      ; refresh
                                         1H      ; retry
                                         1W      ; expire
                                         3H )    ; minimum
         NS      dns.lanyu.com.
250  IN PTR     www.lanyu.com.
2    IN PTR     oa.lanyu.com.        注意：每条记录的域名后必须加"."
3    IN PTR     xsb1.lanyu.com.
3    IN PTR     xsb2.lanyu.com.
```

图 3-2-12　修改反向解析文件内容

(5) 启动服务并测试。

修改后，启动服务，命令如下：

　　　[root@dns named]#service named start

若启动失败，可以通过测试语法错误命令查看原因，命令如下：

[root@client ~]# service named configtest

若启动成功后，可以通过 ding、host、nslookup 等命令进行测试，以 nslookup 命令为例如，进入交换模式后，输入需要测试的域名，看输出的结果是否有误，如图 3-2-13 所示。

```
[root@client named]# nslookup
> www.lanyu.com
Server:          192.168.0.253
Address:         192.168.0.253#53

Name:    www.lanyu.com
Address: 192.168.0.250
> oa.lanyu.com
Server:          192.168.0.253
Address:         192.168.0.253#53

Name:    oa.lanyu.com
Address: 192.168.0.2
> xsb1.lanyu.com
Server:          192.168.0.253
Address:         192.168.0.253#53

Name:    xsb1.lanyu.com
Address: 192.168.0.3
> exit
```

图 3-2-13　利用 nslookup 命令测试

若需设置 named 服务开机自启动，命令如下：

[root@dns named]#chkconfig named on

子任务 3.2.2　主、辅 DNS 服务器配置

设置主、辅 DNS 服务器是为了实现 DNS 服务的高可用性，当主 DNS 服务器宕机，辅助 DNS 服务器可立即启用并接替域名解析工作，且两台服务器提供的域名解析是一致的。

为保障公司提供的 DNS 服务的高可用性，需要配置主、辅 DNS 服务器，主 DNS 服务器的 IP 地址为 192.168.0.253，辅助 DNS 服务器的 IP 地址为 192.168.0.252。

1. 配置主 DNS 服务器

1）修改配置文件 named.rfc1912.zones

参照图 3-1-6，按常规方式配置文件 named.conf 后，修改文件"named.rfc1912.zones"，如图 3-2-14 所示。

```
zone "lanyu.com" IN {
        type master;
        file "lanyu.com.zone";
        allow-transfer { 192.168.0.252; };
};

zone "0.168.192.in-addr.arpa" IN {
        type master;
        file "192.168.0.zone";
        allow-transfer { 192.168.0.252; };
};
```

主辅域名
服务器配置讲解

图 3-2-14　修改主 DNS 服务器文件"named.rfc1912.zones"

图 3-1-14 中"allow-transfer { 192.168.0.252 }"表示允许转发该区域信息至 IP 地址为

192.168.0.252 的辅助 DNS 服务器。

2) 修改区域文件

修改区域文件"lanyu.com.zone",如图 3-2-15 所示。

```
$TTL 1D
@       IN SOA  ns1.lanyu.com root.lanyu.com. (
                                0       ; serial
                                10      ; refresh
                                1H      ; retry
                                1W      ; expire
                                3H )    ; minimum

        IN NS       ns1
        IN NS       ns2
ns1 IN  A       192.168.0.253
ns2 IN  A       192.168.0.252
www IN  A       192.168.0.250
oa  IN  A       192.168.0.2
xsb1 IN A       192.168.0.3
xsb2 IN CNAME   xsb1
```

图 3-2-15　修改主 DNS 服务器区域文件 lanyu.com.zone

图 3-2-15 中,修改"refresh"项的值为"10"秒,以便测试;设置 ns1 为主 DNS 服务器,ns2 为辅助 DNS 服务器。

修改区域文件 192.168.0.zone,如图 3-2-16 所示。

```
$TTL 1D
@       IN SOA  ns1.lanyu.com. root.lanyu.com. (
                                0       ; serial
                                1       ; refresh
                                1H      ; retry
                                1W      ; expire
                                3H )    ; minimum

        IN NS       ns1.lanyu.com.
        IN NS       ns2.lanyu.com.
250 IN  PTR     www.lanyu.com.
2   IN  PTR     oa.lanyu.com.
3   IN  PTR     xsb1.lanyu.com.
3   IN  PTR     xsb2.lanyu.com.
```

图 3-2-16　修改主 DNS 服务器区域文件 192.168.0.zone

修改后,启动主 DNS 服务器。

2. 配置辅助 DNS 服务器

1) 修改配置文件 named.rfc1912.zones

按照常规服务器配置好相关网络参数、安全参数以及安装 BIND 软件后,修改配置文件 named.rfc1912.zones,如图 3-2-17 所示。

```
zone "lanyu.com" IN {
        type slave;
        masters { 192.168.0.253; };
        file "slaves/lanyu.com.zone";
};

zone "0.168.192.in-addr.arpa" IN {
        type slave;
        masters { 192.168.0.253; };
        file "slaves/192.168.0.zone";
};
```

图 3-2-17　修改辅助 DNS 服务器配置文件 named.rfc1912.zones

图 3-2-17 中,"type slave"表示该区域为辅助区域;"masters { 192.168.0.253; }"表示主 DNS 服务器的 IP 地址为 192.168.0.253;"file "slaves/lanyu.com.zone""表示辅助 DNS

服务器的区域文件同步位置。

注意：服务 DNS 服务器的区域文件不需要创建，一旦同步后，文件会自动生成。

2) 启动服务并检测

配置完文件 named.rfc1912.zones，检查目录 "/var/named" 及其子目录和文件的所有者及所属组，若均不是 "named"，则通过命令修改，否则无法同步区域文件。

启动辅助 DNS 服务器后，查看目录 "/var/named/chroot/var/named/slaves" 下是否同步了区域配置文件，如图 3-2-18 所示。

```
[root@dns2 slaves]# ll
total 16
-rw-r--r-- 1 named named 428 Mar  1 18:49 192.168.0.zone
-rw-r--r-- 1 named named 443 Mar  1 18:49 lanyu.com.zone
-rw-r--r-- 1 named named  56 Mar  1 11:12 my.ddns.internal.zone.db
-rw-r--r-- 1 named named  56 Mar  1 11:12 my.slave.internal.zone.db
```

图 3-2-18　查询同步区域文件

配置完毕，可以在客户端的网络参数中设置主 DNS 服务器和辅助 DNS 服务器，当关闭主 DNS 服务器时，依然可以进行 DNS 解析。

◇ **技能训练**

训练目的：

掌握中小型企业 DNS 服务器的基础配置方法。

掌握中小型企业主、辅 DNS 服务器的配置方法。

训练内容：

依据任务 3.2 中 DNS 服务器基础配置及主、辅 DNS 服务器配置的方法，对蓝雨公司的 DNS 服务器进行主、辅服务器配置。

技能训练 3-3

参考资源：

1. 中小企业主、辅 DNS 服务器配置技能训练任务单；

2. 中小企业主、辅 DNS 服务器配置技能训练任务书；

3. 中小企业主、辅 DNS 服务器配置技能训练检查单；

4. 中小企业主、辅 DNS 服务器配置技能训练考核表。

训练步骤：

1. 学生依据蓝雨公司的实际需求，分析域名解析需求并制定需求清单。

2. 制定工作计划，进行 DNS 服务器基础配置和主、辅服务器配置。

3. 形成蓝雨公司 DNS 服务器配置报告。

子任务 3.2.3　DNS 服务器区域转发与区域委派

1. 区域转发

刚装好的 DNS 服务器就是一个缓存 DNS 服务器，不需要做任何修改配置。缓存 DNS 服务器没有自己的区域文件，只需要设置转发器，就可以把客户端的 DNS 解析请求转发给指定的主 DNS 服务器，并把客户端查询结果通过缓存保存在本机。如果下次有相同的查询请求时，就可直接从缓存中查询调取，从而减少了 DNS 客户端访问主 DNS 服务器的网络流量，并降低了 DNS 客户端解析域名的时间。

当公司内部网络接入终端数量增多，为减轻主 DNS 服务器的负载，减少 DNS 客户端解析域名的时间，他们决定新增一台服务器作为缓存 DNS 服务器，其 IP 地址为 192.168.0.246。

为缓存 DNS 服务器配置转发器的步骤如下：

① 设置缓存 DNS 服务器的网络参数和安全参数，安装 BIND 软件。

② 打开缓存 DNS 服务器配置文件 named.conf，增加 "forwarders" 项，其值为主 DNS 服务器的 IP 地址，并将 "dnssec-validation" 项的值设置为 "no"，如图 3-2-19 所示。

```
dnssec-enable yes;
forwarders { 192.168.0.253; };
dnssec-validation no;
dnssec-lookaside auto;
```

图 3-2-19　转发器设置

图 3-2-19 中，"forwarders" 表示转发，其值为转发目的 IP 地址；"dnssec-validation" 是为解决 DNS 欺骗和缓存污染而设计的一种安全机制，默认为开启状态，在做转发器时必须为关闭状态。

③ 修改 named.conf 文件后，启动服务，缓存 DNS 服务器会将所有请求转发至主 DNS 服务器。

在缓存服务器中进行测试，需进入 nslookup 命令交互模式，输入解析网址 "www.lanyu.com"，效果如图 3-2-20 所示。

```
[root@dns2 etc]# nslookup
> www.lanyu.com
Server:        127.0.0.1
Address:       127.0.0.1#53

Non-authoritative answer:           此处表明该域名的解析是从缓
Name:   www.lanyu.com                  存中读取
Address: 192.168.0.250
> exit
```

图 3-2-20　缓存 DNS 服务器域名解析测试

2. 配置子域与区域委派

随着公司规模逐步壮大，域的规模和功能也不断扩展。为了保证 DNS 的管理维护以及查询速度，他们决定为主域 "lanyu.com" 添加附加域 "ca.lanyu.com"。"lanyu.com" 为父域，"ca.lanyu.com" 为子域。

父域建立子域，并将子域的解析工作委派到另一台域名服务器，并在父域的权威 DNS 服务器中登记相应的委派记录，此过程称为区域委派。

根据需求，父域服务器的 IP 地址为 192.168.0.253，子域服务器的

DNS 子域与
区域委派讲解

IP 地址为 192.168.0.252，完成正向解析的区域委派。

1) 配置父域服务器

① 修改主配置文件 named.conf。

配置好父域服务器后，再次修改主配置文件 named.conf：设置“dnssce-validation”项为“no”，关闭安全机制；注释“include "etc/named.root.key"项，不采取公钥验证，如图 3-2-21 所示。

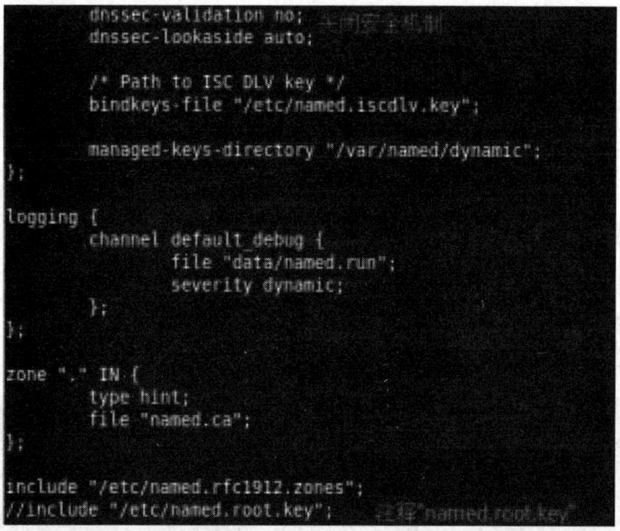

```
        dnssec-validation no;
        dnssec-lookaside auto;

        /* Path to ISC DLV key */
        bindkeys-file "/etc/named.iscdlv.key";

        managed-keys-directory "/var/named/dynamic";
};

logging {
        channel default_debug {
                file "data/named.run";
                severity dynamic;
        };
};

zone "." IN {
        type hint;
        file "named.ca";
};

include "/etc/named.rfc1912.zones";
//include "/etc/named.root.key";
```


图 3-2-21 修改父域服务器主配置文件 named.conf

注意：若需提高安全性，采取公钥验证，则必须保证父域服务器和子域服务器文件 named.root.key 中的密钥一致。此文件在“/var/named/chroot/etc/”目录下。

② 配置正向区域解析文件。

在配置文件 named.rfc1912.zones 中添加区域“lanyu.com”后，修改区域解析文件 lanyu.com.zone，如图 3-2-22 所示。

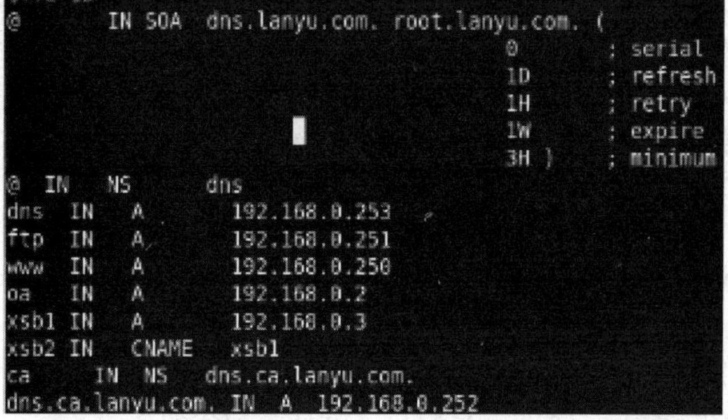

```
$TTL 1D
@       IN SOA  dns.lanyu.com. root.lanyu.com. (
                                        0       ; serial
                                        1D      ; refresh
                                        1H      ; retry
                                        1W      ; expire
                                        3H )    ; minimum
@  IN   NS      dns
dns   IN   A      192.168.0.253
ftp   IN   A      192.168.0.251
www   IN   A      192.168.0.250
oa    IN   A      192.168.0.2
xsb1  IN   A      192.168.0.3
xsb2  IN   CNAME  xsb1
ca      IN  NS   dns.ca.lanyu.com.
dns.ca.lanyu.com. IN  A  192.168.0.252
```

图 3-2-22 修改父域服务器区域文件 lanyu.com.zone

从图 3-22 中可以看出，在常规的解析记录下，添加了两条记录，一条是 NS 记录“ca IN NS dns.ca.lanyu.com.”指定子域的委派记录；另一条是 A 记录“dns.ca.lanyu.com. IN A

192.168.0.252"指定了子域的 IP 地址。

修改后，启动服务。

2) 配置子域服务器

① 修改配置文件 named.rfc1912.zones。

参照父域服务器的方式配置子域服务器的主配置文件 named.conf 后，修改配置文件 named.rfc1912.zones，添加区域"ca.lanyu.com"。

② 配置区域解析文件。

在正向区域解析文件 ca.lanyu.com.zone 中添加一条关于"www.ca.lanyu.com"的解析记录，指向 IP 地址 192.168.0.248。

修改后，启动服务。

3) 测试区域委派

① 在子域服务器上测试。

利用 dig 命令在子域服务器上测试解析 A 记录，命令如下：

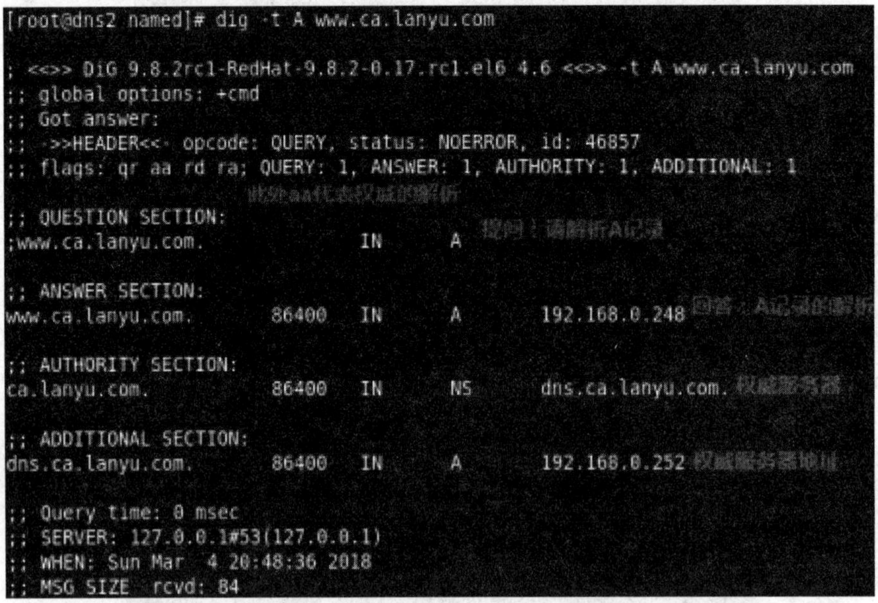

  [root@dns2 named]# dig -t A www.ca.lanyu.com

效果如图 3-2-23 所示。

图 3-2-23　在子域服务器上测试 A 记录

因子域"ca.lanyu.com"注册在子域服务器上，所以关于"www.ca.lanyu.com"的权威解析是在子域服务器上。

② 在父域服务器上测试。

利用 dig 命令在父域服务器上测试解析 A 记录，命令如下：

  [root@centos named]# dig –tAwww.ca.lanyu.com @192.168.0.253

效果如图 3-2-24 所示。

命令中"@192.168.0.253"表示在 IP 地址为 192.168.0.253 的服务器上解析。

```
[root@centos named]# dig -t A www.ca.lanyu.com @192.168.0.253

; <<>> DiG 9.8.2rc1-RedHat-9.8.2-0.17.rc1.el6 4.6 <<>> -t A www.ca.lanyu.com @192.168.0.253
;; global options: +cmd
;; Got answer:
;; ->>HEADER<<- opcode: QUERY, status: NOERROR, id: 50330
;; flags: qr rd ra; QUERY: 1, ANSWER: 1, AUTHORITY: 1, ADDITIONAL: 1

;; QUESTION SECTION:
;www.ca.lanyu.com.              IN      A

;; ANSWER SECTION:
www.ca.lanyu.com.      77489   IN      A       192.168.0.248

;; AUTHORITY SECTION:
ca.lanyu.com.          77489   IN      NS      dns.ca.lanyu.com.

;; ADDITIONAL SECTION:
dns.ca.lanyu.com.      77489   IN      A       192.168.0.252

;; Query time: 45 msec
;; SERVER: 192.168.0.253#53(192.168.0.253)
;; WHEN: Sun Mar  4 21:54:39 2018
;; MSG SIZE  rcvd: 84
```

图 3-2-24　在父域服务器上测试 A 记录

因在子域服务器上未配置转发器，若在子域服务器上尝试通过 dig 命令解析父域服务器上的 A 记录，例如 www.lanyu.com，则会显示解析失败。此时，只需在子域服务器的配置文件 named.rfc1912.zones 上添加区域转发并重启服务即可。

◇ **技能训练**

训练目的：

掌握中小型企业 DNS 服务器区域转发和区域委派的配置方法。

训练内容：

依据任务 3.2 中配置 DNS 服务器区域转发和区域委派的方法，对蓝雨公司的 DNS 服务器进行区域委派配置。

技能训练 3-4

参考资源：

1. 中小企业 DNS 服务器区域委派配置技能训练任务单；

2. 中小企业 DNS 服务器区域委派配置技能训练任务书；

3. 中小企业 DNS 服务器区域委派配置技能训练检查单；

4. 中小企业 DNS 服务器区域委派配置技能训练考核表。

训练步骤：

1. 学生依据蓝雨公司的实际需求，分析 DNS 服务器区域委派需求并制定方案。

2. 制定工作计划，进行 DNS 服务器区域委派配置。

3. 形成蓝雨公司 DNS 服务器区域委派配置报告。

任务 3.3　FTP 服务器的配置与管理

【任务描述】

根据公司信息化基础服务群组建设的需求，了解 CentOS 6.5 中关于 FTP 服务器的配置与管理有关知识，掌握 FTP 服务器的基础配置与安全管理方法。

【问题引导】

1. 什么是 FTP？
2. FTP 账号有哪些？
3. FTP 服务器的安全问题有哪些？

【知识学习】

1. FTP

FTP(File Transfer Protocol，文件传输协议)，用于 Internet 上控制文件的双向传输。同时，它也是一个应用程序(Application)。基于不同的操作系统有不同的 FTP 应用程序，而这些应用程序都遵守同一种协议传输文件。支持 FTP 协议的服务器就是 FTP 服务器。

与大多数互联网服务一样，FTP 也是一个客户机/服务器(C/S)系统。用户通过一个支持 FTP 协议的客户机程序，连接到在远程主机上的 FTP 服务器程序。用户通过客户机程序向服务器程序发出命令，服务器程序执行用户所发出的命令，并将执行的结果返回到客户机。比如：用户发出一条命令，要求服务器向用户传送某一个文件的一份拷贝，服务器会响应这条命令，将指定文件送至用户的机器上，客户机程序代表用户接收到这个文件，将其存放在用户目录中。

TCP/IP 协议中，FTP 标准命令 TCP 端口号为 21，数据端口为 20。用户使用 FTP 时所发出的命令均从 21 号端口明文传输(即未加密相关数据)；FTP 服务器与用户端传输文件时，均使用 20 号端口。

FTP 支持两种模式：Standard (PORT 方式，主动方式)和 Passive(PASV，被动方式)。

1) Standard 模式

FTP 客户端首先和服务器的 21 号 TCP 端口建立连接，用来发送命令，客户端需要接收数据时在这个通道上发送 PORT 命令，PORT 命令包含了客户端用什么端口接收数据。在传送数据时，服务器端通过自己的 20 号 TCP 端口连接客户端的指定端口发送数据。FTP 服务器必须和客户端建立一个新的连接用来传送数据。

2) Passive 模式

建立控制通道和 Standard 模式类似，但建立连接后发送 PASV 命令。服务器收到 PASV

命令后，打开一个临时端口(端口号大于 1023 小于 65 535)并且通知客户端在这个端口上传送数据的请求，客户端连接 FTP 服务器此端口，然后 FTP 服务器将通过这个端口传送数据。

很多防火墙在设置时不允许接受外部发起的连接，所以许多位于防火墙后或内网的 FTP 服务器不支持 Passive 模式，因为客户端无法穿过防火墙打开 FTP 服务器的高端端口；而许多内网的客户端不能用 Standard 模式登录 FTP 服务器，因为从服务器的 20 号端口无法和内部网络的客户端建立一个新的连接，造成无法工作。

FTP 账户分为三类：Real 账户、Guest 账户和匿名账户。

2. FTP 账户

1) Real 账户

Real 账户是指在 FTP 服务上拥有的账号。当这类用户登录 FTP 服务器的时候，默认的主目录就是其账号命名的目录。但是，它还可以变更到其他目录中去，如系统的主目录等。

2) Guest 账户

在 FTP 服务器中，往往会给不同部门或者某个特定的用户设置一个账户。但是，这类账户有个特点，即只能够访问自己的主目录。通过这种方式可以保障 FTP 服务器上其他文件的安全性。

3) 匿名账户

匿名账户就是通常所说的"anonymous"账号。这类账户是指在 FTP 服务器中没有指定账户，但是它仍然可以匿名访问某些公开的资源，也是一种常用的访问 FTP 服务器的方式。

使用 FTP 时必须首先登录，在 FTP 服务器上获得相应的权限以后，方可下载或上传文件。但这种情况违背了互联网的开放性，因为互联网上的 FTP 服务器数量庞大，不可能要求每个用户在每一台服务器上都拥有账号，匿名账户就是为解决这个问题而产生的。

匿名账户更像是一种机制，系统管理员建立了一个特殊的用户 ID，名为 anonymous，互联网上的任何人在任何地方都可使用该用户 ID 连接到 FTP 服务器上，并从其下载文件，而无需成为其注册用户。

使用匿名账户通过 FTP 程序连接 FTP 服务器时，登录用户名为 anonymous，密码可以是任意的字符串。

当 FTP 服务器提供匿名账户时，会指定某些目录向公众开放，允许匿名存取。系统中的其余目录则处于隐匿状态。作为一种安全措施，大多数支持匿名登录的 FTP 服务器都允许用户从其下载文件，而不允许用户向它上传文件。即使有些支持匿名登录的 FTP 服务器允许用户上传文件，用户也只能将文件上传至某一指定上传目录中，随后，系统管理员会去检查这些文件，他会将这些文件移至另一个公共下载目录中，供其他用户下载。利用这种方式，相关用户得到了保护，避免有人上传有问题的文件，如带病毒的文件。

3. FTP 服务器的安全隐患

1) 数据嗅探

FTP 是传统的网络服务程序，本质上是不安全的。因为他们在网络上用明文传送密码和数据，别有用心的人非常容易可以截获这些密码和数据，如使用 Sniffer、wireshark 等网络监听程序可以监视网络封包并捕捉 FTP 开始的会话信息，截获登录账号和密码。同时，这些服务程序的安全验证方式也是有其弱点的，很容易受到"中间人"(man-in-the-middle)这种方式的攻击。所谓的"中间人"的攻击方式，是"中间人"冒充真正的服务器接收你传给服务器的数据，然后再冒充你把数据传给真正的服务器。服务器和你之间的数据传送被"中间人"转手做了手脚之后，会出现很严重的问题。

2) 账号归属

在组建 VSFTP 服务器时，默认 VSFTP 服务器会把建立的所有账户都归属为 Real 账户。但是，这往往不符合企业安全的需要。因为这类用户不仅可以访问自己的主目录，而且可以访问其他用户的目录，这将给其他用户带来一定的安全隐患。

4. SSL/TLS 协议

明文传输是 FTP 服务器最大的安全隐患之一。为保证不因明文传输导致数据泄露，必须要在传输过程中给相关数据进行加密。目前常用的方式就是应用 SSL/TLS 协议。

SSL(Secure Sockets Layer，安全套接字层)是由网景公司(Netscape)设计的安全传输协议，目的是为网络通信提供机密性、认证性及数据完整性保障。SSL 最初的几个版本由网景公司设计和维护，从 3.1 版本开始，SSL 协议由因特网工程任务小组(IETF)正式接管，并更名为 TLS(Transport Layer Security)，如 TLS 名字所示，SSL/TLS 协议仅保障传输层安全。

SSL/TLS 协议能够提供的安全目标主要包括以下几个：

认证性：借助数字证书认证服务器端和客户端身份，防止身份伪造。

机密性：借助加密防止第三方窃听。

完整性：借助消息认证码(MAC)保障数据完整性，防止消息篡改。

重放保护：通过使用隐式序列号防止重放攻击。

5. TCP Wrappers 安全机制

TCP Wrappers 是位于防火墙后面，提供基于主机的网络服务访问控制机制。当一个主机访问某个应用了 TCP Wrappers 机制的网络服务时，该服务首先会检查主机的访问文件 /etc/hosts.allow 和 /etc/hosts.deny 来判断是否允许这个主机访问。

TCP Wrappers 独立运行于它所保护的网络服务，多个服务器应用程序可以共享一组通用的访问控制配置文件。

TCP Wrappers 的相关配置文件作用如下：

/etc/hosts.allow：首先检查此配置文件规则，如果有一个匹配的规则，则允许连接；如果此配置文件找不到匹配的规则，则继续检查/etc/hosts.deny 配置规则。

/etc/hosts.deny：如果有一个匹配的规则，则拒绝这个连接；如果找不到匹配的规则，则允许连接到这个服务。

子任务 3.3.1　FTP 服务的安装与基础配置

根据任务描述，完成服务器基础配置后，要给服务器安装 FTP 服务并进行基础设置，为公司员工提供文件存取服务，其要求如下：

· 提供匿名访问。提供匿名账号方便公司员工在内网中随时随地进行文件的查阅和下载，但考虑内网负载问题，应限制下载速度为 100 KB/s。

• 为公司总经理单独设置账号。公司总经理应该能在内网中上传、下载任何文件，且不限制传输速度。

• 设置信息部门主管账号。方便信息部门主管在特定的目录内上传、下载文件，但考虑内网负载问题，应限制其下载速度为 300 KB/s。

• 设置信息部门员工账号。方便信息部门员工在特定的目录内下载文件，但考虑内网负载问题，应限制其下载速度为 300 KB/s。

• 预留账号。配置相关账号但暂不允许访问 FTP 服务。

汇总后的 FTP 服务基础要求如表 3-3-1 所示。

表 3-3-1　FTP 服务基础要求

账　号	可执行操作	安全限制	备　注
anonymous	下载	不允许跳出指定目录，下载速度限制为 100 KB/s	普通员工使用
ftpuser1	上传和下载	—	总经理使用
ftpuser2	上传和下载	不允许跳出指定目录，下载速度限制为 300 KB/s	信息部门主管使用
ftpuser3	下载	不允许跳出指定目录，下载速度限制为 300 KB/s	信息部门员工使用
ftpuser4～ftpuser10	—	—	保留，暂不允许登录

1. 安装 FTP 服务

vsftpd(very secure FTP daemon)是一个在 UNIX 类操作系统上运行的服务的名字。它可以在 Linux、CentOS、Solaris、HP-UNIX 等系统上运行，是一个完全免费的、开放源代码的 FTP 服务器软件，支持很多其他的 FTP 服务器所不支持的特征，比如：非常高的安全性需求、带宽限制、良好的可伸缩性、可创建虚拟用户、支持 IPv6、速率高等。

安装 vsftpd 服务，必须安装以下软件包：

• vsftpd-2.2.2-11.el6_4.1.x86_64.rpm

完成 FTP 服务器基础配置后，可通过 yum 命令安装 vsftpd 软件，命令如下：

　　[root@dns ~]# yum install -y vsftpd

安装后，检查安装情况，命令如下：

　　[root@dns ~]# rpm -aq vsftpd

若显示 vsftpd 软件，则表示安装成功。

2. 配置基础 FTP 服务

vsftpd 的配置文件主要包括：

/etc/vsftpd/vsftpd.conf：主配置文件。

/usr/sbin/vsftpd：vsftpd 的主程序。

/etc/pam.d/vsftpd：PAM 认证文件(文件中的"file = /etc/vsftpd/ftpusers"字段，指明阻

ftp 基础配置讲解

止访问的用户是来自文件 /etc/vsftpd/ftpusers 中的用户)。

　　/etc/vsftpd/ftpusers：禁止使用 vsftpd 的用户列表文件。记录不允许访问 FTP 服务器的用户名单，管理员可以把对系统安全有威胁的用户账号记录在此文件中，以免用户从 FTP 登录后获得大于上传、下载操作的权利，而对系统造成损坏。

　　/etc/vsftpd/user_list：禁止或允许使用 vsftpd 的用户列表文件。这个文件中指定的用户在缺省情况下(即在主配置文件 vsftpd.conf 中设置了"userlist_deny = YES")不能访问 FTP 服务器；在设置了"userlist_deny = NO"时，仅允许 user_list 中指定的用户访问 FTP 服务器。

　　/var/ftp：匿名用户主目录；本地用户主目录为"/home/用户主目录"。

　　/var/ftp/pub：匿名用户的上传目录。

　　/var/log/xferlog：vsftpd 的日志文件。

　　根据任务需求，对 vsftpd 服务器进行配置。

　　1) 允许匿名用户登录并限速下载

　　打开 vsftpd 主配置文件 vsftpd.conf，修改"anonymous_enable"项的值为"YES"，允许匿名账号登录；限制匿名账号的下载速度为 100 KB/s，需在主配置文件中另起一行，添加"anon_max_rate = 100000"即可，效果如图 3-3-1 所示。

```
# Allow anonymous FTP? (Beware - allowed by default if you comment this out).
anonymous_enable=YES
anon_max_rate=100000
```

图 3-3-1　允许匿名账号登录并限制下载速度

　　若允许匿名账号不使用密码登录，则在主配置文件中另起一行，添加"no_anon_password = YES"即可。

　　若需修改匿名账号登录的主目录为"/mnt"，则在主配置文件中另起一行，添加"anon_root=/mnt"后，修改目录"/mnt"的权限，允许其他用户可读。

　　若需允许匿名账号上传，则在主配置文件中的操作步骤如下：

　　① 启用"anon_upload_enable=YES"项，允许匿名用户上传。

　　② 启用"anon_mkdir_write_enable=YES"项，允许匿名用户创建和删除目录。

　　③ 另起一行，添加"anon_other_write_enable=YES"，允许匿名用户修改文件名和删除文件。

　　④ 默认情况下，匿名用户的根目录为"/var/ftp/"，为了安全，这个目录默认不允许同组用户和其他用户具有写的权限，否则 vsftpd 服务将无法访问。但是我们要匿名上传文件，需要其他用户具备写的权限。因此，应在目录"/var/ftp/"中建立一个文件夹(如"upload")，并让其他用户具备读、写和执行的权限，在这个文件夹中，匿名用户可以上传文件、创建文件夹、删除文件等。

　　默认情况下，匿名用户上传的文件权限为"rw-------"，即匿名用户无法下载匿名账号上传的文件。若需允许其下载，则在主配置文件中另起一行，添加"anon_umask = 022"，设定匿名用户创建的文件权限为"rwxr-xr-x"即可。

　　2) 启用本地账号

　　vsftpd 服务的主配置文件中，默认启用本地账号，即"local_enable = YES"。启用该项后，除 root 账号外，其他普通账号均可以作为 ftp 账号登录 vsftpd 服务器。

　　本地账号登录 vsftpd 服务器，用户名即本地账号名，密码即本地账号登录系统的密码。本地账号登录后，默认的根目录为该账号的宿主目录。若需统一指定所有本地账号登录后的根目录，则在主配置文件中另起一行，添加"local_root = 指定目录"，同时按照需求修改指定目录的权限。

　　(1) 总经理账号的配置。

　　总经理使用的账号能上传和下载，不受跳出指定目录和下载速度的限制。其配置步骤如下：

　　① 在主配置文件中检查"write_enable"项的值是否为"YES"，即是否允许写操作。

　　② 在主配置文件中另起一行，添加"user_config_dir = /etc/vsftpd/user_conf"，指定登录用户的具体配置文件存放区域。

　　③ 在目录"/etc/vsftpd/"下创建目录"user_conf"。

　　④ 在目录"user_conf"下创建文件 ftpuser1，并在其中配置 ftpuser1 的操作权限，具体如图 3-3-2 所示。

```
[root@FTP user_conf]# cat ftpuser1
local_root=/var/ftp/upload
```

图 3-3-2　单独设置 ftpuser1 账号的操作权限

　　⑤ 设置完毕，保存相关文件即可。

　　(2) 信息部门主管账号配置。

　　信息部门主管账号能上传和下载，但不允许跳出指定目录，且下载速度限制为 300 KB/s。其配置步骤如下：

　　① 在主配置文件下，启用"chroot_list_enable=YES"，表示用户登录后限制目录的访问。

　　② 在主配置文件下，启用"chroot_list_file=/etc/vsftpd/chroot_list"，指定包含需要限制目录访问的用户列表文件。

　　③ 在"/etc/vsftpd/"目录下新建文件 chroot_list，并在其中添加账号 ftpuser2。注意，每个账号顶格书写并独占一行，具体如图 3-3-3 所示。

```
[root@FTP vsftpd]# cat chroot_list
ftpuser2
```

图 3-3-3　设置限制账号 ftpuser2

　　④ 在目录"user_conf"下创建文件 ftpuser2，并在其中配置 ftpuser2 的操作权限，具体如图 3-3-4 所示。

```
local_root=/var/ftp/upload
local_max_rate=300000
```

图 3-3-4　单独设置 ftpuser2 账号的操作权限

　　⑤ 设置完毕，保存相关文件即可。

　　(3) 信息部门员工账号配置。

　　信息部门员工账号只允许下载，不允许跳出指定目录，且下载速度限制为 300 KB/s。

其配置步骤与信息部门主管账号相同，只需在文件/etc/vsftpd/user_conf/ftpuser3 中另起一行，添加"write_enable = NO"即可，如图 3-3-5 所示。

```
write_enable=NO
local_root=/var/ftp/upload
local_max_rate=300000
```

图 3-3-5　单独设置 ftpuser3 账号的操作权限

(4) 预留账号设置。

考虑到特殊情况下需要增加账号，可以先配置部分账号暂不允许远程访问 vsftpd 服务器。

限制特定的本地账号远程登录 vsftpd 服务器，可以通过以下两种方式实现：

① 在文件 /etc/vsftpd/ftpusers 中添加相关账号(如 ftpuser4、ftpuser5)，以阻止其访问 vsftpd 服务器，如图 3-3-6 所示。

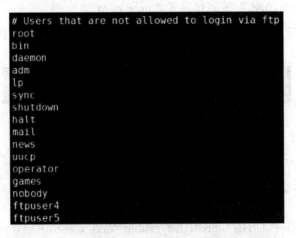

```
# Users that are not allowed to login via ftp
root
bin
daemon
adm
lp
sync
shutdown
halt
mail
news
uucp
operator
games
nobody
ftpuser4
ftpuser5
```

图 3-3-6　阻止 ftpuser4、ftpuser5 访问 vsftpd 服务器

② 在文件/etc/vsftpd/user_list 添加相关账号(如 ftpuser6、ftpuser7)，并检查主配置文件中的"userlist_enable"项的值是否为"YES"，且"userlist_deny"项的值为"YES"(如文件中无该项，则默认"userlist_deny = YES")，如图 3-3-7 所示。

```
[root@FTP ~]# cat /etc/vsftpd/vsftpd.conf | grep userlist
userlist_enable=YES
[root@FTP ~]# tail -2 /etc/vsftpd/user_list
ftpuser6
ftpuser7
```

图 3-3-7　阻止 ftpuser6、ftpuser7 访问 vsftpd 服务器

保存相关修改，按如下命令启动 vsftp 服务即可。

　　　[root@ftp ~]#service vsftpd start

3. 测试基础服务

用户可以通过两种方式对 FTP 服务进行测试：客户端浏览器访问和 shell 端 ftp 命令访问方式。

1) 以客户端浏览器访问方式测试

在客户端浏览器的地址栏中输入：ftp://192.168.0.251，会提示输入用户名和密码，输

入后即可登录服务器(若使用匿名账号，则输入用户名 anonymous，密码为空)。若需要指定某个账号登录，则可以在地址栏中输入：ftp://username:password@192.168.0.251。

2) 以 ftp 命令访问方式测试

ftp 命令可以控制在本地终端和远程 FTP 服务器之间传送文件，其基本格式如下：

ftp [选项] IP 地址

默认情况下，连接 FTP 服务器，只需要在命令后添加主机 IP 地址即可。

登录 FTP 服务器后，ftp 命令常用的功能如下：

cd：切换当前工作目录。

ls：显示指定目录下的内容。

pwd：列出当前远端主机目录。

bye：终止主机 FTP 进程，并退出 FTP 管理方式。

get [remote-file] [local-file]：从 FTP 服务器传送至本地主机。

mget [remote-files]：从 FTP 服务器接收一批文件至本地主机。

put [local-file] [remote-file]：将本地一个文件传送至 FTP 服务器。

mput [local-files]：将本地主机的一批文件传送至 FTP 服务器。

rename [from] [to]：改变 FTP 服务器中的文件名。

rmdir directory-name：删除远端主机中的目录。

chmod：改变远端主机的文件权限。

在 CentOS 系统上使用 ftp 命令，必须先通过 yum 命令安装 ftp 软件包，命令如下：

[root@ftp ~]# yum install –y ftp

① 测试跳转出根目录。

使用账号 ftpuser1 登录后，会显示当前路径，尝试使用 cd 命令跳转出根目录，如图 3-3-8 所示。

图 3-3-8　测试 ftpuser1 跳转目录

若使用匿名账号、账号 ftpuser2 或 ftpuser3 登录后进行跳转出根目录测试，则发现始终无法跳转出根目录。

② 测试上传和下载功能。

使用账号 ftpuser1 登录后，将本地主机目录"/root/"下的 file1 文件上传至 vsftpd 服务器的当前目录下，命令如下：

ftp> put /root/file1 file1

效果如图 3-3-9 所示。

```
ftp> put /root/file1 file1
local: /root/file1 remote: file1
227 Entering Passive Mode (192,168,0,251,99,212).
150 Ok to send data.
226 Transfer complete.
4 bytes sent in 0.000108 secs (37.04 Kbytes/sec)
ftp> ls
227 Entering Passive Mode (192,168,0,251,186,24).
150 Here comes the directory listing.
-rw-r--r--    1 501    50    4 Mar 12 11:33 file1
226 Directory send OK.
```

图 3-3-9   测试 ftpuser1 上传文件

将 vsftpd 服务器上的 file1 下载至本地，命令如下：

ftp> get file1 /root/file1

效果如图 3-3-10 所示。

```
ftp> get file1 /root/file1
local: /root/file1 remote: file1
227 Entering Passive Mode (192,168,0,251,197,63).
150 Opening BINARY mode data connection for file1 (4 bytes).
226 Transfer complete.
4 bytes received in 9.3e-05 secs (43.01 Kbytes/sec)
```

图 3-3-10   测试 ftpuser1 下载文件

◇ 技能训练

训练目的：

掌握中小型企业 FTP 服务的基础配置方法；

掌握限制 FTP 用户操作权限的配置方法。

训练内容：

依据任务 3.3 中配置 FTP 服务器的基础配置方法和限制 FTP 用户操作权限的配置方法，对蓝雨公司的 FTP 服务器进行基础配置。

参考资源：

1. 中小企业 FTP 服务器基础配置技能训练任务单；

2. 中小企业 FTP 服务器基础配置技能训练任务书；

3. 中小企业 FTP 服务器基础配置技能训练检查单；

4. 中小企业 FTP 服务器基础配置技能训练考核表。

技能训练 3-5

训练步骤：

1. 学生依据蓝雨公司的实际需求，分析 FTP 服务需求并制定需求清单。

2. 制定工作计划，进行 FTP 服务器基础配置。

3. 形成蓝雨公司 FTP 服务器基础配置报告。

子任务 3.3.2　FTP 服务器的安全配置与管理

1. SSL/TLS 协议的应用

因 FTP 服务器与客户端在通信过程中采取的是明文传输方式，所以在用户登录 FTP 服务器时，一旦有人在服务器端或客户端监听网络数据，就可以轻易获取用户的登录账号和密码，如图 3-3-11 中两处方框所示。

基于安全考虑，公司要求信息部门对此拟定解决方案。信息部门经过讨论，决定使用常规方式解决：应用 SSL/TLS 协议加密传输数据。

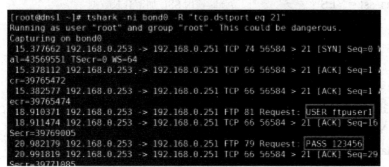

ftp 服务器的安全
配置与管理讲解

图 3-3-11　监听登录 FTP 服务

要使用 SSL/TLS 协议，必须先安装 PAM 服务相关部件，安装命令如下：

　　[root@ftp ~]#yum install –y pam*

1）FTP 用户账号

因采取 SSL/TLS 协议对传输过程进行了加密，所以不能使用原有的本地账号登录 vsftpd 服务器，必须采取虚拟用户(Guest 用户)登录。

虚拟用户并不是系统用户，即 FTP 的用户在系统中是不存在的。这些账号的权限是集中寄托在系统中的某一个用户身上的，即所谓的 vsftpd 的虚拟宿主用户。虚拟宿主用户是支持所有虚拟用户的宿主用户，由于它支撑了 FTP 的所有虚拟用户，其本身的权限将会影响这些虚拟用户，因此，出于安全性的考虑，应注意对该用户的权限控制，如该用户没有登录系统的必要，应不允许登录系统。

为了方便管理，公司统一配置一个名为"virtual"的虚拟宿主用户。用户登录用的虚拟用户名沿用表 3-3-1 中的账户名，在后续过程中配置。因"virtual"不需要登录系统，所以在添加该账号时要拒绝其登录系统，具体命令如下：

　　[root@ftp ~]# useradd -s /sbin/nologin virtual

命令中"-s /sbin/nologin"表示此用户不允许登录系统。

2）修改主配置文件

在主配置文件中修改以下内容(如无则添加)：

　　guest_enable = YES　　　　　　　　　　　//启用虚拟用户

　　guest_username = virtual　　　　　　　　//指定虚拟用户映射的账户名

　　pam_service_name = virtual　　　　　　　//设定 PAM 服务下 vsftpd 的验证配置文件名

```
user_config_dir = /etc/vsftpd/user_conf        //指定虚拟用户账号配置文件所处位置
chroot_local_user = YES                         //启用用户目录隔离
pasv_enable = YES                               //启用 vsftpd 服务的被动模式
pasv_min_port = 40000                           //指定最小端口号
pasv_max_port = 41000                           //指定最大端口号
ssl_enable = YES                                //启用 SSL/TLS 协议
rsa_cert_file = /etc/vsftpd/cert/vsftpd.pem     //指定 SSL 证书保存的文件
allow_anon_ssl = NO                             //匿名用户不使用 SSL 加密
force_local_data_ssl = YES                      //强制使用 SSL 加密数据传输
force_local_logins_ssl = YES                    //强制使用 SSL 加密登录数据
ssl_tlsv1 = YES                                 //启用第一认证模式
ssl_sslv2 = NO
ssl_sslv3 = NO
require_ssl_reuse = NO                          //不需要数据与控制流使用相同的 SSL 通道
ssl_ciphers = HIGH
xferlog_enable = YES
xferlog_std_format = NO
xferlog_file = /var/log/vsftpd.log              //指定相关日志文件
log_ftp_protocol = YES
```

3) 创建配置文件目录

创建在主配置文件中指定的相关目录，命令如下：

　　[root@ftp ~]#mkdir /etc/vsftpd/user_conf

　　[root@ftp ~]#mkdir /etc/vsftpd/cert

4) 创建虚拟用户

在目录"/etc/vsftpd/"下创建用户文件 virtualuser.txt，并在其中写入虚拟用户及其密码。注意，用户名和密码各占一行且顶格书写，如图 3-3-12 所示。

```
[root@ftp ~]# cat /etc/vsftpd/virtualuser.txt
ftpuser1  用户名
123456    密码
ftpuser2
123456
```

图 3-3-12　创建虚拟用户

为了保证在传输过程中，将用户名和密码等数据加密，故需要将文件 virtualuser.txt 转换成为 Berkeley 数据库文件 virtualuser.db，以便被 PAM 服务调用，命令如下：

　　[root@ftp ~]# db_load -T -t hash -f /etc/vsftpd/virtualuser.txt /etc/vsftpd/virtualuser.db

5) 设置虚拟用户相关权限

在指定的虚拟用户账号配置文件目录"/etc/vsftpd/user_conf"内，创建虚拟账号权限配置文件，文件名称以虚拟账号命名。以创建 ftpuser1 虚拟账号的配置文件为例，命令如下：

　　[root@ftp ~]# vi /etc/vsftpd/user_conf/ftpuser1

因 ftpuser1 具备上传和下载的权限，且速度不受限制，指定其根目录为“/data/vsftp/ftpuser1”，其配置文件的内容如图 3-3-13 所示。

```
local_root=/data/vsftp/ftpuser1 指定根目录
anon_umask=023
write_enable=YES   允许写入
anon_upload_enable=YES   允许上传
anon_mkdir_write_enable=YES   允许创建、上传目录
anon_other_write_enable=YES   允许更改、删除目录
max_clients=5   最大用户在线数量
max_per_ip=5   每个IP最大线程数
```

图 3-3-13　配置 ftpuser1 操作权限配置文件

6) 设置 vsftpd 的 PAM 配置文件

vsftpd 的 PAM 配置文件 /etc/pam.d/vsftpd 决定 vsftpd 使用何种认证方式，常用的认证方式包括：

pam_unix：本地系统的真实用户认证。

pam_userdb：独立的用户认证数据库认证。

pam_ldap：网络上的 LDAP 数据库认证。

出于安全考虑，不希望 vsftpd 共享本地系统的用户认证信息，而采用自己独立的用户认证数据库来认证虚拟用户，因此采用 pam_userdb 认证方式。

打开文件/etc/pam.d/vsftpd 后，先将所有内容注释，再添加两条关于认证管理和账号管理的信息，如图 3-3-14 所示。

```
#%PAM-1.0
#session    optional     pam_keyinit.so    force revoke
#auth       required    pam_listfile.so item=user sense=deny file=/etc/vsftpd/ftpusers onerr=succeed
#auth       required    pam_shells.so
#auth       include     password-auth
#account    include     password-auth
#session    required     pam_loginuid.so
#session    include     password-auth
auth required /lib64/security/pam_userdb.so db=/etc/vsftpd/virtualuser
account required /lib64/security/pam_userdb.so db=/etc/vsftpd/virtualuser
```

图 3-3-14　配置 PAM 认证方式

图 3-3-14 中，“auth required /lib64/security/pam_userdb.so db = /etc/vsftpd/virtualuser”表示从文件 /etc/vsftpd/virtualuser.db 中接受用户名和密码，进而对该用户的密码进行认证；“account required /lib64/security/pam_userdb.so db = /etc/vsftpd/virtualuser”表示从文件 /etc/vsftpd/virtualuser.db 中检查账户是否被允许登录系统。

7) 创建 SSL 认证文件

SSL 认证文件可以通过 openssl 命令创建，命令如下：

```
[root@ftp ~]# openssl req -x509 -days 365 -newkey rsa:2048 -nodes -keyout
/etc/vsftpd/cert/vsftpd.pem -out /　etc/vsftpd/cert/vsftpd.pem
```

命令中的“req”表示请求生成和处理证书；“-x509”表示显示证书信息、转换证书格式、签名证书请求以及改变证书的信任设置等；“-days 365”表示证书有效日期为 365 天；“-newkey rsa:2048”表示请求生成新的 rsa 密钥以及证书；“-node”表示不需要密码；

“-keyout”表示指定生成的私钥文件名称；“-out”表示指定输出文件名。

命令执行后，会要求填入所在国家、省、市以及公司相关信息，具体如图 3-3-15 所示。

```
Generating a 2048 bit RSA private key
.................................................................................+++
.......................................................................+++
writing new private key to '/etc/vsftpd/cert/vsftpd.pem'
-----
You are about to be asked to enter information that will be incorporated
into your certificate request.
What you are about to enter is what is called a Distinguished Name or a DN.
There are quite a few fields but you can leave some blank
For some fields there will be a default value,
If you enter '.', the field will be left blank.
-----
Country Name (2 letter code) [XX]:cn
State or Province Name (full name) []:hunan
Locality Name (eg, city) [Default City]:cs
Organization Name (eg, company) [Default Company Ltd]:lanyu
Organizational Unit Name (eg, section) []:lanyu
Common Name (eg, your name or your server's hostname) []:lanyu
Email Address []:root@lanyu.com
```

图 3-3-15　填写 SSL 认证文件相关信息

8) 创建虚拟用户根目录

按照用户配置文件中的设置，创建虚拟用户根目录。以虚拟用户 ftpuser1 为例，在系统根目录下为其创建 FTP 站点根目录“/data/vsftp/ftpuser1”。创建好目录后，必须将目录“/data/”及其子目录和文件的所有者和所属组均改成用户“virtual”及其所属组，否则虚拟用户无法登录。具体命令如下：

```
[root@ftp ~]# mkdir -p /data/vsftp/ftpuser1
[root@ftp ~]# chown virtual.virtual /data/vsftp/ftpuser1 -R
```

9) 防火墙设置

因 vsftpd 服务使用的是 TCP 的 20 和 21 号端口，被动模式下使用了 40000~41000 之间的端口，所以必须在防火墙中添加规则，允许这些端口与外界通信，命令如下：

```
[root@ftp ~]# iptables -A INPUT -p tcp --dport 21 -j ACCEPT
[root@ftp ~]# iptables -A OUTPUT -p tcp --sport 21 -j ACCEPT
[root@ftp ~]# iptables -A INPUT -m state --state ESTABLISHED, RELATED -j
ACCEPT
[root@ftp ~]# iptables -A OUTPUT -m state --state ESTABLISHED, RELATED -j
ACCEPT
[root@ftp ~]# iptables -A INPUT -p tcp --dport 40000:41000 -j ACCEPT
[root@ftp ~]# iptables -A OUTPUT -p tcp --sport 20 -j ACCEPT
```

规则设置后，保存并重启防火墙。

所有设置完成后，启动 vsftpd 服务，进行验证。

10) 验证

因 vsftpd 服务采取了 SSL/TLS 认证，虚拟用户无法利用 ftp 命令登录，必须要使用具备“FTP over TLS”方式的 FTP 客户端登录。

在此，匿名用户利用 ftp 命令测试，虚拟用户利用“FileZilla”客户端进行测试。

① 匿名用户测试，测试效果如图 3-3-16 所示。

```
248.238589 192.168.0.253 -> 192.168.0.251 FTP 82 Request: USER anonymous
248.239028 192.168.0.253 -> 192.168.0.251 TCP 66 56606 > 21 [ACK] Seq=17 Ack
=55 Win=14656 Len=0 TSval=74832617 TSecr=14633782
249.937449 192.168.0.253 -> 192.168.0.251 FTP 73 Request: PASS
249.938987 192.168.0.253 -> 192.168.0.251 TCP 66 56606 > 21 [ACK] Seq=24 Ack
=78 Win=14656 Len=0 TSval=74834317 TSecr=14635481
```

图 3-3-16　捕捉匿名账号登录信息

从图 3-3-16 中可以看出，因匿名登录没有强制使用 SSL 协议，所以仍然可以被捕捉到登录用户名和密码(密码为空的情况下，显示 PASS)。

② 虚拟用户测试，测试效果如图 3-3-17 所示。

```
13.218237 192.168.0.112 -> 192.168.0.251 TCP 60 52945 > 21 [ACK] Seq=567 Ac
k=1373 Win=64328 Len=0
13.218256 192.168.0.112 -> 192.168.0.251 TCP 66 [TCP Dup ACK 30#1] 52945 >
21 [ACK] Seq=567 Ack=1373 Win=64328 Len=0 SLE=1147 SRE=1373
14.705731 192.168.0.112 -> 192.168.0.251 FTP 98 Request: \027\003\003\000'\
000\000\000\000\000\000\000\000\001\364\201\000\3125\360\361\312\200\244>\000P\0
04\367\226MY\250K\036\265\302\216\023d\316\332u\220L
14.706345 192.168.0.112 -> 192.168.0.251 FTP 96 Request: \027\003\003\000%\
000\000\000\000\000\000\000\002\332&\310"\353G\342:\227\241n\374\366\325\031
\207k/Js\223y\274\351w\331\036W\344
```

图 3-3-17　捕捉虚拟账号登录信息

从图 3-3-17 中可以看出，虚拟用户登录的信息已被加密，无法捕捉到正确的信息。

2. TCP Wrappers 安全机制应用

为了方便客户在前台查询公司相关信息，接待部在客户休息区安置了两台计算机，IP 地址分别为 192.168.0.10 和 192.168.0.11。为保障 vsftpd 服务器的安全，需要禁止这两台计算机访问服务器，但允许网段 192.168.0 的其他计算机访问。

通过 TCP Wrappers 安全机制可以禁止特定的主机访问 vsftpd 服务器。

1) 启用 TCP Wrappers 安全机制

打开 vsftpd 服务的主配置文件，检查"tcp_wrappers"项是否启用、值是否为"YES"。在默认配置中，该选项为启动的，值为"YES"。

2) 编写禁用规则

编写禁止主机登录 vsftpd 服务器的规则有两种方式：在文件 hosts.allow 中编写或在文件 hosts.deny 中编写。

① 在文件 hosts.allow 中编写。

打开位于目录"/etc/"下的文件 hosts.allow，添加需要禁止的主机 IP 地址或允许的主机 IP 地址。文件中的书写要求如下：

　　　　服务名称：IP 地址：DENY(若拒绝则填写 DNEY，否则不填写)

按照公司要求，文件中的规则填写如图 3-3-18 所示。

```
vsftpd:192.168.0.        允许192.168.0网段的主机登录
vsftpd:192.168.0.10:DENY
vsftpd:192.168.0.11:DENY        拒绝登录
```

图 3-3-18　hosts.allow 中的规则

② 在文件 hosts.deny 中编写。

打开位于目录"/etc/"下的文件"hosts.deny"，添加需要禁止的主机 IP 地址。文件中的书写要求如下：

　　　　服务名称：**IP 地址**

按照公司要求，文件中的规则填写如图 3-3-19 所示。

```
vsftpd:192.168.0.10
vsftpd:192.168.0.11
```

图 3-3-19　hosts.deny 中的规则

注意：文件 hosts.allow 的优先级高于 hosts.deny。若两个文件中的内容相互冲突时，则只执行文件 hosts.allow 的设置。

例如，在文件 hosts.allow 中设置允许网段 192.168.0 的所有主机可以访问 vsftpd 服务，同时在 hosts.deny 中设置拒绝 IP 地址为 192.168.0.10 的主机访问 vsftpd 服务，则最终的结果是 IP 地址为 192.168.0.10 的主机可以访问 vsftpd 服务。

◇ 技能训练

训练目的：

掌握中小型企业 FTP 服务器应用 SSL/TLS 协议的配置方法；

掌握中小型企业 FTP 服务器应用 TCP Wrappers 安全机制的配置方法。

训练内容：

依据任务 3.3 中配置 FTP 服务器应用 SSL/TLS 协议的配置方法和应用 TCP Wrappers 安全机制的配置方法，对蓝雨公司的 FTP 服务器进行安全配置。

技能训练 3-6

参考资源：

1. 中小企业 FTP 服务器安全配置技能训练任务单；

2. 中小企业 FTP 服务器安全配置技能训练任务书；

3. 中小企业 FTP 服务器安全配置技能训练检查单；

4. 中小企业 FTP 服务器安全配置技能训练考核表。

训练步骤：

1. 学生依据蓝雨公司的实际需求，分析 FTP 服务器的安全需求并制定方案。

2. 制定工作计划，进行 FTP 服务器安全配置。

3. 形成蓝雨公司 FTP 服务器安全配置报告。

任务 3.4　Web 服务器的配置与管理

【任务描述】

根据公司信息化基础服务群组建设的需求，了解 CentOS 6.5 中关于 Web 服务器的配置与管理有关知识，掌握 Web 服务器的基础配置与安全管理方法。

【问题引导】

1. 什么是 Web 服务器？
2. 访问 Web 服务有哪些步骤？
3. 什么是 HTTPS 协议？

【知识学习】

1. Web 服务器

Web(World Wide Web，全球广域网)，也称为万维网，它是一种基于超文本和 HTTP 的、全球性的、动态交互的、跨平台的分布式图形信息系统。Web 是建立在 Internet 上的一种网络服务，为浏览者在互联网上查找和浏览信息提供了图形化的、易于访问的直观界面，其中的文档及超级链接将互联网上的信息节点组织成一个互为关联的网状结构。

Web 服务器即网站服务器，是指驻留于因特网上某种类型计算机的程序，可以向浏览器等 Web 客户端提供文档，也可以放置网站文件，让全世界网民浏览。目前最主流的三个 Web 服务器是 Apache、Nginx、IIS。

Web 服务器常用的协议包括：

• HTTP(HyperText Transfer Protocol，超文本传输协议)。互联网上应用最为广泛的一种网络协议，所有的 WWW 文件都必须遵守这个标准。设计 HTTP 最初的目的是为了提供一种发布和接收 HTML 页面的方法。HTTP 是一个基于 TCP 的客户端和服务器端请求和应答的标准。客户端是终端用户，服务器端是网站。通过使用 Web 浏览器等工具，客户端发起一个到服务器上指定端口(默认端口号为 80)的 HTTP 请求。

• URL(Uniform Resource Locator，统一资源定位符)。对可以从互联网上得到的资源的位置和访问方法的一种简洁表示，是互联网上标准资源的地址。互联网上的每个文件都有一个唯一的 URL，它包含的信息可以指出文件的位置以及浏览器应该怎么处理它。

• HTML(HyperText Markup Language，超文本标记语言)。标准通用标记语言下的一个应用，也是一种规范，一种标准。它通过标记符号来标记要显示的网页中的各个部分。网页文件本身是一种文本文件，通过在文本文件中添加标记符，可以告诉浏览器如何显示其中的内容(如：文字如何处理，画面如何安排，图片如何显示等)。浏览器则按顺序阅读网页文件，然后根据标记符解释和显示其标记的内容。

2．Web 服务的访问流程

Web 服务器是一种被动程序，只有当互联网上的计算机中的浏览器向服务器发出请求时，服务器才会响应。

客户端访问 Web 服务器的流程一般要经过三个阶段：客户端和 Web 服务器间建立连接；传输相关内容；关闭连接。具体流程如图 3-4-1 所示。

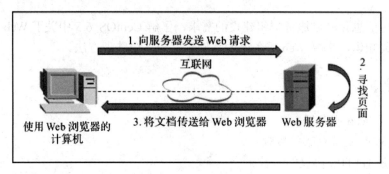

图 3-4-1　Web 服务器访问流程

① Web 浏览器使用 HTTP 命令向服务器发出 Web 请求。

② 服务器接收到 Web 页面请求后，发送一个应答并在客户端和服务器之间建立连接。

③ Web 服务器查找客户端所需文档，若 Web 服务器查找到所请求的文档，就会将该文档传送给 Web 浏览器；若该文档不存在，则发送一个相应的错误提示文档给客户端。

④ Web 浏览器接收到文档后，将其解释并显示在屏幕上。

⑤ 当客户端浏览数据后，断开与服务器的连接。

3．HTTPS 协议

HTTPS(Hyper Text Transfer Protocol over Secure Socket Layer，安全套接字层超文本传输协议)，以安全为目标的 HTTP 通道，用于安全的 HTTP 数据传输。

HTTP 协议以明文方式发送内容，不提供任何方式的数据加密。如果攻击者截取了 Web 浏览器和 Web 服务器之间的传输报文，就可以直接读懂其中的信息，因此 HTTP 协议不适合传输一些敏感信息。

解决 HTTP 协议的这一缺陷，可以采用 HTTPS 协议。为了数据传输的安全，HTTPS 在 HTTP 的基础上加入了 SSL 协议，SSL 依靠证书来验证服务器的身份，并为浏览器和服务器之间的通信加密。

HTTPS 和 HTTP 的区别主要有以下四点。

· HTTPS 协议需要到 CA 申请证书，一般免费证书很少，需要交费。

· HTTP 是超文本传输协议，信息是明文传输；HTTPS 则是具有安全性的 SSL 加密传输协议。

· HTTP 和 HTTPS 使用的是完全不同的连接方式，用的端口也不一样，前者端口号是 80，后者端口号是 443。

· HTTP 的连接很简单，是无状态的；HTTPS 协议是由 SSL + HTTP 协议构建的可进行加密传输、身份认证的网络协议，比 HTTP 协议安全。

子任务 3.4.1 Web 服务的安装与基础配置

根据任务描述，完成服务器基础配置后，要为 Web 服务器安装 Web 服务并进行基础设置，并提供公司业务与相关案例展示、客户咨询等网站业务的窗口，其要求如表 3-4-1 所示。

表 3-4-1 Web 服务基础要求

网站域名	IP 地址	网站目录	主页名称	备注
www.lanyu.com	192.168.0.250	/Web/index/	index.html	使用默认端口
oa.lanyu.com	192.168.0.2	/Web/oa/	oa.html	使用特殊端口 8000
xsb1.lanyu.com	192.168.0.3	/Web/index/xsb1/	service1.html	使用相同 IP 地址，使用默认端口
xsb2.lanyu.com	192.168.0.3	/Web/index/xsb2/	service2.html	

1. 安装 Web 服务

Apache 是世界上使用最多的 Web 服务器。它源于 NCSAhttpd 服务器，当 NCSA WWW 服务器项目停止后，那些使用 NCSA WWW 服务器的人们开始交换用于此服务器的补丁，这也是 Apache 名称的由来(pache 即补丁)。世界上很多著名的网站都是 Apache 的产物。Apache 的成功之处主要在于源代码开放，有一支开放的开发队伍，支持跨平台的应用(可以运行在几乎所有的 Unix、Windows、Linux 系统平台上)以及可移植性等方面。

安装 Apache 服务，必须安装以下软件：

- httpd-2.2.15-29.el6.centos.x86_64
- httpd-tools-2.2.15-29.el6.centos.x86_64
- httpd-devel-2.2.15-29.el6.centos.x86_64

完成 Web 服务器基础配置后，可以通过 yum 命令安装 Apache 软件，命令如下：

    [root@dns ~]# yum install -y httpd*

安装后，检查安装情况，命令如下：

    [root@dns ~]# rpm -aq httpd*

若显示安装的软件，则表示安装成功。

2. 配置基础 Web 服务

Apache 的配置文件及相关目录包括：

/var/www：Apache Web 站点文件的目录。

/var/www/html：默认存放网站 Web 文件的目录。

/etc/httpd/conf：存放配置文件的目录。

/etc/httpd/conf/httpd.conf：Apache 的主配置文件。

/etc/httpd/logs/：存放 Apache 服务器日志文件的目录。

Web 服务器三种
配置方式讲解

对 Apache 服务器的配置，主要是通过编辑 Apache 的主配置文件 httpd.conf 来实现的。需要注意的是修改文件 httpd.conf 后，必须重新启动 httpd 服务，所做的修改才生效。

主配置文件中常用设置项包括:

ServerROOT:设置 Apache 服务根目录,即 Apache 存放配置文件和日志文件的目录。默认为目录"/etc/httpd/"。

Listen:设置 Apache 服务在本机上监听客户端请求的 TCP 端口号。默认为 80 端口。

ServerName:设置服务器主机名称,方便 Apache 服务识别服务器自身的信息。若服务器有域名,则填入服务器域名;若没有域名则填入服务器的 IP 地址。默认不启用。

DocumentRoot:设置网站主目录路径。默认为目录"/var/www/html/"。

Directoryindex:设置默认网站主页文件名。默认网站主页文件是指在浏览器中输入 Web 站点的 IP 地址或域名即显示出来的 Web 页面。当 URL 中没有指定要访问的页面时,浏览器中默认显示的页面,即通常所说的主页。默认为 index.html 和 index.html.var。

在 Apache 中配置网站,一般采用虚拟主机技术。虚拟主机(又称虚拟服务器)是一种让单一服务器可以运行多个网站或服务的技术。

虚拟主机技术常用于 Web 服务,将一台服务器的某项或者全部服务内容在逻辑上划分为多个服务单位,对外表现为多个服务器,从而充分利用服务器硬件资源。

虚拟主机实现的类型有三种。

① 基于主机名(Name-based):通过客户端输入网址,决定其对应的网站。这个方法有效减少 IP 占用,但必须依赖 DNS 提供域名解析服务。若 DNS 部分解析出现故障,则对应此名称的服务也会无法使用。

② 基于 IP(IP-based):在服务器里绑定多个 IP,不同的 IP 对应不同的网站。

③ 基于端口(Port-based):近似于 IP 地址对应,不过是在同一个 IP 之下,利用不同的端口号来区别不同的服务。

若使用虚拟主机技术配置网站时,该网站的主目录、默认主页以及访问域名等均可在虚拟主机中配置,不必修改主配置文件中的相关项。

1) 创建公司主网站

按照任务需求,公司主网站的域名为 www.lanyu.com,IP 地址为 192.168.0.250,使用端口号为 80,主目录为"/Web/index/",主页名称为"index.html"。

(1) 创建主目录。

通过 mkdir 命令创建主目录,命令如下:

```
[root@Web ~]# mkdir -p /Web/index
```

注意:因 Web 服务一般为匿名访问,所以应确保主目录的权限设置中,其他用户具备读和执行的权限,否则会出现无法访问网站的情况。

(2) 创建网站主页。

在目录"/Web/index/"下,创建文件 index.html,文件中的内容如图 3-4-2 所示。

```
[root@Web /]# cat /web/index/index.html
<html>
hello, this is lanyu's webstation
</html>
```

图 3-4-2　文件"index.html"的内容

文件中的"<html>"为 HTML 语言的起始标志,"</html>"为结束标志。注意,该文件的权限设置中，同样需要使其他用户具备读取权限。

(3) 修改主配置文件。

打开主配置文件 /etc/httpd/conf/httpd.conf，通过虚拟机主机技术中的基于主机名实现方式，增加公司主网站，修改步骤如下：

① 启用"NameVirtualHost"项，将其值设置为"192.168.0.250:80"。

② 在文件末尾处添加虚拟主机容器<VirtualHost>，其内容如图 3-4-3 所示。

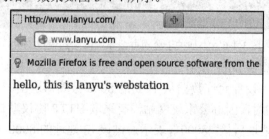

```
<VirtualHost 192.168.0.250:80>
   DocumentRoot /web/index
   ServerName www.lanyu.com
   DirectoryIndex index.html
   ErrorLog logs/www.lanyu.com-error_log
   CustomLog logs/www.lanyu.com-access_log.common
</VirtualHost>
```

图 3-4-3　添加关于公司主网站的虚拟主机

图 3-4-3 中的内容解释如下：

<VirtualHost 192.168.0.250:80>：虚拟主机开始标志，须填写该主机的 IP 地址和使用的端口号。

DocumentRoot：指定网站主目录为 /Web/index/。

ServerName：指定访问网站的域名为 www.lanyu.com。

DirectoryIndex：指定网站主页默认名称为 index.html。

ErrorLog：指定网站错误日志文件为"/etc/httpd/logs/www.lanyu.com-error_log"。

CustomLog：指定记录访问网站客户的日志文件为"/etc/httpd/logs/www.lanyu.com-access_log commom"。

</VirtualHost>：虚拟主机结束标志。

③ 保存后退出，启动 Apache 服务，命令如下：

　　[root@Web ~]#service httpd start

通过客户端访问网站，效果如图 3-4-4 所示。

图 3-4-4　公司主网站访问测试

此时若无法通过客户端浏览器访问网站 www.lanyu.com，应检查以下原因：

· 检查主配置文件是否存在语法错误，命令如下：

　　[root@Web ~]# apachectl configtest

若报错，则按提示查找错误，若无语法错误，则提示"Syntax OK"。

· 检查 DNS 服务器 IP 地址是否设置，若使用 IP 地址 192.168.0.250 可以访问网站，则很可能是因 DNS 服务器 IP 地址未正确配置或 DNS 服务器不工作，无法解析域名，导致无法通过域名访问网站。

- 检查防火墙是否允许 80 号端口通信，若限制通信，则添加相应规则即可。

2) 创建公司办公系统网站

按照任务需求，公司办公系统网站的 IP 地址为 192.168.0.2，使用端口号为 8000，主目录为 "/Web/index/oa/"，主页名称为 "oa.html"。

(1) 添加 IP 地址。

因公司办公系统网站的 IP 地址为 192.168.0.2，所以在本机上应添加此 IP 地址。

(2) 创建主目录。

通过 mkdir 命令在目录 "/Web/index/" 下创建子目录 "oa"，并赋予其他用户读和执行的权限。

(3) 创建网站主页。

在目录 "/Web/index/oa/" 下，创建文件 "oa.html"，内容为 "hello, this is oa's Webstation"。

(4) 修改主配置文件。

打开主配置文件 /etc/httpd/conf/httpd.conf，通过虚拟机主机技术中的基于端口实现方式，增加公司办公系统网站，修改步骤如下：

① 因公司办公系统网站使用 TCP 的 8000 号端口通信，所以必须在 "Listen" 项后另起一行，增加监听 8000 端口，如图 3-4-5 所示。

```
#Listen 12.34.56.78:80
Listen 80
Listen 8000
```

图 3-4-5　增加监听端口

② 在文件末尾处添加虚拟主机容器<Virtualhost>，其内容如图 3-4-6 所示。

```
<VirtualHost 192.168.0.2:8000>
  DocumentRoot /web/index/oa
  DirectoryIndex oa.html
  ErrorLog logs/oa.lanyu.com-error_log
  CustomLog logs/oa.lanyu.com-access_log common
</VirtualHost>
```

图 3-4-6　添加关于公司办公系统网站的虚拟主机

③ 修改后保存，重启 httpd 服务。

④ 在防火墙规则中设置允许数据从 TCP 的 8000 号端口进出。

在客户端访问网站时，因办公系统网站没有采取 HTTP 协议默认的 80 号端口，所以，输入地址时必须在 IP 地址后接 ":8000"，表示通过该 IP 地址的 8000 号端口访问 Web 服务，效果如图 3-4-7 所示。

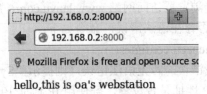

hello,this is oa's webstation

图 3-4-7　公司办公系统网站访问测试

3) 创建公司销售咨询网站

按照任务需求，公司销售咨询网站共有两个，分别是 xsb1.lanyu.com 和 xsb2.lanyu.com，IP 地址均为 192.168.0.3，均使用端口号 80，主目录分别为"/Web/index/xsb1/"和"/Web/index/xsb2/"，主页分别为"service1.html"和"service2.html"。

(1) 添加 IP 地址。

因公司销售咨询网站的 IP 地址为 192.168.0.3，所以在本机上应添加此 IP 地址。

(2) 创建主目录。

通过 mkdir 命令在目录"/Web/index/"下创建子目录"xsb1"和"xsb2"，均赋予其他用户读和执行的权限。

(3) 创建网站主页。

在目录"/Web/index/xsb1/"和"/Web/index/xsb2/"下，分别创建文件 service1.html 和 service2.html，内容分别为"hello, this is service1's Webstation"和"hello, this is service2's Webstation"。

(4) 修改主配置文件。

打开主配置文件 /etc/httpd/conf/httpd.conf，通过虚拟机主机技术中的基于主机名实现方式，增加公司销售咨询网站，修改步骤如下：

① 增加"NameVirtualHost"项，内容为"NameVirtualHost 192.168.0.3:80"。

② 在文件末尾处添加虚拟主机容器<VirtualHost>，其内容如图 3-4-8 所示。

```
<VirtualHost 192.168.0.3:80>
  DocumentRoot /web/index/xsb1
  ServerName xsb1.lanyu.com
  DirectoryIndex service1.html
  ErrorLog logs/xsb1.lanyu.com-error_log
  CustomLog logs/xsb1.lanyu.com-access_log common
</VirtualHost>
<VirtualHost 192.168.0.3:80>
  DocumentRoot /web/index/xsb2
  ServerName xsb2.lanyu.com
  DirectoryIndex service2.html
  ErrorLog logs/xsb2.lanyu.com-error_log
  CustomLog logs/xsb2.lanyu.com-access_log common
</VirtualHost>
```

图 3-4-8　添加公司销售咨询网站的虚拟主机

③ 修改后保存，重启 httpd 服务。

◇ **技能训练**

训练目的：

掌握中小型企业 Web 服务器的基础配置方法；

掌握虚拟主机技术的应用。

技能训练 3-7

训练内容：

依据任务 3.4 中配置 Web 服务器的基础配置方法和虚拟主机技术的使用方法，对蓝雨公司的 Web 服务器进行基础配置。

参考资源：

1. 中小企业 Web 服务器基础配置技能训练任务单；
2. 中小企业 Web 服务器基础配置技能训练任务书；
3. 中小企业 Web 服务器基础配置技能训练检查单；
4. 中小企业 Web 服务器基础配置技能训练考核表。

训练步骤：

1. 学生依据蓝雨公司的实际需求，分析 Web 服务器的基础需求并制定方案。
2. 制定工作计划，进行 Web 服务器基础配置。
3. 形成蓝雨公司 Web 服务器基础配置报告。

子任务 3.4.2　Web 服务的安全配置与管理

为保障 Web 服务器对外提供服务时，不被恶意监听获取信息甚至被虚假 Web 服务器冒名顶替，公司要求 Web 服务器必须使用 HTTPS 协议，确保相关数据加密传输，同时需建立一个数字证书，使得 Web 服务器无法冒充。

公司办公系统网站为员工提供了无纸化办公。该网站内有大量的公司机密。为了保障该网站的安全性，采取虚拟目录技术，隐藏网站真实的主目录名称，同时应设置需要用户名和密码访问，且只允许公司内部网段 192.168.0/24 的主机访问。

1. HTTPS 协议应用

1) 安装相关应用

安装 Apache SSL 支持模块 mod_ssl 以及 OpenSSL 生成自签名证书，命令如下：

HTTPS 的应用讲解

```
[root@Web index]# yum install -y mod_ssl openssl
```

注意：安装完 mod_ssl 后，会在目录"/etc/httpd/conf.d/"下自动生成文件"ssl.conf"。

2) 创建密钥和证书

① 创建加密私钥。

通过命令创建名为"server.key"的 2048 位加密私钥，命令如下：

```
[root@Web ~]# openssl genrsa -out server.key 2048
```

② 创建证书签名请求。

通过命令创建名为"server.csr"的证书签名请求，命令如下：

```
[root@Web ~]# openssl req -new -key server.key -out server.csr
```

③ 创建自签名证书。

通过命令创建名为"server.crt"的自签名证书，类型为"x509"，有效期为 365 天，命令如下：

```
[root@Web ~]# openssl x509 -req -days 365 -in server.csr -signkey server.key
-out server.crt
```

创建相关密钥和证书后，将其一一复制到指定目录内，命令如下：

> [root@Web ~]# cp server.key /etc/pki/tls/private/
>
> [root@Web ~]# cp server.csr /etc/pki/tls/private/
>
> [root@Web ~]# cp server.crt /etc/pki/tls/certs/

3) 配置 SSL

打开文件 /etc/httpd/conf.d/ssl.conf，在此配置 Apache 服务所需的 SSL。在文件中重置"SSLCertificateFile"项和"SSLCertificateKeyFile"项的值，即重置证书文件的路径和私钥文件的路径，修改内容如下：

> SSLCertificateFile /etc/pki/tls/certs/server.crt　　　　　　//重置证书文件路径
>
> SSLCertificateKeyFile /etc/pki/tls/private/server.key　　　//重置私钥文件路径

4) 修改主配置文件

打开主配置文件 /etc/httpd/conf/httpd.conf，修改步骤如下：

① 增加监听端口。

因 HTTPS 协议使用 443 端口，所以应在主配置文件中增加 443 端口的监听项。

② 加载 SSL。

若主配置文件中没有配置项"include conf.d/*.conf"，则必须在主配置文件中另起一行，顶格书写"include conf.d/ssl.conf"，导入 SSL 配置文件，否则不需填写。

③ 修改虚拟主机配置。

因采用了 HTTPS 协议，虚拟主机的配置必须修改，修改内容如图 3-4-9 所示。

图 3-4-9　修改公司主网站的虚拟主机

图 3-4-9 的相关内容解释如下：

NameVirtualhost 192.168.0.250:443：指定基于主机名的虚拟主机 IP 地址和所使用的 HTTPS 协议端口号。

SSLEngine on：表示开启 SSL。

SSLCertificateFile /etc/pki/tls/certs/server.crt：指定证书文件位置。

SSLCertificateKeyFile /etc/pki/tls/private/server.key：指定密钥文件位置。

修改后，重启 httpd 服务即可。

5) 测试 HTTPS 协议应用

默认情况下，浏览器使用的是 HTTP 协议，所以在客户端浏览器输入"www.lanyu.com"后，发现无法访问网站。此时，将输入的内容改为"https://www.lanyu.com"，浏览器提示

"本网站证书有问题，是否继续"，点击"是"，则进入公司主网站，效果如图 3-4-10 所示。

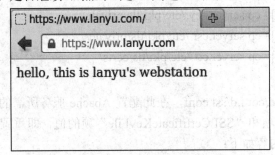

图 3-4-10　使用 HTTPS 协议访问公司主网站

2. 办公系统网站访问地址限制和用户登录配置

1) 访问地址限制

访问 Web 服务就是访问 Web 服务器中指定的网站目录中的内容。若需要在 Apache 服务器中设置访问地址限制，常用的方式为：在主配置文件的虚拟主机配置中使用<Directory>容器进行目录区域(目录、子目录及其包含的文件)的访问权限设置。

Web 服务的基础
安全配置讲解

在<Directory>容器中，使用 Order 来定义访问控制顺序，其内容有两种：

① Allow from 地址：允许某些地址访问。

② Deny from 地址：拒绝某些地址访问。

以上两处的"地址"可以是：IP 地址、网段、主机名、域名和 all(表示全部)。若需指定多个地址，地址之间使用空格分隔。

Order 常用的方式有两种。

① 先拒绝后允许。

　　Order deny,allow

　　Deny from all　　　//拒绝所有

② 先允许后拒绝。

　　Order allow，deny

　　Allow from all　　　//允许所有

根据公司需求，公司办公系统网站只允许网段为 192.168.0/24 的主机访问。在主配置文件中关于办公系统网站的虚拟主机的修改配置如图 3-4-11 所示。

```
<VirtualHost 192.168.0.2:8000>
DocumentRoot /web/index/oa
ServerName oa.lanyu.com:8000
DirectoryIndex oa.html
<Directory /web/index/oa>
Options ALL
Order allow,deny
Allow from 192.168.0
</Directory>
ErrorLog logs/oa.lanyu.com-error_log
CustomLog logs/oa.lanyu.com-access_log common
</VirtualHost>
```

图 3-4-11　设置公司办公系统网站限制访问地址

图 3-4-11 中，相关内容解释如下：

<Directory /Web/index/oa>：指定对目录 "/Web/index/oa/" 及其子目录和相关文件进行设置。

Options ALL：定义目录特性。目录的特性包括 Index(允许目录浏览)、MuItiViews(允许内容智能匹配)、ExecCGL(允许在该目录下执行 CGL 脚本)、ALL(包含了除 MuLtiViews 之外的所有特性)等。注意，当<Directory>容器中没有 Options 时，默认值为 ALL。

Order allow，deny：先允许，后拒绝。

Allow from 192.168.0：允许网段 192.168.0/24 的主机访问该网站。

</Directory>：容器结束。

2) 虚拟目录设置

虚拟目录技术，即使用一个虚假、不存在的目录名称来代替网站真实的主目录名称。采用虚拟目录技术，可以有效地隐藏网站真实路径，降低暴露风险。

根据公司需求，设定一个虚拟的目录名称 "office" 来替代公司办公系统网站主目录 "/Web/index/oa/"。在主配置文件中对办公系统网站的虚拟主机的修改配置如图 3-4-12 所示。

图 3-4-12　设置公司办公系统网站虚拟目录

图 3-4-12 中，"Alias" 项用来指定虚拟目录，其格式为：

Alias　虚拟目录名称(完整路径)　真实目录名称(完整路径)

设置完毕保存并重启 httpd 服务，客户端访问效果如图 3-4-13 所示。

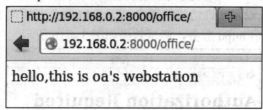

图 3-4-13　虚拟目录测试

3) 用户登录设置

根据公司需求，公司办公系统网站需要使用用户名和密码登录方可访问。为了方便管理，公司员工统一使用账号 "oa" 登录网站，密码为 "123456"。

① 创建登录用户。

创建登录网站的用户账号 "oa"，指定该账号的密码存放在文件 /etc/pwd 中，命令如下：

[root@Web ~]# htpasswd -c /etc/pwd oa

效果如图 3-4-14 所示。

```
[root@Web ~]# htpasswd -c /etc/pwd oa
New password:
Re-type new password:
Adding password for user oa
[root@Web ~]# cat /etc/pwd
oa:fwEsS.iuDhYvo
```

图 3-4-14   创建网站登录用户账号及其密码

注意：第一次使用 htpasswd 命令创建密码文件时，需要使用选项"-c"，若还需增加用户，则不需要使用选项"-c"，否则会覆盖原有用户。

② 修改虚拟主机配置。

在主配置文件中，修改办公系统网站的虚拟主机配置如图 3-4-15 所示。

```
<VirtualHost 192.168.0.2:8000>
  DocumentRoot /web/index/oa
  ServerName oa.lanyu.com:8000
  DirectoryIndex oa.html
  Alias /office /web/index/oa
  <Directory /web/index/oa>
  Order allow,deny
  Allow from 192.168.0
  AuthType Basic
  AuthName "Please login:"
  AuthUserFile /etc/pwd
  Require valid-user
  </Directory>
  ErrorLog logs/oa.lanyu.com-error_log
  CustomLog logs/oa.lanyu.com-access_log common
</VirtualHost>
```

图 3-4-15   设置公司办公系统网站的登录用户

图 3-4-15 中的内容解释如下：

AuthType Basic：设置认证类型为基本身份认证，即使用用户名和密码。

AuthName "Please login"：设置认证提示信息。

AuthUserFile /etc/pwd：设置登录密码文件的路径。

Require valid-user：设置允许访问的用户，"valid-user"指密码文件中的相关用户。

修改后保存，并重启 httpd 服务，测试效果如图 3-4-16 所示。

图 3-4-16   网站用户登录测试

◇ 技能训练

训练目的：
掌握中小型企业 Web 服务器应用 HTTPS 协议的方法；
掌握中小型企业 Web 服务器应用访问地址限制的方法；
掌握中小型企业 Web 服务器应用虚拟目录的方法；
掌握中小型企业 Web 服务器应用网站用户授权登录的方法。

技能训练 3-8

训练内容：
依据任务 3.4 中配置 Web 服务器的安全配置方法，对蓝雨公司的 Web 服务器进行安全配置。

参考资源：
1. 中小企业 Web 服务器安全配置技能训练任务单；
2. 中小企业 Web 服务器安全配置技能训练任务书；
3. 中小企业 Web 服务器安全配置技能训练检查单；
4. 中小企业 Web 服务器安全配置技能训练考核表。

训练步骤：
1. 学生依据蓝雨公司的实际需求，分析 Web 服务器的安全需求并制定方案。
2. 制定工作计划，进行 Web 服务器安全配置。
3. 形成蓝雨公司 Web 服务器安全配置报告。

任务 3.5　DHCP 服务器的配置与管理

【任务描述】

根据公司信息化基础服务群组建设的需求，了解 CentOS 6.5 中关于 DHCP 服务器的配置与管理有关知识，掌握 DHCP 服务器的基础配置与中继配置方法。

【问题引导】

1. 什么是 DHCP？
2. DHCP 的工作原理是什么？
3. 什么是 DHCP 中继？

【知识学习】

1. DHCP

DHCP(Dynamic Host Configuration Protocol，动态主机配置协议)是一个局域网的网络协议，使用 UDP 协议工作。DHCP 通常应用于大中型局域网络环境中，主要作用是集中管理、分配 IP 地址，使局域网中的主机动态地获得 IP 地址、网关、DNS 服务器地址等信息，并能够提升地址的使用率。

DHCP 有 3 个端口，其中 67 号端口和 68 号端口为正常的 DHCP 服务端口，分别作为 DHCP 服务器和 DHCP 客户端的服务端口；546 号端口专门用于 DHCPv6 客户端，用于 DHCP failover 服务。DHCP failover 是用来做"双机热备"的，此服务需要特别开启。

DHCP 协议采用 C/S 模型(客户端/服务器模型)，主机地址的动态分配任务由客户端驱动。当 DHCP 服务器接收到来自客户端的申请地址信息时，才会向客户端发送相关的地址配置等信息，以实现客户端地址信息的动态配置。DHCP 具有以下功能：

- 保证任何 IP 地址在同一时刻只能由一台 DHCP 客户机使用。
- DHCP 应当可以给用户分配永久固定的 IP 地址。
- DHCP 应当可以和用其他方法获得 IP 地址的主机共存(如手工配置 IP 地址的主机)。
- DHCP 服务器应当向现有的 BOOTP 客户端提供服务。

DHCP 有三种机制分配 IP 地址：

① 自动分配方式(Automatic Allocation)：DHCP 服务器为客户端指定一个永久性的 IP 地址。一旦 DHCP 客户端第一次成功地从 DHCP 服务器端租用到 IP 地址，就可以永久使用该地址。

② 动态分配方式(Dynamic Allocation)：DHCP 服务器给客户端指定一个具有时间限制的 IP 地址，时间到期或客户端明确表示放弃该地址时，该地址可以被其他客户端

使用。

③ 手工分配方式(Manual Allocation)：客户端的 IP 地址是由网络管理员指定的，DHCP 服务器只是将指定的 IP 地址告诉客户端主机。

三种地址分配方式中，只有动态分配可以重复使用客户端不再需要的地址。

2. DHCP 的工作原理

DHCP 协议采用 UDP 作为传输协议，客户端发送请求消息到 DHCP 服务器的 67 号端口，DHCP 服务器回应应答消息给客户端的 68 号端口。详细的工作过程如图 3-5-1 所示。

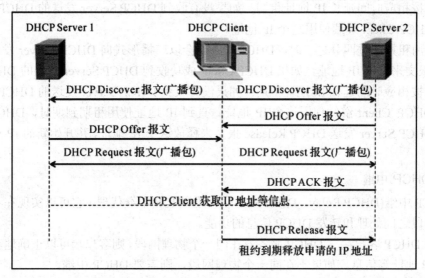

图 3-5-1　DHCP 工作过程

具体解释如下：

① DHCP Client 以广播的方式发出 DHCP Discover 报文。

② 所有的 DHCP Server 都能够接收到 DHCP Client 发送的 DHCP Discover 报文，所有的 DHCP Server 都会响应，向 DHCP Client 发送一个 DHCP Offer 报文。DHCP Offer 报文中"Your(Client) IP Address"字段就是 DHCP Server 能够提供给 DHCP Client 使用的 IP 地址，且 DHCP Server 会将自己的 IP 地址放在"option"字段中以便 DHCP Client 区分不同的 DHCP Server。DHCP Server 在发出此报文后会存有一个已分配 IP 地址的记录。

③ DHCP Client 只能处理其中的一个 DHCP Offer 报文，一般的原则是 DHCP Client 处理最先收到的 DHCP Offer 报文。

④ DHCP Client 会发出一个广播的 DHCP Request 报文，在选项字段中会加入选中的 DHCP Server 的 IP 地址和需要的 IP 地址。

⑤ DHCP Server 收到 DHCP Request 报文后，判断选项字段中的 IP 地址是否与自己的地址相同。如果不相同，DHCP Server 不做任何处理，只清除相应 IP 地址分配记录；如果相同，DHCP Server 就会对 DHCP Client 响应一个 DHCP ACK 报文，并在选项字段中增加 IP 地址的使用租期信息。

⑥ DHCP Client 接收到 DHCP ACK 报文后，检查 DHCP Server 分配的 IP 地址是否能够使用。如果可以使用，则 DHCP Client 成功获得 IP 地址并根据 IP 地址使用租期自动启

动续延过程；如果 DHCP Client 发现分配的 IP 地址已经被使用，则 DHCP Client 向 DHCP Server 发出 DHCP Decline 报文，通知 DHCP Server 禁用这个 IP 地址，然后 DHCP Client 开始新的地址申请过程。

⑦ DHCP Client 在成功获取 IP 地址后，随时可以通过发送 DHCP Release 报文释放自己的 IP 地址，DHCP Server 收到 DHCP Release 报文后，会回收相应的 IP 地址并重新分配。

在使用租期超过一半时，DHCP Client 会以单播形式向 DHCP Server 发送 DHCP Request 报文来续租 IP 地址。如果 DHCP Client 成功收到 DHCP Server 发送的 DHCP ACK 报文，则按相应时间延长 IP 地址租期；如果没有收到 DHCP Server 发送的 DHCP ACK 报文，则 DHCP Client 继续使用这个 IP 地址。

在使用租期超过四分之三时，DHCP Client 会以广播形式向 DHCP Server 发送 DHCP Request 报文来续租 IP 地址。如果 DHCP Client 成功收到 DHCP Server 发送的 DHCP ACK 报文，则按相应时间延长 IP 地址租期；如果没有收到 DHCP Server 发送的 DHCP ACK 报文，则 DHCP Client 继续使用这个 IP 地址。直到 IP 地址使用租期到期时，DHCP Client 才会向 DHCP Server 发送 DHCP Release 报文来释放这个 IP 地址，并开始新的 IP 地址申请过程。

3. DHCP 中继

DHCP 中继(DHCP Relay，DHCPR)，也叫做 DHCP 中继代理。它可以实现在不同子网和物理网段之间处理和转发 DHCP 信息的功能。

如果 DHCP 客户端与 DHCP 服务器在同一个物理网段，则客户端可以正确地获得动态分配的 IP 地址等信息。如果不在同一个物理网段，则需要 DHCP 中继。

用 DHCP 中继可以去掉在每个物理网段都要有 DHCP 服务器的必要，它可以传递消息到不在同一个物理子网的 DHCP 服务器，也可以将服务器的消息传回给不在同一个物理子网的 DHCP 客户端。

DHCP 中继的工作原理如下：

① 当 DHCP Client 启动并进行 DHCP 初始化时，它会在本地网络广播配置请求报文。

② 如果本地网络存在 DHCP 服务器，则可以直接进行 DHCP 配置，不需要 DHCP 中继。

③ 如果本地网络没有 DHCP 服务器，则与本地网络相连的具有 DHCP 中继功能的网络设备收到该广播报文后，将进行适当处理并转发给指定的其他网络上的 DHCP 服务器。

④ DHCP 服务器根据 DHCP 客户端提供的信息进行相应的配置，并通过 DHCP 中继将配置信息发送给 DHCP 客户端，完成对 DHCP 客户端的动态配置。

子任务 3.5.1　DHCP 服务的安装与基础配置

根据任务描述，完成服务器基础配置后，要为 DHCP 服务器安装 DHCP 服务并进行基础设置，为公司内网的每个接入终端自动分配相关网络参数，减轻网络管理人员的工作量。其要求如下：

DHCP 服务器：IP 地址为 192.168.0.249，网关为 192.168.0.254，DNS 服务器地址为 192.168.0.253(主 DNS 服务器)和 192.168.0.252(备份 DNS 服务器)。

　　总经理使用的计算机：主机名为"Mananger"，获取固定的 IP 地址 192.168.0.168；分配的网关为 192.168.0.254；DNS 服务器地址为 192.168.0.253(主 DNS 服务器)和 192.168.0.252(备份 DNS 服务器)。

　　• 公司员工使用的计算机：均自动获取 IP 地址等信息。其中，IP 地址范围是 192.168.0.10~192.168.0.200；网关为 192.168.0.254；DNS 服务器地址为 192.168.0.253(主 DNS 服务器)和 192.168.0.252(备份 DNS 服务器)。

　　• 租约时长：默认租约为 12 小时，最长租约为 24 小时。

　　汇总后的 DHCP 服务基础需求如表 3-5-1 所示。

表 3-5-1　DHCP 服务基础要求

计算名称	IP 地址	网关	DNS 服务器地址	租约时长	备注
DHCP Server	192.168.0.249	192.168.0.254	主：192.168.0.253 备份：192.168.0.252	—	DHCP 服务器
Manager	192.168.0.168	192.168.0.254	主：192.168.0.253 备份：192.168.0.252	默认租约 12 小时 最长租约 24 小时	总经理使用 固定 IP 地址
Client N	192.168.0.10~ 192.168.0.200	192.168.0.254	主：192.168.0.253 备份：192.168.0.252	默认租约 12 小时 最长租约 24 小时	公司员工使用

1. 安装 DHCP 服务

　　DHCP 服务相关的软件包括：

　　• dhcp-4.1.1-38.P1.el6.centos.x86_64

　　• dhcp-common-4.1.1-38.P1.el6.centos.x86_64

　　因 DHCP 服务器必须使用静态 IP 地址，所以必须在完成 DHCP 服务器基础配置后，才能通过 yum 命令安装 dhcpd 软件，命令如下：

　　　　[root@dhcp ~]# yum install -y dhcp*

　　安装后，检查安装情况，命令如下：

　　　　[root@dns ~]# rpm -aq dhcp*

　　若至少显示以上两个软件，则表示安装成功。

2. 配置基础 DHCP 服务

　　DHCP 的配置文件及相关目录包括：

　　/etc/dhcp/dhcpd.conf：DHCP 服务器主配置文件。安装好相关软件包后，该文件自动生成，但并没有任何配置的内容，只有提示模板文件的位置。

　　/usr/share/doc/dhcp-4.1.1/dhcpd.conf.sample：DHCP 服务器主配置文件模板文件。

dhcp 基础配置讲解

　　/etc/dhcp/：DHCP 服务配置文件所在目录。

　　/usr/share/doc/dhcp-4.1.1/：模板文件所在目录。

　　/etc/rc.d/init.d/dhcpd：DHCP 服务器启动脚本。

　　DHCP 服务器的设置，基本是在主配置文件中进行。按照公司需求配置 DHCP 基础服

务之前，必须先将主配置文件模板文件复制到目录"/etc/dhcp/"下，修改名称为
"dhcpd.conf"，覆盖原有的主配置文件，命令如下：

　　　　[root@dhcp ~]# cp -p /usr/share/doc/dhcp-4.1.1/dhcpd.conf.sample /etc/dhcp/ dhcpd.conf

打开主配置文件 dhcpd.conf，其内容分为三个部分。

全局配置：主要配置 DHCP 服务器与 DNS 服务器内部协商更新的时长、租约时长、
分配的域名及其 IP 地址、网关 IP 地址、子网掩码等。全局配置的参数作用于所有子网。

子网声明：以"subnet 网段子网掩码 {}"设定声明内容，主要设置动态分配的 IP 地
址段、子网掩码等。也可以将租约时长、分配的域名及其 IP 地址、网关 IP 地址等内容在
子网声明中配置，此时，这些配置只作用于该子网。

主机声明：以"host 主机名称 {}"设定声明内容，主要设置某台主机获取的固定 IP
地址等。

(1) 配置全局参数。

根据任务需求，在主配置文件中配置如图 3-5-2 所示。

```
# option definitions common to all supported networks...
option domain-name "lanyu.com";
option domain-name-servers 192.168.0.253,192.168.0.252

default-lease-time 43200;
max-lease time 86400;

# Use this to enble / disable dynamic dns updates globally.
#ddns-update-style none;
ddns update-style interim;
ignore client-updates;
```

图 3-5-2　DHCP 服务器全局配置

图 3-5-2 中，内容解释如下：

"option domain-name "lanyu.com";"：设置域名。

"option domain-name-servers 192.168.0.253,192.168.0.252"：设置 DNS 服务器地址，
若有多个，可以用","分隔。

"default-lease-time 43200;"：设置默认租约，单位为秒。

"max-lease-time 86400;"：设置最长租约，单位为秒。

"ddns-update-style interim;"：设置使用过渡性 DHCP-DNS 互动更新模式。

"ignore client-updates;"：忽略客户端更新。

(2) 配置子网声明。

根据任务需求，在主配置文件中配置如图 3-5-3 所示。

```
subnet 192.168.0.0 netmask 255.255.255.0 {
  range 192.168.0.10 192.168.0.200;
  option routers 192.168.0.254;
  option subnet-mask 255.255.255.0;
}
```

图 3-5-3　DHCP 服务器子网声明

图 3-5-3 中，内容解释如下：

"subnet 192.168.0.0 netmask 255.255.255.0"：指定分配的子网网段和子网掩码。

"range 192.168.0.10 192.168.0.200;"：指定分配的 IP 地址范围。默认为自动分配方式，若动态分配，则应写成"range dynamic-bootp 192.168.0.10 192.168.0.200;"。

"option routers 192.168.0.254;"：指定分配的网关地址。

"option subnet-mask 255.255.255.0;"：指定分配的子网掩码。

(3) 配置主机声明。

根据任务需求，要使总经理的计算机获取固定的 IP 地址 192.168.0.168，配置步骤如下：

① 获取总经理计算机的主机名和 MAC 地址。

② 在主配置文件中配置如图 3-5-4 所示。

```
host Manager {
    hardware ethernet 00:0C:29:DB:57:15;
    fixed-address 192.168.0.168;
}
```

图 3-5-4　DHCP 服务器主机声明

图 3-5-4 中，内容解释如下：

"host Manager"：指定主机名称。

"hardware ethernet 08:00:07:26:c0:a5;"：指定主机的 MAC 地址。

"fixed-address 192.168.0.168"：指定需获取的固定 IP 地址。

(4) 修改启动脚本。

为避免因用户权限问题导致服务启动失败，需修改 DHCP 服务启动脚本。将脚本中"user"和"group"的值均改为"root"。

以上修改保存后，在防火墙中添加相应的规则，启动 dhcpd 服务即可，命令如下：

[root@dhcp ~]#service dhcpd start

若服务器有双网卡，默认是双网卡均开启 DHCP。如需指定从某一个网卡提供 DHCP 服务，可以在文件/etc/sysconfig/dhcpd 中编辑"DHCPDARGS"项，以指定 eth0 开启 DHCP 为例，配置如图 3-5-5 所示。

```
[root@dhcp ~]# cat /etc/sysconfig/dhcpd
# Command line options here
DHCPDARGS=eth0
```

图 3-5-5　指定网卡"eth0"开启 DHCP

若服务启动失败，可以用 tail 命令查看日志文件/var/log/messages 中显示的错误信息来修改主配置文件。

子任务 3.5.2　DHCP 中继配置

随着公司业务的扩展，员工人数持续增多，所使用的终端设备也在增多。原有的网段 192.168.0.0/24 已经无法满足日常需求。

信息部门通过讨论决定，为后续增加的终端设备提供网段 192.168.1.0/24 的 IP 地址以满足需求。终端设备的网络参数依然采用 DHCP 方式获取。

因 DHCP 客户端的广播消息不能跨子网传播，网段 192.168.1.0/24 的终端设备无法向原有的 DHCP 服务器申请相关网络参数，而再增添一台 DHCP 服务器则会造成部分资源浪费，部门主管考虑到现有的网络拓扑结构，决定在网关服务器上部署 DHCP 中继，如图 3-5-6 所示。

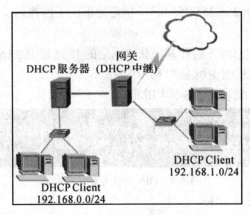

图 3-5-6　DHCP 服务网络拓扑图

1. 配置 DHCP 服务器

根据任务需求，必须在 DHCP 服务器上添加关于网段 192.168.1.0/24 的子网声明。依据基础配置中子网声明的方式进行添加，如图 3-5-7 所示。

```
subnet 192.168.1.0 netmask 255.255.255.0 {
  range dynamic-bootp 192.168.1.10 192.168.1.200;
  option routers 192.168.1.254;
  option subnet-mask 255.255.255.0;
  option domain-name "lanyu.com";
  option domain-name-servers 192.168.0.253;
  default-lease-time 43200;
  max-lease-time 86400;
}
```

图 3-5-7　添加新的子网声明

2. 配置 DHCP 中继服务器

根据任务需求，在 DHCP 中继服务器(即网关服务器)上增加一块网卡后，开始配置。

1) 配置网络参数

检查网卡"eth0"的网络参数是否为：IP 地址 192.168.0.254，子网掩码 255.255.255.0。然后给新增的网卡"eth1"配置网络参数：IP 地址为 192.168.1.254，子网掩码为 255.255.255.0。修改后，重启网络服务使之生效。

2) 配置内核运行参数

在 DHCP 中继服务器上安装好 dhcp 软件后，需要修改内核运行参数。

打开文件 /etc/sysctl.conf，将"net.ipv4.ip_forward"的值修改为"1"，开启转发规则，保存修改后，执行命令使其生效，命令如下：

　　　[root@GW~]# sysctl –p

3) 执行 dhcrelay

执行 dhcrelay 的方式有两种：临时生效和永久生效。

① 临时生效。

用 dhcreplay 命令指定通过 eth0 向 eth1 转发，并指明 DHCP 服务器的 IP 地址，命令如下：

[root@GW~]#dhcrelay –i eth0 –i eth1 192.168.0.249

② 永久生效。

打开文件/etc/sysconfig/dhcreplay，配置如图 3-5-8 所示。

```
# Command line options here
DHCRELAYARGS=""
# DHCPv4 only
INTERFACES="eth0 eth1"
# DHCPv4 only
DHCPSERVERS="192.168.0.249"
```

图 3-5-8　设置 dhcrelay 文件

图 3-5-8 中，内容解释如下：

"INTERFACES = "eth0 eth1""：定义相关转发接口。注意，与 DHCP 服务器在同一网段的网络接口在前。

"DHCPSERVERS = "192.168.0.249""：定义 DHCP 服务器 IP 地址。

修改后保存，在防火墙中设置转发规则，开放相应的端口，并允许网卡 eth0 和网卡 eth1 相互转发信息，命令如下：

[root@GW~]#iptables –A INPUT –p UDP --dport 67 –j ACCEPT

[root@GW~]#iptables –A INPUT –p UDP --dport 68 –j ACCEPT

[root@GW~]#iptables -A FORWARD -i eth0 -o eth1 -m state --state RELATED, ESTABLISHED -j ACCEPT

[root@GW~]#iptables -A FORWARD -i eth1 -o eh0 -j ACCEPT

◇ 技能训练

训练目的：

掌握中小型企业 DHCP 服务器基础配置的方法；

掌握中小型企业 DHCP 中继服务器配置的方法。

训练内容：

依据任务 3.5 中配置 DHCP 服务器的基础配置方法和 DHCP 中继服务器的配置方法，对蓝雨公司的 DHCP 服务器进行配置。

参考资源：

1. 中小企业 DHCP 服务器配置技能训练任务单；

2. 中小企业 DHCP 服务器配置技能训练任务书；

技能训练 3-9

3. 中小企业 DHCP 服务器配置技能训练检查单；

4. 中小企业 DHCP 服务器配置技能训练考核表。

训练步骤：

1. 学生依据蓝雨公司的实际需求，分析 DHCP 服务器的需求并制定方案。

2. 制定工作计划，进行 DHCP 服务器配置。

3. 形成蓝雨公司 DHCP 服务器配置报告。

任务 3.6　文件共享服务器的配置与管理

【任务描述】

根据公司信息化基础服务群组建设的需求，了解 CentOS 6.5 中关于 Samba 服务器和 NFS 服务器的配置与管理有关知识，掌握 Samba 服务器和 NFS 服务器的配置方法。

【问题引导】

1. 什么是文件共享？
2. 什么是 Samba？
3. 什么是 NFS？

【知识学习】

1. 文件共享

文件共享是指主动地在网络上共享自己的计算机文件。一般文件共享使用 P2P 模式，文件存在用户本人的个人电脑上。

文件共享为网络上的用户带来了很大的便利，同时也必须克服一些困难。例如：相同操作系统架构下的计算机进行文件共享时，非常快捷便利，但不同操作系统架构下的计算机进行文件共享时，需要通过其他辅助手段才能实现。

目前，常用的网络操作系统包括：类 UNIX、Linux 和 Windows 系统。Windows 系统普遍用于个人计算机上，因其图形化操作界面简单方便。两台安装了 Windows 系统的计算机进行文件共享是非常快捷的。但是安装了 Linux 系统的计算机要与安装了 Windows 系统的计算机进行文件共享，就必须使用辅助手段了。

2. Samba

Samba 是一个让 Linux 系统应用 Microsoft 网络通讯协议的软件。SMB(Server Messages Block，信息服务块)主要是作为 Microsoft 的网络通讯协议，后来 Samba 将 SMB 通信协议应用到了 Linux 系统上，就形成了现在的 Samba 软件。

微软公司后期又把 SMB 改名为 CIFS(Common Internet File System，公共 Internet 文件系统)，并且加入了许多新的功能。这样一来，使得 Samba 具有了更强大的功能。

Samba 最大的功能就是可以让 Linux 系统与 Windows 系统直接地文件共享和打印共享。Samba 既可以用于 Windows 系统与 Linux 系统之间的文件共享，也可以用于 Linux 系统与 Linux 系统之间的资源共享。由于 NFS(网络文件系统)可以很好的完成 Linux 系统与 Linux 系统之间的数据共享，因而 Samba 较多地用在了 Linux 系统与 Windows 系统之间的数据共享上。

SMB 是基于客户机/服务器型的协议，因此一台 Samba 服务器既可以当作文件共享服务器，也可以当作一个 Samba 的客户端。例如：若有一台在 Linux 系统下已经架设好的 Samba 服务器，Windows 客户端就可以通过 SMB 协议共享此 Samba 服务器上的资源文件，同时，Samba 服务器也可以访问网络中其他 Windows 系统或者 Linux 系统共享出来的文件。

Samba 在 Windows 系统下使用的是 NetBIOS 协议。如果要使用 Linux 下共享出来的文件，必须确认 Windows 系统下安装了 NetBIOS 协议。

组成 Samba 运行有两个服务，一个是 SMB，另一个是 NMB。

SMB 是 Samba 的核心启动服务，主要负责建立 Linux Samba 服务器与 Samba 客户机之间的对话、验证用户身份并提供对文件和打印系统的访问。只有 SMB 服务启动，才能实现文件的共享，该服务使用的是 TCP 的 139 号端口。

NMB 服务负责解析，类似于 DNS 实现的功能。NMB 可以把 Linux 系统共享的工作组名称与其 IP 对应起来。如果 NMB 服务没有启动，就只能通过 IP 来访问共享文件，该服务使用的是 UDP 的 137 和 138 号端口。

3. NFS

NFS(Network File System，网络文件系统)是 FreeBSD 支持的文件系统中的一种，它允许网络中的计算机之间通过 TCP/IP 网络共享资源。在 NFS 的应用中，本地 NFS 的客户端应用可以透明地读写位于远端 NFS 服务器上的文件，就像访问本地文件一样。

NFS 常用于两台类 UNIX 服务器之间资源的快速共享访问。其具备的优势如下：

· 节省本地存储空间。将常用的数据存放在一台 NFS 服务器上且可以通过网络访问，这样本地终端就可以减少自身存储空间的使用。

· 用户不需要在网络中的每个机器上都建有目录 "home"，该目录可以放在 NFS 服务器上且可以在网络上被访问使用。

· 一些存储设备如软驱、CD-ROM 等都可以在网络上被别的机器使用。这样可以减少整个网络上可移动介质设备的数量。

NFS 是运行在应用层的协议。随着 NFS 多年的发展和改进，NFS 既可以用于局域网也可以用于广域网，且与操作系统和硬件无关，可以在不同的计算机或系统上运行。

子任务 3.6.1　Samba 服务的安装与配置

根据任务描述，完成服务器基础配置后，要为文件共享服务器安装 Samba 服务并进行基础设置，为公司内网的每台终端计算机提供文件共享服务。其要求如下：

· 因公司内有文件共享需求的终端计算机数量不多，暂时创建 10 个 Samba 账号供相关用户使用。

· Samba 服务器只允许网段 192.168.0.0/24 的主机使用账号访问。

· 所有用户均可访问自己的宿主目录，并具备读、写权限。宿主目录不对外开放。

· 在目录 "/home/" 下创建一个子目录 "share/" 仅供总经理访问，且总经理具有写权限。

· 在目录 "/home/" 下创建一个子目录 "public/" 供所有用户访问。总经理和信息部门主管在共享目录中具备完全操作权限；其他用户可以在共享目录中新建文件及目录并拥有完全控制权限，对非本用户上传的文件及目录只能访问，不能更改和删除。

汇总后的 Samba 服务器需求如表 3-6-1 所示。

表 3-6-1　Samba 服务要求

账号名称	登录后使用的目录	备　注
sa1	宿主目录 /home/share/ /home/public/	总经理使用，除宿主目录外，对目录 "/home/share/" 有写权限，对目录 "/home/public" 有完全控制权限
sa2	宿主目录 /home/public/	信息部门主管使用，除宿主目录外，对目录 "/home/public/" 有完全控制权限
sa3	宿主目录 /home/public/	对宿主目录有读、写权限，在目录 "/home/public/" 下可以新建文件及目录并拥有完全控制权限。对非本用户上传的文件及目录只能访问，不能更改和删除
......	......	
sa10	宿主目录 /home/public/	

1. 安装 Samba 服务

安装 Samba 服务，必须安装以下软件包：

- samba-common-3.6.9-164.el6.x86_64
- samba.x86_64
- samba-winbind-clients-3.6.9-164.el6.x86_64
- samba-client-3.6.9-164.el6.x86_64
- samba-winbind-3.6.9-164.el6.x86_64

完成文件共享服务器基础配置后，通过 yum 命令安装 samba 软件，命令如下：

　　　[root@Samba ~]# yum install -y samba*

安装后，检查安装情况，命令如下：

　　　[root@Samba ~]# rpm -aq samba*

若显示安装的软件，则表示安装成功。

2. 配置 Samba 服务

Samba 服务的配置文件及相关目录包括：

/etc/samba：Samba 服务配置文件所在目录。

/etc/samba/smb.conf：Samba 服务主配置文件。

Samba 服务的设置，基本是在主配置文件中进行的。

Samba 服务基础
配置讲解

1) 添加 Samba 用户和共享目录

(1) 添加 Samba 用户。

根据任务需求，在 Samba 服务器上添加 Samba 用户 sa1~sa10，并归属到 "sa" 用户组。因 Samba 用户均不需要登录本地系统，可以设置不允许登录。其步骤如下：

　　① 利用 groupadd 命令创建用户组 "sa"。

　　② 利用 useradd 命令创建本地用户 sa1~sa10，并归属到 "sa" 用户组。以创建总经理

使用的账号"sa1"为例，命令如下：

　　　　[root@Samba ~]#useradd -s /sbin/nologin sa1 -g sa

③ 利用 smbpasswd 命令添加 Samba 用户。smbpasswd 命令格式如下：

　　　smbpasswd [选项] 用户名

常用选项包括：

-a：向 smbpasswd 文件中添加用户。

-c：指定 samba 的配置文件。

-x：从 smbpasswd 文件中删除用户。

-d：在 smbpasswd 文件中禁用指定的用户。

-e：在 smbpasswd 文件中激活指定的用户。

-n：将指定的用户的密码置空。

以添加总经理使用的账号"sa1"为例，命令如下：

　　　　[root@Samba ~]#smbpasswd -a sa1

执行命令后，会要求输入密码。注意：此处的密码为 Samba 用户登录 Samba 服务器时所使用的密码。若需修改 Samba 用户密码，使用命令"smbpasswd 用户名"即可。

(2) 创建共享目录。

根据任务需求，在目录"/home/"下创建两个目录"share/"和"public/"，并对两个目录作如下设置：

① 根据目录"share/"的访问限制，应修改该目录的所有者和所属组为"sa1"和"sa"，并修改其权限为"所有者具有读、写和执行权限，同组用户和其他用户没有任何权限"。命令如下：

　　　　[root@Samba ~]#chown sa1.sa /home/share

　　　　[root@Samba ~]#chmod 700 /home/share

② 根据目录"public/"的访问限制，应修改该目录的所有者和所属组为"sa1"(或"sa2")和"sa"，并修改其权限为"所有者具有读、写和执行权限，同组用户具有读、写和执行权限，其他用户具有读和执行权限"，并增加防删除位"sticky bit"，以防止除总经理及信息部门主管外的用户删除或更改非本用户创建的文件及目录。命令如下：

　　　　[root@Samba ~]#chown sa1.sa /home/public

　　　　[root@Samba ~]# chmod 1775 /home/public　　//命令中的数字"1"表示防删除位

注意：若共享目录"public"没有赋予同组用户和其他用户执行权限(e)，则除了"sa1"用户外，同组用户和其他用户均无法浏览共享目录"public"中的内容。

2) 修改主配置文件

打开主配置文件 smb.conf，其内容分为两个部分：

全局配置：主要配置与 Samba 服务整体运行环境有关的选项，如 Samba 服务器所需加入的工作组、允许连接 Samba 服务器的客户端、用户访问 Samba 服务器的验证方式等。全局配置的参数作用于所有的共享资源。

共享目录配置：主要针对需要单独设置的共享目录。共享目录配置只作用于指定的共享资源。

(1) 配置全局参数。

根据任务需求，需要在主配置文件中对部分全局参数作以下修改：

· 设置 Samba 服务器所在的工作组、Samba 服务器的名称等。因安装了 Windows 系统的客户端均属于"WORKGROUP"工作组，所以，必须为 Samba 服务器设置相同名称。

· 设置允许访问的网络或主机。

· 设置用户访问 Samba 服务器的验证方式。验证方式一共有 4 种。

➢ share：用户访问 Samba 服务器不需要提供用户名和密码，安全性能低。

➢ user：Samba 服务器共享目录只能被授权的用户访问。由 Samba 服务器负责检查账号和密码的正确性。注意，账号和密码要在 Samba 服务器中建立。

➢ server：依靠其他 Windows 服务器或 Samba 服务器来验证用户的账号和密码。它是一种代理验证。

➢ domain：域安全级别，使用主域控制器来完成认证。

根据实际需求，设置"user"验证方式即可。

· 设置创建 Samba 用户账号和密码的方式。创建方式有三种。

➢ smbpasswd：该方式使用 Samba 服务自带的工具"smbpasswd"给 Samba 服务器上创建的本地账号设置一个 Samba 密码。文件 smbpasswd 默认在目录"/etc/samba/"下。

➢ tdbsam：该方式使用一个数据库文件来建立用户数据库。数据库文件名为 passdb.tdb，默认在目录"/etc/samba/"下。可以使用命令"smbpasswd -a"在用户数据库建立一个 Samba 用户，不过该用户必须是已创建的本地用户。

➢ Idapsam：该方式是基于 LDAP 的账户管理方式来验证用户。

默认情况下，Samba 服务器选择的方式为"tdbsam"。

修改结果如图 3-6-1 所示。

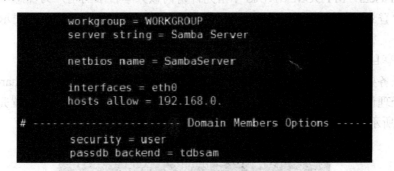

图 3-6-1　修改 Samba 服务的全局配置

图 3-6-1 中，内容解释如下：

"workgroup = WORKGROUP"：指定工作组名为"WORKGROUP"。

"server string = Samba Server"：指定 Samba 服务器的注释名为"Samba Server"。

"netbios name = SambaServer"：设置 Samba 服务器的 NetBIOS 的名称为"SambaServer"。注意，此处的名称不能和"workgroup"项的名称一样。

"interfaces = eth0"：指定 Samba 服务器监听的网卡为"eth0"。此处可以是网卡名，也可以是网卡对应的 IP 地址。

"hosts allow = 192.168.0."：指定允许连接到 Samba 服务器的客户端为网段

192.168.0.0/24。此处可以用 IP 地址表示，也可以用网段表示。如有多个参数，以空格隔开。

“security = user”：指定用户访问 Samba 服务器的验证方式为“user”模式。

“passdb backend = tdbsam”：指定创建 Samba 用户账号和密码的方式为“tdbsam”。

(2) 宿主目录配置。

按照任务要求，每个用户均可访问自己的宿主目录并具备读、写权限，且宿主目录不对外开放。通过修改主配置文件中默认设置的“homes”共享目录完成此项要求，如图 3-6-2 所示。

```
[homes]
        comment = Home Directories
        browseable = no
        writable = yes
        valid users = %S
;       valid users = MYDOMAIN\%S
```

图 3-6-2　修改宿主目录共享配置

图 3-6-2 中，内容解释如下：

“[homes]”：指在客户端显示的共享目录名称。

“comment = Home Directories”：指该共享目录描述为“Home Directories”。

“browseable = no”：指在客户端不显示该共享目录。

“writable = yes”：指在共享目录中具有写权限。

“valid users = %S”：指允许访问该共享目录的用户为任意一个登录的用户，用户登录验证方式为“user”时有效。“valid users”项的值可以是某用户(使用用户名)、某用户组(使用“@用户组名”)，若是多个用户或用户组，中间用“,”分隔。

“valid users = MYDOMAIN\%S”：指允许访问该共享目录的用户为任意一个登录的域用户，用户登录验证方式为“domain”时有效。因此在此项前标注“;”，表示注释该项，不启用。

(3) 共享目录“share/”配置。

按照任务要求，要为总经理在 Samba 服务器上创建一个目录“/home/share/”。该目录只允许总经理访问，且具备写权限。通过在主配置文件中新增共享目录配置完成此要求，如图 3-6-3 所示。

```
[share]
        comment = Manager's Directories
        path = /home/share
        browseable = no
        writeable = yes
        public = no
        valid users = sa1
        create mode = 722
        directory mode = 664
```

图 3-6-3　修改目录“share/”共享配置

图 3-6-3 中，内容解释如下：

“path = /home/share”：指定共享目录的路径。

　　"public = no"：不允许非指定用户访问。

　　"create mode = 722"：用户在该共享目录中创建的文件的权限为"722"。

　　"directory mode = 664"：用户在该共享目录中创建的目录的权限为"664"。

　　(4) 共享目录"public/"配置。

　　按照任务要求，要为所有用户在 Samba 服务器上创建一个目录"/home/public"。该目录允许所有用户访问，总经理和信息部门主管在共享目录中具备完全操作权限；其他用户可以在共享目录中新建文件及目录并拥有完全控制权限，对非本用户上传的文件及目录只能访问，不能更改和删除。通过在主配置文件中新增共享目录配置完成此要求，如图 3-6-4 所示。

```
[public]
        comment = Public Directories
        path = /home/public
        browseable = yes
        writeable = yes
        public = yes
        admin users = sa1,sa2
        valid users = @sa
        create mode = 750
        directory mode = 750
```

图 3-6-4　从修改目录"public/"共享配置

　　图 3-6-4 中，内容解释如下：

　　"admin users = sa1,sa2"：该共享目录的管理者为"sa1"和"sa2"。

　　保存修改的配置后，启动 Samba 服务，命令如下：

　　　　[root@Samba ~]#service smb start

　　因 Samba 服务启用了多个端口，故设置防火墙规则前，可以通过 netstat 命令检查 Samba 服务在 TCP 和 UDP 下所使用的端口号，命令如下：

　　　　[root@Samba ~]# netstat -ltunp|grep smb

　　通过命令查看得知 Samba 服务需要使用 TCP 下的 139、445 号端口，利用 iptables 命令添加相关规则并保存，即可正常对外提供服务。

　　3. 测试 Samba 服务

　　Samba 服务的测试可以通过 Windows 客户端和 Linux 客户端进行。

　　1) Windows 客户端测试

　　以在 Windows 7 系统的客户端上使用总经理账号为例。

　　默认情况下，Windows 7 客户端无法正常访问 Samba 服务器上的共享文件夹。因 Windows 7 默认只采用 NTLM v2 协议的认证回应消息，而目前的 Samba 只支持 LM 或者 NTLM，所以必须先对 Windows 7 客户端进行本地安全策略修改。

　　(1) 修改 Windows 7 客户端的本地安全策略。

　　修改本地安全策略的步骤如下：

　　① 打开"开始"菜单，在搜索栏中输入"secpol.msc"后按回车键。

　　② 打开"本地安全策略"窗口，在左侧控制台树中依次展开"本地策略"→"安全选项"。

③ 在右边窗口找到"网络安全：LAN 管理器身份验证级别"策略并双击打开。

④ 在打开的属性窗口中，选择"本地安全设置"选项卡，打开下拉菜单选择"发送 LM 和 NTLM——如果已协商，则使用 NTLMv2 会话安全"，最后单击"确定"按钮使设置生效。

(2) 访问 Samba 服务器。

访问 Samba 服务器的步骤如下：

① 打开"开始"菜单，在搜索栏中输入"\\192.168.0.248"后按回车键。

② 在弹出的"Windows 安全"对话框中输入用户名和密码后，单击"确定"按钮，如图 3-6-5 所示。

图 3-6-5　Windows 客户端登录 Samba 服务器

③ 登录后即可看见宿主目录和目录"public/"。

因目录"share/"设置为不可浏览，所以在此处无法显示。若需访问，可以在窗口的地址栏中输入"\\192.168.0.248\share"进行访问。如果使用其他账号(如"sa2")尝试访问目录"share/"，系统提示"拒绝访问"。

2) Linux 客户端测试

以在 CentOS 6.5 系统的客户端上使用信息部门主管账号为例。

要在 CentOS 6.5 客户端上登录 Samba 服务器，必须先安装软件"samba-client.x86_64"。通过 yum 命令安装后，可以使用 smbclient 命令登录 Samba 服务器，smbclient 命令的格式如下：

smbclient [选项] SMB 服务器 IP 地址

常用选项包括：

-I<IP 地址>：指定服务器的 IP 地址。

-L：显示服务器端所分享出来的所有资源。

-N：不用询问密码。

-U<用户名称>：指定用户名称。

-w<工作群组>：指定工作群组名称。

安装软件后，检查防火墙规则是否允许使用 Samba 服务。

(1) 浏览共享目录。

使用账号"sa2"浏览共享目录的命令如下：

[root@dns1 ~]# smbclient -L //192.168.0.248 -U sa2

效果如图 3-6-6 所示。

命令中的"//192.168.0.248"指登录的 Samba 服务器 IP 地址;"-U sa2"指使用账号"sa2"登录。注意：IP 地址前必须加"//"，否则系统报错。

```
[root@dns1 ~]# smbclient -L //192.168.0.248 -U sa2
Enter sa2's password:
Domain=[WORKGROUP] OS=[Unix] Server=[Samba 3.6.9-164.el6]

        Sharename       Type      Comment
        ---------       ----      -------
        public          Disk      Public Directories
        IPC$            IPC       IPC Service (Samba Server)
        sa2             Disk      Home Directories
Domain=[WORKGROUP] OS=[Unix] Server=[Samba 3.6.9-164.el6]

        Server               Comment
        ---------            -------

        Workgroup            Master
        ---------            -------
```

图 3-6-6　从 Linux 客户端浏览 Samba 服务器共享目录

从图 3-6-6 中可以看出账号"sa2"可以使用的共享目录。注意：此时只能浏览，不能使用。

(2) 登录共享目录"public/"。

使用 smbclient 命令登录共享目录，命令如下：

[root@dns1 ~]# smbclient //192.168.0.248/public -U sa2

效果如图 3-6-7 所示。

命令中的"//192.168.0.248/public"指登录 Samba 服务器上的共享目录"public/"。

```
[root@dns1 ~]# smbclient //192.168.0.248/public -U sa2
Enter sa2's password:
Domain=[WORKGROUP] OS=[Unix] Server=[Samba 3.6.9-164.el6]
smb: \> ls
  .                                   D        0  Sun Apr  1 18:29:26 2018
  ..                                  D        0  Sun Apr  1 18:22:03 2018
  file                                A       45  Sun Apr  1 18:29:26 2018

                37833 blocks of size 524288. 30250 blocks available
smb: \> put file1.txt
putting file file1.txt as \file1.txt (0.0 kb/s) (average 0.0 kb/s)
smb: \> ls
  .                                   D        0  Sun Apr  1 21:00:18 2018
  ..                                  D        0  Sun Apr  1 18:22:03 2018
  file1.txt                           A        0  Sun Apr  1 21:00:18 2018
  file                                A       45  Sun Apr  1 18:29:26 2018

                37833 blocks of size 524288. 30250 blocks available
```

图 3-6-7　账号"sa2"使用共享目录"public"

从图 3-6-7 中可以看出，账号"sa2"可以在共享目录"public"中上传文件 file1.txt。注意：用户在 Samba 服务器上传、下载文件的命令与 ftp 命令相同。

利用 smbclient 命令使用共享目录时，只能进行上传、下载、创建目录、删除目录、删除文件等操作，不能创建文件和修改文件。若要获得更多的操作权限，可以将共享目录挂载到客户端本地目录上。

(3) 挂载共享目录至本地。

例如挂载共享目录"public"至本地目录"/SambaPublic/"的步骤如下：

① 在客户端创建目录"/SambaPublic/"。

② 因挂载共享目录需要使用 CIFS 协议，所以要在客户端通过 yum 命令安装 cifs 相关

软件包。

③ 输入 mount 命令挂载，命令如下：

[root@dns1 ~]# mount -t cifs //192.168.0.248/public /SambaPulic/ -o username = sa2

效果如图 3-6-8 所示。

```
[root@dns1 ~]# ls /SambaPulic/
[root@dns1 ~]# mount -t cifs //192.168.0.248/public /SambaPulic/ -o username=sa2
Password:
[root@dns1 ~]# ls /SambaPulic/
file1.txt
```

图 3-6-8　挂载共享目录 public

挂载成功后，用户可以在客户端上像使用本地目录一样操作该共享目录。

(4) 开机自动挂载。

若需要开机自动挂载，可以修改文件 /etc/fstab。该文件用来存放文件系统的静态信息。当系统启动的时候，系统会自动地从该文件读取信息，并且会自动将此文件中指定的文件系统挂载到指定的目录。

文件/etc/fstab 中，共有六个域。

① <file system>：指定要挂载的文件系统的设备名称或块信息，也可以是远程的文件系统。

② <mount point>：挂载点，即指定本机上的某个目录，将文件系统挂到这个目录上，随后即可从这个目录中访问要挂载文件系统。

③ <type>：指定文件系统的类型。

④ <options>：设置选项，若有多个选项，用“,”隔开。常用“defaults”，代表包含了选项“rw”“suid”“dev”“exec”“auto”“nouser”和“async”。

⑤ <dump>：有两个值：0 和 1。若为 1，表示将整个文件系统里的内容备份；若为 0，表示不备份。

⑥ <pass>：指定如何使用 fsck 命令检查硬盘，其值为整数。如果为 0，则不检查；挂载点为“/”(即根分区)时，必须为 1，其他情况均不能为 1，否则系统无法启用。若有分区的值大于 1，则检查完根分区后，按值从小到大依次检查。同值则同时检查。如第一和第二个分区填写 2，第三和第四个分区填写 3，则系统检查完根分区后，同时检查第一和第二个分区，然后再同时检查第三和第四个分区。

开机自动挂载目录“public/”至本地目录“/SambaPublic/”，在文件/etc/fstab 中添加内容如图 3-6-9 所示。

```
# /etc/fstab
# Created by anaconda on Thu Mar  1 08:07:27 2018
#
# Accessible filesystems, by reference, are maintained under '/dev/disk'
# See man pages fstab(5), findfs(8), mount(8) and/or blkid(8) for more info
#
UUID=c0eeadb9-2b97-4509-834a-fccf8261d76d /                       ext4    defaults        1 1
UUID=07dd3784-ff75-4ce3-93ee-0f2861ce9084 /boot                   ext4    defaults        1 2
UUID=2b504793-b171-4870-8fd3-7c32ee3eae05 swap                    swap    defaults        0 0
tmpfs                   /dev/shm                tmpfs   defaults        0 0
devpts                  /dev/pts                devpts  gid=5,mode=620  0 0
sysfs                   /sys                    sysfs   defaults        0 0
proc                    /proc                   proc    defaults        0 0
/dev/sr0 /mnt/cdrom auto exec 0 0
//192.168.0.248/public /SambaPublic cifs defaults 0 0
```

图 3-6-9　开机自动挂载共享目录“public”

图 3-6-9 中，<file system>为"//192.168.0.248/public"；<mount point>为"/SambaPublic"；<type>为"cifs"；因共享目录"public"允许读写，<options>为"defaults"；<dump>为"0"，不备份数据；<pass>为"0"。

◇ 技能训练

训练目的：

掌握中小型企业 Samba 服务器配置的方法；

掌握客户端使用 Samba 服务器共享目录的方法。

训练内容：

依据任务 3.6 中配置 Samba 服务器的配置方法，对蓝雨公司的 Samba 服务器进行配置。

技能训练 3-10

参考资源：

1. 中小企业 Samba 服务器配置技能训练任务单；
2. 中小企业 Samba 服务器配置技能训练任务书；
3. 中小企业 Samba 服务器配置技能训练检查单；
4. 中小企业 Samba 服务器配置技能训练考核表。

训练步骤：

1. 学生依据蓝雨公司的实际需求，分析 Samba 服务器的需求并制定方案。
2. 制定工作计划，进行 Samba 服务器配置。
3. 形成蓝雨公司 Samba 服务器配置报告。

子任务 3.6.2　NFS 服务的安装与配置

因 Linux 服务器之间的文件共享使用 NFS 服务更为方便，公司决定在文件服务器上增加 NFS 服务。其要求如下：

· 在 NFS 服务器上创建一个共享目录"/share/"，提供给网段在 192.168.0 的其他 Linux 服务器以匿名方式访问，具备读、写权限，上传数据以异步方式进行。

· 将服务器上的目录"/root/"提供给 IP 地址为 192.168.0.251 的 FTP 服务器以 root 权限访问，具备读、写权限，上传数据以同步方式进行。

汇总后的 NFS 服务器需求如表 3-6-2 所示。

表 3-6-2　NFS 服务要求

共享目录	允许访问对象	具备的权限	访问的账号	备注
/share/	网段在 192.168.0 的其他 Linux 服务器	读、写	匿名用户	上传数据以异步方式进行
/root/	IP 地址为 192.168.0.251 的 FTP 服务器	读、写	root	上传数据以同步方式进行

1. 安装 NFS 服务

安装 NFS 服务时，必须安装以下软件包：

- nfs-utils-1.2.3-39.el6.x86_64
- rpcbind-0.2.0-11.el6.x86_64

以上两个软件包，"nfs-utils"为 NFS 服务的主程序；"rpcbind"为 rpcbind 服务的主程序。因 NFS 被视为一个 RPC 程序，在启动任何一个 RPC 程序之前，需要做好端口映射工作。这个映射工作就是由 rpcbind 服务来完成的，因此必须先安装和启动 rpcbind 服务。

通过 yum 命令安装相关软件，命令如下：

　　　[root@Samba ~]# yum install -y nfs-utils rpcbind

安装后，检查安装情况，命令如下：

　　　[root@Samba ~]# rpm -aq nfs-utils rpcbind

若显示安装的软件，则表示安装成功。

安装后，启动 rpcbind 服务，命令如下：

　　　[root@Samba ~]# service rpcbind start

NFS 服务安装后，会自动添加用户账号"nfsnobody"(不能登录系统)和用户组"nfsnobody"，作为匿名访问 NFS 服务器的账号。

2. 配置 NFS 服务

1) 创建共享目录

根据任务需求，在 NFS 服务器根目录下创建一个目录"/share/"，修改其所有者和所属组为"nfsnobody"和"nfsnobody"。

2) 修改配置文件

NFS 的主要文件包括：

/etc/exports：NFS 服务的主要配置文件。

/usr/sbin/exportfs：NFS 服务的管理命令。

/usr/sbin/showmount：客户端的查看命令。

NFS 安装与配置讲解

/var/lib/nfs/etab：记录 NFS 分享出来的目录的完整权限设定值。

/var/lib/nfs/xtab：记录曾经登录过的客户端信息。

NFS 服务的配置基本是在文件 /etc/exports 中完成。初始状态下，文件/etc/exports 的内容为空，需要手动添加相关配置。

文件 /etc/exports 中配置的书写格式为：

**NFS 服务器上共享目录完整路径　客户端地址 1(选项 1，选项 2，选项 3)
客户端地址 2(选项 1，选项 2，选项 3)**

配置中的客户端地址的常用指定方式包括：

- 指定 IP 地址。
- 指定子网中的所有主机：如 192.168.0.0/24 或 192.168.0.0/255.255.255.0。
- 指定域名的主机：完整的 FQDN，如 www.lanyu.com。
- 指定域中的所有主机：主机名以"*"代替，如 *.lanyu.com。
- 所有主机：以"*"代替。

配置中的选项共有三类：

① 访问权限选项。

➢ ro：设置输出目录为只读。

➢ rw：设置输出目录有读、写权限。

② 用户映射选项。

➢ all_squash：将远程访问的所有普通用户及所属组都映射为匿名用户或用户组(nfsnobody)。

➢ no_all_squash：不让所有用户拥有在共享目录中的权限(默认设置)。

➢ root_squash：将 root 用户及所属组都映射为匿名用户或用户组(默认设置)。

➢ no_root_squash：让 root 用户保持权限。

➢ anonuid = xxx：将远程访问的所有用户都映射为匿名用户，并指定该用户为本地用户(UID = xxx)。

➢ anongid = xxx：将远程访问的所有用户组都映射为匿名用户组账户，并指定该匿名用户组账户为本地用户组账户(GID = xxx)。

③ 其他参数。

➢ secure：限制客户端只能从小于 1024 的 TCP/IP 端口连接 NFS 服务器(默认设置)。

➢ insecure：允许客户端从大于 1024 的 TCP 端口连接服务器。

➢ sync：将数据同步写入内存缓冲区和磁盘中。这样效率较低，但可以保证数据的一致性。

➢ async：将数据先保存在内存缓冲区中，必要时才写入磁盘。

➢ wdelay：检查是否有相关的写操作。如果有则将这些写操作一起执行，这样可以提高效率(默认设置)。

➢ no_wdelay：若有写操作则立即执行，它与 sync 配合使用。

➢ subtree：若输出目录是一个子目录，则 NFS 服务器将检查其父目录的权限(默认设置)。

➢ no_subtree：即使输出目录是一个子目录，NFS 服务器也不检查其父目录的权限，以此提高效率。

根据任务要求，完成对共享目录“/share/”和“/root/”的配置，内容如图 3-6-10 所示。

```
/share 192.168.0.0/24(rw,all_squash)
/root 192.168.0.5(rw,sync,no_root_squash)
```

图 3-6-10　配置 NFS 服务器/etc/exports 文件

从图 3-6-10 中可以看出，共享目录“/share”允许网段 192.168.0 内的主机访问，并具备读、写权限，把所有用户均映射为匿名用户；共享目录“/root”只允许 IP 地址为 192.168.0.5 的主机访问，具备读、写权限，并保持 root 的操作权限。

完成配置文件修改保存后，启动服务。

3) 配置防火墙

① 配置静态端口。

NFS 服务必须通过 rpcbind 服务进行端口映射。rpcbind 服务在 NFS 服务启动的时候给每一个 NFS 服务分配了一个动态的端口，如：MOUNTD_PORT、STATD_PORT、LOCKD_TCPPORT、LOCKD_UDPPORT 等，这些动态端口的配置数据均在文件 /etc/sysconfig/nfs 中。

要使用防火墙来控制 NFS 服务的访问权限，需静态指定端口号让 rpcbind 服务调用。NFS 服务启用时会检查文件 /etc/sysconfig/nfs。因此，必须在此文件中指定“mountd”“statd”“lockd”“rquotad”的端口号。

文件/etc/sysconfig/nfs 中关于上述服务的静态端口号均已指定，但处于注释状态，只需去掉注释即可，如图 3-6-11 所示。

```
# Port rquotad should listen on.
RQUOTAD_PORT=875
# TCP port rpc.lockd should listen on.
LOCKD_TCPPORT=32803
# UDP port rpc.lockd should listen on.
LOCKD_UDPPORT=32769
# Port rpc.mountd should listen on.
MOUNTD_PORT=892
# Port rpc.statd should listen on.
STATD_PORT=662
```

图 3-6-11　设置文件/etc/sysconfig/nfs 中的静态端口

② 设置防火墙规则。

为 NFS 服务使用的端口号(TCP 2049)、rpcbind 服务使用的端口号(TCP 111 和 UDP 111)以及“mountd”“statd”“lockd”“rquotad”的端口号均写入防火墙的 INPUT 链中，允许通过。命令如下：

```
[root@Samba ~]# iptables -A INPUT -p tcp --dport 2049 -j ACCEPT
[root@Samba ~]# iptables -A INPUT -p tcp --dport 111 -j ACCEPT
[root@Samba ~]# iptables -A INPUT -p udp --dport 111 -j ACCEPT
[root@Samba ~]# iptables -A INPUT -p tcp --dport 875 -j ACCEPT
[root@Samba ~]# iptables -A INPUT -p udp --dport 875 -j ACCEPT
[root@Samba ~]# iptables -A INPUT -p tcp --dport 32803 -j ACCEPT
[root@Samba ~]# iptables -A INPUT -p udp --dport 32769 -j ACCEPT
[root@Samba ~]# iptables -A INPUT -p tcp --dport 892 -j ACCEPT
[root@Samba ~]# iptables -A INPUT -p udp --dport 892 -j ACCEPT
[root@Samba ~]# iptables -A INPUT -p tcp --dport 562 -j ACCEPT
[root@Samba ~]# iptables -A INPUT -p udp --dport 562 -j ACCEPT
```

虽然静态指定了端口号，但有时服务不能正常启用(如 NFS quotas 启动时报错)，此时可以在防火墙中添加允许本机访问本机，命令如下：

```
[root@Samba ~]# iptables -A INPUT -s 127.0.0.1 -d 127.0.0.1 -j ACCEPT
```

保存设置的规则后重启防火墙服务。

3. 测试 NFS 服务

在 Linux 客户端上使用 NFS 服务，必须先安装软件“nfs-utils”和“rpcbind”。

1) 查看共享目录

通过客户端查看 NFS 服务器提供的共享目录,命令如下:

    [root@dns1 ~]# showmount -e 192.168.0.248

效果如图 3-6-12 所示。

```
[root@dns1 ~]# showmount -e 192.168.0.248
Export list for 192.168.0.248:
/root  192.168.0.5
/share 192.168.0.0/24
```

图 3-6-12 查看 NFS 服务器提供的共享目录

从图 3-6-12 中可以看出,命令执行后,会显示可以访问的共享目录以及允许访问该目录的 IP 地址或网段。

2) 挂载共享目录

在客户端上尝试挂载共享目录 "/share" 到本机目录 "/mnt/share" 的命令如下:

    [root@dns1 ~]# mount -t nfs 192.168.0.248:share /mnt/share/

命令中,"192.168.0.248:share" 表示 NFS 服务器上的共享目录 "share"。注意:IP 地址与共享目录之间用 ":" 分隔。

命令执行后,可以通过 df 命令查看挂载情况,命令如下:

    [root@dns1 ~]# df -h

效果如图 3-6-13 所示。

```
[root@dns1 ~]# df -h
Filesystem              Size  Used`Avail Use% Mounted on
/dev/sda2               18G   2.7G   14G  17% /
tmpfs                   491M     0  491M   0% /dev/shm
/dev/sda1               291M   34M  242M  13% /boot
192.168.0.248:share     19G   2.8G   15G  16% /mnt/share
```

图 3-6-13 查看挂载效果

图 3-6-13 的最后一行显示了挂载 NFS 服务器共享目录的具体情况。若挂载不成功,则不会出现此条信息。

◇ **技能训练**

训练目的:

掌握中小型企业 NFS 服务器配置的方法;

掌握客户端使用 NFS 服务器共享目录的方法。

训练内容:

依据任务 3.6 中 NFS 服务器的配置方法,对蓝雨公司的 NFS 服务器进行配置。

参考资源:

1. 中小企业 NFS 服务器配置技能训练任务单;

2. 中小企业 NFS 服务器配置技能训练任务书;

技能训练 3-11

3. 中小企业 NFS 服务器配置技能训练检查单；

4. 中小企业 NFS 服务器配置技能训练考核表。

训练步骤：

1. 学生依据蓝雨公司的实际需求，分析 NFS 服务器的需求并制定方案。

2. 制定工作计划，进行 NFS 服务器配置。

3. 形成蓝雨公司 NFS 服务器配置报告。

任务 3.7　　数据库服务器的配置与管理

【任务描述】

根据公司信息化基础服务群组建设的需求，了解 CentOS 6.5 中关于 MySQL 数据库服务器的配置与管理相关的知识，掌握 MySQL 数据库服务器的配置方法。

【问题引导】

1. 什么是数据库？
2. 什么是 MySQL？

【知识学习】

1. 数据库

数据库(Database)是按照数据结构来组织、存储和管理数据的建立在计算机存储设备上的"仓库"。

简单地说，数据库可视为电子化的文件柜——存储电子文件的处所，用户可以对文件中的数据进行新增、查询、查询更新和删除等操作。

在日常工作中，常常需要把一些相关的数据放进这样的"仓库"，并根据管理的需要进行相应的处理。

例如，企业或事业单位的人事部门常常要把本单位职工的基本情况(如职工号、姓名、年龄、性别、籍贯、工资和简历等)做成表，这张表就可以看成是一个数据库。有了这个"数据仓库"，就可以根据需要随时查询某职工的基本情况，也可以查询工资在某个范围内的职工人数等。如果这些工作都能在计算机上自动进行，相关管理就可以提高的效率。

严格地说，数据库是长期储存在计算机内、有组织的、可共享的数据集合。数据库中的数据是指以一定的数据模型组织、描述和储存在一起，具有尽可能小的冗余度、较高的数据独立性和易扩展性的特点，并可在一定范围内为多个用户共享。

2. MySQL

MySQL 是一个关系型数据库管理系统，由瑞典 MySQL AB 公司开发，目前属于 Oracle 旗下产品。MySQL 是最流行的关系型数据库管理系统之一。在 Web 应用方面，MySQL 是最好的 RDBMS(Relational Database Management System，关系数据库管理系统)应用软件。

MySQL 将数据保存在不同的表中，而不是将所有数据放在一个"大仓库"内，这样就提高了速度和灵活性。

MySQL 所使用的 SQL 语言是访问数据库最常用的标准化语言。MySQL 软件采用了双授权政策，分为社区版和商业版。由于其体积小、速度快和总体拥有成本低，尤其是开放源码这一特点，一般中小型网站的开发都选择 MySQL 作为网站数据库。

由于 MySQL 社区版的性能卓越，搭配 Linux 操作系统、PHP/Perl/Python 脚本解释器和 Apache 服务器可组成良好的开发环境，即业界所称的"LAMP"。

子任务 3.7.1　MySQL 服务的安装与配置

根据任务描述，完成服务器基础配置后，要给数据库服务器安装 MySQL 软件并进行基础设置，为公司办公系统提供数据服务。其要求如下：

- 删除默认创建的数据库。为公司办公系统创建一个数据库"lanyu"，并在数据库中添加员工的基础信息。
- 除信息部门主管掌握数据库的"root"账号和密码外，办公系统管理员只能使用"lydb"账号登录数据库。

1. 安装 MySQL 服务

因 MySQL 数据库在 Linux 上使用率很高，所以目前主流的 Linux 系统版本基本都默认安装了 MySQL，但由于版本的问题，建议删除预装的旧版本，再重新安装新的版本以及配套的辅助工具。

可以通过 rpm 命令来查看 CentOS 6.5 上是否已经安装了 MySQL 数据库。若已安装，则必须通过 rpm 命令将其删除，命令如下：

　　　[root@MySQL ~]# rpm -e -nodeps mysql-libs-5.1.71-1.el6.x86_64

命令中的"–nodeps"选项表示忽略软件包的依赖性，强制删除该软件包。

要使用 MySQL 服务，必须安装以下软件：

- mysql.x86_64
- mysql-server.x86_64
- mysql-devel.x86_64

完成数据库服务器基础配置后，通过 yum 命令安装 MySQL 软件，命令如下：

　　　[root@MySQL ~]# yum install -y mysql mysql-server mysql-devel

安装后，检查安装情况，命令如下：

　　　[root@Samba ~]# rpm–aq mysql*

若显示安装的软件，则表示安装成功。

2. 配置 MySQL 服务

MySQL 服务的配置文件及相关目录包括：

/etc/my.cnf：MySQL 的主配置文件。

/var/lib/mysql/：MySQL 数据库的数据库文件存放目录。

/var/log/：MySQL 数据库的日志存放目录。

Mysql 基础配置讲解

1) 初始化数据库

安装 MySQL 数据库后，通过 service 命令启动 mysqld 服务，数据库会进行初始化配置，并显示初始化相关信息。初始化后，通过 chkconf 命令设置 mysqld 服务开机自启动。

MySQL 数据库安装以后只会有一个管理员账号"root"(注意，此"root"账号非 CentOS 系统使用的超级管理员"root")，且密码为空。必须通过 mysqladmin 命令为其设置密码，命令如下：

[root@MySQL ~]# mysqladmin -u root password '123456'

注意：在密码前后必须使用单引号。

设置后，可以通过 mysql 命令登录数据库，命令如下：

[root@MySQL ~]# mysql -u root -p

效果如图 3-7-1 所示。

```
[root@MySQL ~]# mysqladmin -u root password '123456'
[root@MySQL ~]# mysql -u root -p
Enter password:
Welcome to the MySQL monitor.  Commands end with ; or \g.
Your MySQL connection id is 4
Server version: 5.1.71 Source distribution

Copyright (c) 2000, 2013, Oracle and/or its affiliates. All rights reserved.

Oracle is a registered trademark of Oracle Corporation and/or its
affiliates. Other names may be trademarks of their respective
owners.

Type 'help;' or '\h' for help. Type '\c' to clear the current input statement.

mysql>
```

图 3-7-1　登录 MySQL 数据库

2) 创建数据库

① 浏览 root 账号下所有的数据库。

进入数据库后，先查看 root 账号下所有的数据库，命令如下：

mysql> show databases;

效果如图 3-7-2 所示。

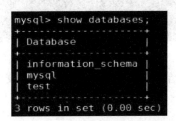

```
mysql> show databases;
+--------------------+
| Database           |
+--------------------+
| information_schema |
| mysql              |
| test               |
+--------------------+
3 rows in set (0.00 sec)
```

图 3-7-2　浏览 root 账号下的所有数据库

注意：每一条 mysql 命令必须以"；"结束，否则系统判断语句尚未结束，暂不执行。

② 删除默认的数据库。

MySQL 安装后，会默认生成若干个数据库。其中数据库"test"是一个空数据库，没有任何表，可以删除。命令如下：

mysql> drop database test;

③ 创建新的数据库。

根据任务要求，创建名为"lanyu"的数据库，命令如下：

mysql> create database lanyu;

数据库创建成功后，通过命令进入数据库"lanyu"，命令如下：

mysql> use lanyu;

效果如图 3-7-3 所示。

```
mysql> create database lanyu;
Query OK, 1 row affected (0.01 sec)

mysql> use lanyu;
Database changed  提示已进入的数据库"lanyu"
```

图 3-7-3　进入数据库"lanyu"

3) 创建数据表

进入数据库后，可以用"cerate table"命令创建数据表，命令格式如下：

create table 表名(字段 1 类型，字段 2 类型，……)

在数据库中创建新表 ly，表结构中包括 3 个字段：ID、NAME、AGE。其中，ID 作为主键存放工号，NAME 存放姓名，AGE 存放年龄。命令如下：

mysql> create table ly(ID int(2) primary key,NAME char(8), AGE int(2));

命令中的内容解释如下：

ID int (2) primary key：表示 ID 中的数据以整型数的方式存储，占用两个字符，并且是主键(一种唯一关键字，数据表定义的一部分，它的值用于唯一地标识表中的某一条记录)。

NAME char(8)：表示 NAME 中的数据以字符串的方式存储，占用 8 个字符。

AGE int(2)：表示 AGE 中的数据以整型数的方式存储，占用 2 个字符。

创建后，使用"show tables;"命令查看是否创建了数据表"ly"，界面如图 3-7-4 所示。

```
mysql> create table ly(ID int(2) primary key,NAME char(8), AGE int(2));
Query OK, 0 rows affected (0.05 sec)

mysql> show tables;
+-----------------+
| Tables_in_lanyu |
+-----------------+
| ly              |
+-----------------+
1 row in set (0.01 sec)
```

图 3-7-4　创建数据表"ly"

查看数据表"ly"的完整结构，可以使用"describe 表名"命令。命令如下：

mysql> describe ly;

效果如图 3-7-5 所示。

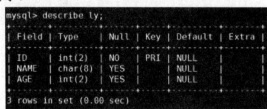

```
mysql> describe ly;
+-------+---------+------+-----+---------+-------+
| Field | Type    | Null | Key | Default | Extra |
+-------+---------+------+-----+---------+-------+
| ID    | int(2)  | NO   | PRI | NULL    |       |
| NAME  | char(8) | YES  |     | NULL    |       |
| AGE   | int(2)  | YES  |     | NULL    |       |
+-------+---------+------+-----+---------+-------+
3 rows in set (0.00 sec)
```

图 3-7-5　查看数据表"ly"的完整结构

4) 数据表的基本操作

① 添加数据。

通过 insert 命令给数据表增加一条记录。insert 命令格式如下：

insert into 表名 values('值 1'，'值 2'，'值 3'，……)

给数据表"ly"增加总经理的相关记录，命令如下：

　　mysql> insert into ly values('1', 'Manager', '40');

效果如图 3-7-6 所示。

添加后，通过 select 命令查询相关信息。select 命令的格式如下：

　　select * from 表名 where 字段 = '值'

如查询添加的总经理的信息，命令如下：

　　mysql> select * from ly where NAME = 'Manager';

效果如图 3-7-6 所示。

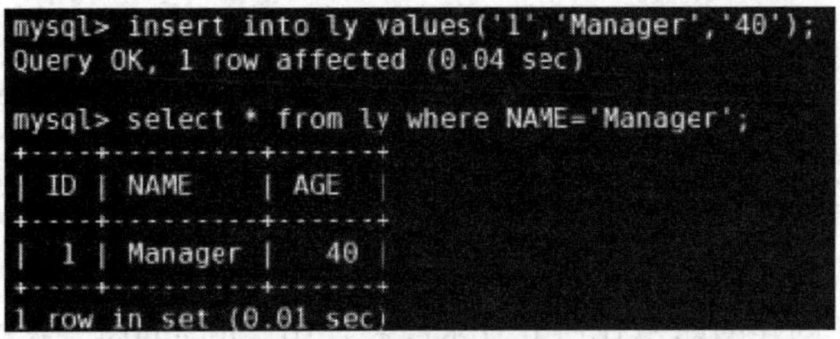

```
mysql> insert into ly values('1','Manager','40');
Query OK, 1 row affected (0.04 sec)

mysql> select * from ly where NAME='Manager';
+----+---------+------+
| ID | NAME    | AGE  |
+----+---------+------+
|  1 | Manager |   40 |
+----+---------+------+
1 row in set (0.01 sec)
```

图 3-7-6　添加并查看信息

若需要显示表中所有的数据，使用命令如下：

　　mysql> select * from ly;

② 修改数据。

若发现总经理的年龄错误，需要修改，可以通过 update 命令修改。update 命令的格式如下：

　　update 表名 set 修改项 = '修改值' where 条件项 = '值'

修改总经理年龄的命令如下：

　　mysql> select * from ly where NAME = 'Manager';

效果如图 3-7-7 所示。

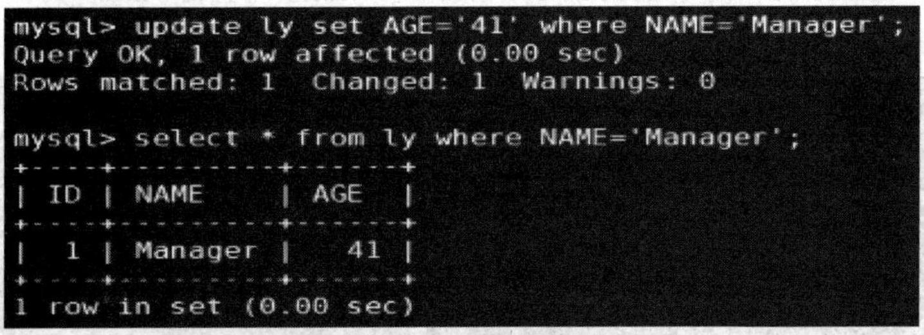

```
mysql> update ly set AGE='41' where NAME='Manager';
Query OK, 1 row affected (0.00 sec)
Rows matched: 1  Changed: 1  Warnings: 0

mysql> select * from ly where NAME='Manager';
+----+---------+------+
| ID | NAME    | AGE  |
+----+---------+------+
|  1 | Manager |   41 |
+----+---------+------+
1 row in set (0.00 sec)
```

图 3-7-7　修改信息

③ 删除数据表。

若需删除某个数据表，可以使用 drop 命令。drop 命令的格式如下：

　　drop table 表名

删除数据表"ly"，命令如下：

　　mysql> drop table ly;

完成 mysqld 服务基础配置后，设置 MySQL 服务器防火墙规则，确保其与外界正常通信。通过 netstat 命令查询 mysqld 服务使用 TCP 的 3306 号端口，只需将改端口开放即可。

3. 数据库账号配置

1) 创建数据库账号

MySQL 账号
配置讲解

因 MySQL 数据库默认只有一个账号"root",且具备完全控制权限。为了确保数据库的安全,应该为办公系统管理人员创建一个新的数据库用户账号"lyadmin",且只能远程连接并管理数据库"lanyu"。

在 MySQL 数据库中用 grant 命令创建数据库用户账号并赋予其管理权限,grant 命令的格式如下:

grant 权限 on 数据库.* to 用户名@登录主机 identified by '密码'

命令中的相关选项解释如下:

权限:指数据库的管理权限,包括:select、insert、update、create 和 drop 等。若使用"all"表示所有权限。

数据库:需要指定被管理的数据库名称。若使用"*"表示所有数据库。

用户名:需要创建的数据库用户账号。

登录主机:允许创建的账号在何处登录。若使用"localhost"表示只允许账号在本机登录数据库;若使用"%"表示允许账号在除本机之外的其他计算机上远程登录数据库;若使用"IP 地址"表示创建的账号在指定的计算机上登录数据库。

根据任务要求,创建数据库用户账号"lyadmin",命令如下:

　　　mysql> grant all on lanyu.* to lyadmin@ '%' identified by '123456';

　　　mysql>flush privileges;　　　　　　　//刷新系统权限表,确保创建成功

2) 查询已有的数据库账号

所有已创建的数据库账号均保存在数据库"mysql"中,查询、修改数据库账号均必须在数据库"mysql"中完成。通过 select 命令查询已有账号及其登录位置,命令如下:

　　　mysql> use mysql　　　　　　　　　//进入数据库"mysql"

　　　mysql> select host,user from user; //在数据表"user"中查询"host"列和"user"列的信息

效果如图 3-7-8 所示。

```
mysql> use mysql 进入数据库"mysql"
Reading table information for completion of table and column names
You can turn off this feature to get a quicker startup with -A

Database changed
mysql> select host,user from user;
+-----------+-----------+
| host      | user      |
+-----------+-----------+
| %         | lyadmin   | 账号"lyadmin"只能在非本机的其他计算机上登录
| 127.0.0.1 | root      | 账号"root"只能在本机登录
| 192.168.0.6 | lyadmin1 | 账号"lyadmin1"只能在IP地址为192.168.0.6的计算机
| MySQL     |           | 上登录
| MySQL     | root      |
| localhost | root      |
| localhost | root      |
+-----------+-----------+
7 rows in set (0.00 sec)
```

图 3-7-8　查询已有账号

3) 修改账号信息

使用 update 命令可以修改账号信息。update 命令的格式如下:

update user set 修改项 = '修改值' where user = '账号'

如修改账号"lyadmin1"的登录主机为非本地的其他计算机，命令如下：

　　mysql> use mysql

　　mysql> update user set host = '%' where user = 'lyadmin1';

　　mysql>flush privileges;

4）删除账号

使用 drop 命令可以删除多余账号。drop 命令的格式如下：

drop user　账号@登录主机

如删除账号"lyadmin1"，命令如下：

　　mysql> drop user lyadmin1@'192.168.0.6';

5）重置账号"root"密码

若忘记账号"root"的密码，可以进入 MySQL 安全模式，修改账号"root"的密码。其步骤如下：

① 停止 mysqld 服务。

② 进入安全模式，命令如下：

　　[root@MySQL ~]# /usr/bin/mysqld_safe --skip-grant-table &

命令最后的"&"表示将此条命令放到后台处理。通常执行该命令后，进程会卡在此处，只需要按"Ctrl + C"组合键终止，真正的进程仍在后台执行。

③ 免密登录 MySQL 数据库，命令如下：

　　[root@MySQL ~]# mysql -u root

④ 登录后进入数据库"mysql"，执行 update 命令更新密码，命令如下：

　　mysql> update user set password = password('654321') where user = 'root';

⑤ 刷新系统权限表，确保修改成功，命令如下：

　　mysql>flush privileges;

修改完毕，保存后退出，然后再重启 mysqld 服务即可用新密码登录了。

子任务 3.7.2　MySQL 服务的基础安全配置

数据库中的数据对于办公系统来说相当重要，为了确保办公系统所使用的数据库"lanyu"中的数据安全，公司要求执行以下安全措施：

• 定期备份数据库，减少因数据被破坏导致的损失。

• 非授权用户禁止访问服务器中的数据库相关目录。

• 鉴于数据库的重要性，要求搭建主从架构，确保数据库的高可用性。

MySQL 服务的基础
安全配置讲解

1．备份/还原数据库

1）备份数据库

mysqldump 命令可以备份指定的数据库，其命令格式如下：

mysqldump -u root -p 密码　数据库名>存放路径/备份文件名.sql

注意：命令中的"-p"与"密码"之间没有空格；若未指定备份文件存放路径，则默认存储在 MySQL 数据库的目录"data"下。

如备份数据库"lanyu"到目录"/mnt/backup/"内，命令如下：

　　　　[root@MySQL /]# mkdir /mnt/backup　　　　　//创建存放备份文件的目录

　　　　[root@MySQL /]# mysqldump -u root -p654321 lanyu>/mnt/backup/lyback.sql

注意：若 mysqld 服务未开启，则无法进行备份。

2) 还原数据库

若数据库中的数据遭到破坏，可以通过还原已备份的数据库文件减少损失。还原数据库使用 mysql 命令，其格式如下：

mysql –u root –p 密码　还原数据库名称<存放路径/备份文件名.sql

注意：命令中的"-p"与"密码"之间没有空格。

如还原数据库"lanyu"，命令如下：

　　　　[root@MySQL /]# mysql -u root -p654321 lanyu</mnt/backup/lyback.sql

注意：若 mysqld 服务未开启，则无法进行还原。

2. 设置目录访问权限

为了安全起见，数据库文件所在的目录"/var/lib/mysql/"应不允许未经授权的用户访问。配置命令如下：

　　　　[root@MySQL ~]# chown mysql.mysql /var/lib/mysql/ -R　　//修改所有者和所属组

　　　　[root@MySQL ~]# chmod go-rwx /var/lib/mysql/ -R　　　　　//去掉同组及其他用户的读、

　　　　　　　　　　　　　　　　　　　　　　　　　　　　　　　　写和执行权限

3. 主从架构配置

根据任务要求，配置 MySQL 服务器主从架构，要求如下：

· 主 MySQL 服务器 IP 地址为 192.168.0.247，所有数据的更新在此完成。

· 从 MySQL 服务器 IP 地址为 192.168.0.246，从主服务器上获取数据。

1) 修改配置文件

① 修改主 MySQL 服务器上的配置文件。

打开 mysqld 服务的主配置文件/etc/my.cnf，在"[mysqld]"项内添加相关内容，如图 3-7-9 所示。

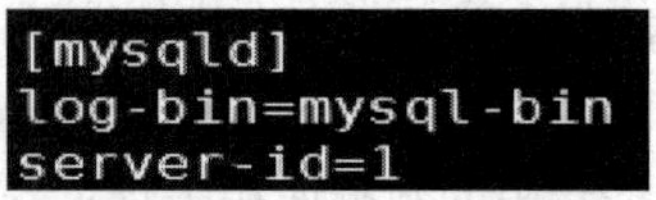

```
[mysqld]
log-bin=mysql-bin
server-id=1
```

图 3-7-9　配置主 MySQL 服务器配置文件"my.cnf"

图 3-7-9 中内容解释如下：

"log-bin = mysql-bin"：启用二进制日志。

"server-id = 1"：服务器唯一 ID，默认是 1。

② 修改从 MySQL 服务器上的配置文件。

以相同方式修改从 MySQL 服务器上的配置文件/etc/my.cnf，但将"server-id"设置为"2"。

修改主从 MySQL 服务器后，均重启 mysqld 服务。

2) 创建账户并授权

在主 MySQL 服务器上以账号“root”登录数据库，建立账户“lyslave”，允许该账户通过远程连接在从 MySQL 服务器上登录数据库并授权允许该账户复制数据。其命令如下：

mysql> grant replication slave on *.* to 'lyslave'@'192.168.0.246' identified by '123456';

创建账户并授权后，进入数据库“mysql”，查询主 MySQL 服务器状态，命令如下：

mysql> show master status;

结果如图 3-7-10 所示。

```
mysql> show master status;
+------------------+----------+--------------+------------------+
| File             | Position | Binlog_Do_DB | Binlog_Ignore_DB |
+------------------+----------+--------------+------------------+
| mysql-bin.000001 |      330 |              |                  |
+------------------+----------+--------------+------------------+
1 row in set (0.00 sec)
```

图 3-7-10　查询主 MySQL 服务器状态

从图 3-7-10 中可以看出，“File”项和“Position”项均有值。查询后，暂不对主 MySQL 服务器做任何操作。

3) 配置从 MySQL 服务器

在从 MySQL 服务器上以账号“root”登录数据库，指定主 MySQL 服务器的地址、用户以及密码等相关信息，命令如下：

mysql>change master to master_host = '192.168.0.247', master_user = 'lyslave', master_password='123456', master_log_file='mysql-bin.000001', master_log_pos=330;

命令中“master_log_file”项的值为主 MySQL 服务器上查询状态时所显示的“File”项的值；“master_log_pos”项的值为主 MySQL 服务器上查询状态时所显示的“Position”项的值，且不需加引号。

4) 执行同步并查询

在从 MySQL 服务器上指定主 MySQL 服务器的相关信息后，用命令“start slave;”开启同步，并用命令“show slave status\G”检查同步状态，效果如图 3-7-11 所示。

```
mysql> start slave; 开启同步
Query OK, 0 rows affected, 1 warning (0.00 sec)

mysql> show slave status\G 检查同步状态
*************************** 1. row ***************************
               Slave_IO_State: Waiting for master to send event
                  Master_Host: 192.168.0.247
                  Master_User: lyslave
                  Master_Port: 3306
                Connect_Retry: 60
              Master_Log_File: mysql-bin.000001
          Read_Master_Log_Pos: 330
               Relay_Log_File: mysqld-relay-bin.000002
                Relay_Log_Pos: 330
        Relay_Master_Log_File: mysql-bin.000001
             Slave_IO_Running: Yes 此处为“Yes”表示同步开启
            Slave_SQL_Running: Yes 此处为“Yes”表示Slave服务开启
              Replicate_Do_DB:
          Replicate_Ignore_DB:
           Replicate_Do_Table:
       Replicate_Ignore_Table:
```

图 3-7-11　查询从 MySQL 服务器同步状态

从图 3-7-11 中可以看出，"Slave_IO_Running"项和"Slave_SQL_Running"项的值均为"Yes"，表示同步运行正常。若两项中有一项的值为"No"，则表示同步未启动，配置有问题。

◇ **技能训练**

训练目的：

掌握中小型企业 MySQL 服务器的配置方法；

掌握主从 MySQL 服务器的配置方法。

训练内容：

依据任务 3.7 中数据库服务器的配置方法，对蓝雨公司的 MySQL 服务器进行配置。

技能训练 3-12

参考资源：

1. 中小企业 MySQL 服务器配置技能训练任务单；

2. 中小企业 MySQL 服务器配置技能训练任务书；

3. 中小企业 MySQL 服务器配置技能训练检查单；

4. 中小企业 MySQL 服务器配置技能训练考核表。

训练步骤：

1. 学生依据蓝雨公司的实际情况，分析公司对 MySQL 服务器的需求并制定方案。

2. 制定工作计划，进行 MySQL 服务器配置。

3. 形成蓝雨公司 MySQL 服务器配置报告。

任务 3.8　搭建服务器集群

【任务描述】

根据公司信息化基础服务群组建设的需求，了解 CentOS 6.5 中关于搭建服务器集群有关知识，掌握搭建服务器集群的方法。

【问题引导】

1. 什么是集群？
2. 什么是 HeartBeat？

【知识学习】

1. 集群

集群(Cluster)就是一组计算机，作为一个整体向用户提供一组网络资源。其中单个的计算机系统就是集群的节点(Node)。更详细地说，集群(一组协同工作的计算机)是充分利用计算资源的一个重要概念，因为它能够将工作负载从一个超载的系统(或节点)迁移到集群中的另一个系统上。其处理能力可与专用计算机(小型机、大型机)相比，但性价比高于专用计算机。

Cluster 集群技术可定义为：一组相互独立的服务器在网络中表现为单一的系统，并以单一系统的模式加以管理。这种单一系统为客户工作站提供高可靠性的服务。大多数模式下，集群中所有的计算机拥有一个共同的名称，所有的网络客户都可使用集群内任一系统上运行的服务。Cluster 必须协调管理各分离组件的错误和失败，并可透明地向 Cluster 中加入组件。一个 Cluster 包含多台拥有共享数据存储空间的服务器。任何一台服务器运行一个应用时，应用数据被存储在共享的数据空间内。每台服务器的操作系统和应用程序文件存储在各自的本地储存空间上。Cluster 内各节点服务器通过内部局域网相互通信。当一台节点服务器发生故障时，这台服务器上所运行的应用程序将被另一节点服务器自动接管。当一个应用服务发生故障时，应用服务将被重新启动或被另一台服务器接管。当任一节点故障发生时，客户都将能很快连接到新的应用服务上。

集群系统的主要优点如下：

高可扩展性：可以根据实际需求扩展集群中的节点。

高可用性 HA：集群中的一个节点失效，它的任务可传递给其他节点。可以有效防止单点失效。

高性能：集群允许系统同时接入更多的用户。

高性价比：可以采用廉价的符合工业标准的硬件构造高性能的系统。

根据集群系统的不同特征可以有多种分类方法，但是一般把集群系统分为三类：高可用性集群、负载均衡集群和性能计算集群。

1) 高可用性集群

高可用集群，简称 HA 集群。这类集群能提供高度可靠的服务，即利用集群系统的容错性对外提供 7×24 小时不间断的服务，如高可用的文件服务器、数据库服务等关键应用。

2) 负载均衡集群

负载均衡集群能让任务在集群中尽可能平均地分摊到不同的计算机进行处理，充分利用集群的处理能力，提高完成任务的效率。

3) 性能计算集群

性能计算集群，简称 HPC 集群，也称为科学计算集群。在这种集群上运行的是专门开发的并行应用程序，它可以把一个问题的数据分布到多台计算机上，利用这些计算机的共同资源来完成计算任务，从而解决单机不能胜任的工作(如问题规模太大，单机计算速度太慢等)。这类集群致力于提供单个计算机所不能提供的强大的计算能力，如天气预报、石油勘探与油藏模拟、分子模拟和生物计算等。

在实际应用中，一般只会使用高可用性集群和负载均衡集群。这两种集群经常混合使用，以提供更加高效稳定的服务，如在一个使用的网络流量负载均衡集群中，就会包含高可用的网络文件系统和高可用的网络服务。

2. 高可用性集群

高可用性集群有三种工作模式。

1) 主从模式

主机工作，从处于监控准备状况；当主机宕机时，从机接管主机的一切工作，待主机恢复正常后，按使用者的设定以自动或手动方式将服务切换到主机上运行，数据的一致性通过共享存储系统解决。

2) 双机双工模式

两台主机同时运行各自的服务工作且相互侦测，当任意一台主机宕机时，另一台主机立即接管它的一切工作，保证工作实时。应用服务系统的关键数据存放在共享存储系统中。

3) 集群工作模式

多台服务器一起工作，互为主从关系，当某台服务器发生故障时，运行在其上的服务就可以被某台从机接管。

高可用性集群的容错备援工作过程如下：

① 自动侦测(Auto-Detect)阶段：由主机上的监听程序通过冗余侦测线路自动侦测对方运行的情况，所检查的项目有主机硬件、主机网络、主机操作系统、数据库引擎及其他应用程序、主机与磁盘阵列连线。为确保侦测的正确性，防止错误的判断，可设定安全侦测时间，包括侦测时间间隔，侦测次数以调整安全系数，并且由主机的冗余通信连线，将所汇集的信息记录下来，以供维护参考。

② 自动切换(Auto-Switch)阶段：某一主机如果确认对方有故障，则正常主机除继续执行原来的任务外，还将依据各种容错备援模式接管预先设定的备援作业程序，并进行后续的程序及服务。

③ 自动恢复(Auto-Recovery)阶段：在正常主机代替故障主机工作后，故障主机可离线进行修复工作。在故障主机修复后，通过冗余通讯线与原正常主机连线，自动切换回修复完成的主机上。整个恢复过程由 EDI-HA 自动完成，亦可依据预先配置，选择恢复动作为半自动或不恢复。

3. Heartbeat

Heartbeat(心跳)项目是 Linux-HA 工程的一个组成部分，它实现了一个高可用集群系统。心跳服务和集群通信是高可用集群的两个关键组件，在 Heartbeat 项目里，由 Heartbeat 模块实现了这两个功能。

Heartbeat 可以从 Linux-HA 项目的 Web 站点免费获得，它提供了所有 HA(高可用性)系统所需要的基本功能，如启动和停止资源、监测群集中系统的可用性、在群集中的节点间转移共享 IP 地址的所有者等。它通过串行线、以太网接口或同时使用两者来监测特定服务(或多个服务)的运行状况。

Heartbeat 实现了 HA 功能中的核心功能——心跳，将 Heartbeat 软件同时安装在两台服务器上，用于监视系统的状态，协调主、从服务器的工作，维护系统的可用性。它能侦测服务器应用级系统软件、硬件发生的故障，及时地进行错误隔绝、恢复；通过系统监控、服务监控、IP 自动迁移等技术实现在整个应用中无单点故障，简单、经济地确保重要的服务持续高可用性。

Heartbeat 采用虚拟 IP 地址映射技术实现主从服务器的切换，实现对客户端透明。

1) Heartbeat 工作原理

Heartbeat 最核心的部分包括：心跳监测和资源接管。

心跳监测可以通过网络链路和串口进行，支持冗余链路，它们相互发送报文来告诉对方自己当前的状态。如果在指定的时间内未收到对方发送的报文，那么就认为对方失效，这时需启动资源接管模块来接管运行在对方主机上的资源或者服务。

2) HeartBeat 的心跳连接

要部署 Heartbeat 服务，至少需要两台计算机才能完成。下面是两台启用了 Heartbeat 服务的计算机通信的一些常用的可行方法：

* 利用串行电缆通过串口进行连接。这是首选方式，缺点是距离不能太远。
* 利用一根以太网电缆通过网卡直连。它是生产环境中常用的方式。
* 利用以太网电缆，通过交换机等网络设备连接。这是次选方式，因增加了故障点，所以不方便排查故障；同时，线路不是专用的心跳线，容易受其他数据传输的影响，导致心跳报文发送问题。

子任务 3.8.1 Heartbeat 服务的安装与配置

公司主网站是对外展示公司实力的窗口。为了避免因 Web 服务器宕机导致客户无法访问公司网站的情况，经信息部门讨论，决定增加一台 Web 服务器作为从服务器，与原有的 Web 服务器组成主从模式的 HA 集群。具体要求如下：

* 原有 Web 服务器的主机名为 master，其余各项基础配置和服务配置不变，现在增

加一块网卡，作为检测心跳的网卡，IP 地址为 192.168.3.2，子网掩码为 255.255.255.0，网关为 192.168.3.1。

• 新增从机的主机名为 slave，添加两块网卡，第一块网卡作为 Web 服务的传输通道，IP 地址为 192.168.0.201，子网掩码为 255.255.255.0，网关为 192.168.0.254，DNS 服务器 IP 地址为 192.168.0.253；第二块网卡作为检测心跳的网卡，IP 地址为 192.168.3.3，子网掩码为 255.255.255.0，网关为 192.168.3.1。

• 添加虚拟 IP 地址 192.168.0.202，一旦主服务器宕机，虚拟 IP 地址自动加载到备用服务器并使用该虚拟 IP 地址对外提供 Web 服务。

• 主服务器宕机后 1 分钟内，从服务器必须接管 Web 服务。

汇总后的 Web 服务器集群需求如表 3-8-1 所示。

表 3-8-1　Web 服务器集群要求

服务器类别	主机名	服务端 IP 地址	虚拟 IP 地址	心跳端 IP 地址	接管要求
主服务器	master	192.168.0.250	192.168.0.202	192.168.3.2	主服务器宕机后，从服务器必须在 1 分钟内接管
从服务器	slave	192.168.0.201		192.168.3.3	

1. 安装 Heartbeat 服务

按照要求配置主服务器、从服务器的基础设置，并在从服务器上安装 Apache 服务后，分别在两台服务器上安装 Heartbeat 服务。

要使用 Heartbeat 服务，必须安装以下软件包：

• epel-release-6-8.noarch

• heartbeat-3.0.4-2.el6.x86_64

• heartbeat-devel-3.0.4-2.el6.x86_64

• heartbeat-libs-3.0.4-2.el6.x86_64

HA 服务器集群配置讲解

因为 Centos 6.5 系统镜像包中没有 Heartbeat 相关软件包，所以必须先安装 epel-release-6-8.noarch 扩展源，然后通过该扩展源下载 Heartbeat 相关软件包。在整个安装过程中，服务器必须连接互联网。

首先通过 wget 命令从网上下载 epel 扩展源到当前目录，其下载地址为：

　　http://download.fedoraproject.org/pub/epel/6/x86_64/epel-release-6-8.noarch.rpm

下载命令为：

　　[root@master ~]# wget http://download.fedoraproject.org/pub/epel/6/i386/ epel-release-6-8.noarch.rpm

下载后，直接通过 rpm 命令安装。安装后，利用 yum 命令安装 Heartbeat 服务相关软件包，命令如下：

　　[root@master ~]# yum install -y heartbeat*

安装后，检查安装情况，命令如下：

　　[root@master ~]# rpm –aq heartbeat*

若显示 Heartbea 服务的 4 个软件，则表示安装成功。

2. 基础环境配置

1）修改主机名

在两台服务器上修改主机名并作主机名解析，以便在后续使用 Heartbeat 服务时辨别主、从服务器。

① 主服务器。

通过 vi 命令修改文件/etc/sysconfig/network，指定其"HOSTNAME"项的值为"master"。

通过 vi 命令修改文件/etc/hosts，内容如图 3-8-1 所示。

```
[root@master ~]# cat /etc/hosts
192.168.0.250 master
192.168.0.201 slave
```

图 3-8-1　设置主机名解析

② 从服务器。

通过 vi 命令修改文件/etc/sysconfig/network，指定其"HOSTNAME"项的值为"slave"。

通过 vi 命令修改文件/etc/hosts，内容与主服务器中的文件/etc/hosts 相同。

2）配置 Apache 服务器

① 主服务器。

修改 Apache 服务主配置文件中关于公司主网站的虚拟主机设置，增加一个虚拟主机，网站所使用的 IP 地址为虚拟 IP 地址 192.168.0.202，内容与主网站相同，具体如下：

> <VirtualHost 192.168.0.202:80>
>
> DocumentRoot /Web/index/
>
> ServerName www.lanyu.com
>
> DirectoryIndex index.html
>
> ErrorLog logs/www.lanyu.com-error_log
>
> CustomLog logs/www.lanyu.com-access_log common
>
> </VirtualHost>

② 从服务器。

为了方便测试，从服务器安装 Apache 服务后，在默认网站主目录"/var/www/html/"下创建一个主页文件 index.html，内容为"this is backup"。

3. Heartbeat 服务配置

安装 Heartbeat 服务相关软件后，主要配置三个文件：ha.cf、haresources 和 authkeys。这三个文件的作用如下：

ha.cf：主配置文件。该文件设置了 Heartbeat 服务的检验机制，如：心跳检测时间间隔、心跳信号传输对象等，但没有执行机制。

haresources：处理机制文件。该文件用来设置当主服务器出现问题时 Heartbeat 的执行机制。其内容是当主服务器宕机后，该怎样进行切换操作。切换内容通常有 IP 地址的切换、服务的切换、共享存储的切换，使从服务器具有和主服务器同样的 IP 地址、服务、共享存储等。在两个服务器上该文件的内容必须完全一致。

authkeys：认证密钥文件。该文件中有三种认证：crc、md5 和 sha1。这三种认证方式的使用原则如下：

➤ crc：若 Heartbeat 运行于安全网络之上，可以使用 crc。从资源的角度来看，此加密方式是代价最低的方法。

➤ md5：若 Heartbeat 运行的网络并不安全，但希望降低 CPU 使用，则使用此加密方式。

➤ sha1：若需要得到最好的认证方式，且不考虑 CPU 使用情况，则使用 sha1，因为此加密方式是最难破解的。

主从服务器上该文件的内容必须完全一致。

以上三个文件的模板均在目录"/usr/share/doc/heartbeat-3.0.4/"中。在两台服务器中，使用 cp 命令将这三个文件复制到目录"/etc/ha.d/"内。以主服务器为例，命令如下：

　　　　[root@master ~]# cp /usr/share/doc/heartbeat-3.0.4/ha.cf /etc/ha.d/

　　　　[root@master ~]# cp /usr/share/doc/heartbeat-3.0.4/ haresources /etc/ha.d/

　　　　[root@master ~]# cp /usr/share/doc/heartbeat-3.0.4/ authkeys /etc/ha.d/

1) 修改主配置文件

在两台服务器上分别配置 Heartbeat 服务的主配置文件 ha.cf。

① 主服务器。

通过 vi 命令打开主配置文件 ha.cf，修改关键内容如下：

启用 debugfile /var/log/ha-debug：指定 Heartbeat 服务的调试文件记录位置。如没有该目录，则需要手动添加。

启用 logfile /var/log/ha-log：指定 Heartbeat 服务的日志文件记录位置。如没有该目录，则需要手动添加。

启用 logfacility local0：日志服务为"local0"类型。

启用 keepalive 2：设定心跳监测时间间隔为 2 秒。

启用 deadtime 30：超出该时间间隔未收到对方服务器的心跳，则认为对方已经死亡。

启用 warntime 10：超出该时间间隔未收到对方节点的心跳，则发出警告并记录到日志中。

启用 initdead 120：在某些系统上，系统启动或重启之后需要经过一段时间网络才能正常工作，该选项用于解决这种情况产生的时间间隔。它的取值至少为"deadtime"的两倍。

启用 udpport 694：使用 UDP 的 694 号端口进行心跳监测(bcast 和 ucast 通信)，这是默认且固定的端口号。

启用 ucast eth1 192.168.3.3：采用网卡 eth1 的 UDP 单播来通知心跳。此处的 IP 地址为从服务器的心跳端 IP 地址。

启用 auto_failback on：Heartbeat 的两台主机分别为主服务器和从服务器。主服务器在正常情况下占用资源并运行所有的服务，遇到故障时把资源交给从服务器，并由从服务器运行服务。在该选项设为"on"的情况下，一旦主服务器恢复运行，则自动获取所有资源。

启用 node master：指定第一个节点(node)的名称。名称必须要与主服务器的主机名相同。因主服务器的主机名为 master，则此处为"node master"。

启用 node slave：指定第二个节点的名称，必须要与从服务器的主机名相同。

启用 ping 192.168.3.1：通过 ping 网关来监测网络是否正常。

以上关键项设置后，其余项保持默认设置，保存并退出。

② 从服务器。

通过 vi 命令打开主配置文件 ha.cf，除"ucast"项改为"eth1 192.168.3.2"之外，其余修改内容与主服务器的主配置文件相同。

2) 修改处理机制文件

文件 haresources 列出集群所提供的服务以及服务的默认所有者。在两台服务器上的文件 haresources 必须相同。集群所使用的虚拟 IP 地址是该文件中必须配置的，不能在该文件以外配置虚拟 IP 地址。文件 haresources 的配置语句格式为：

node-name network-config resource-group

配置语句解释如下：

· node-name：指定 HA 集群的主服务器，取值必须匹配文件 ha.cf 中"node 选项"主机名中的一个，而"node 选项"设置的另一个主机则自动成为从服务器。

· network-config：指定网络设置，包括指定集群的虚拟 IP 地址、子网掩码、广播地址等。

· resource-group：用于设置 Heartbeat 启动的服务，该服务最终由双机系统通过集群的虚拟 IP 地址对外提供。启动的服务可以有多个，中间用空格分隔。

① 主服务器。

通过 vi 命令打开主配置文件 haresources，添加以下内容：

master IPaddr::192.168.0.202/24/eth0 httpd

效果如图 3-8-2 所示。

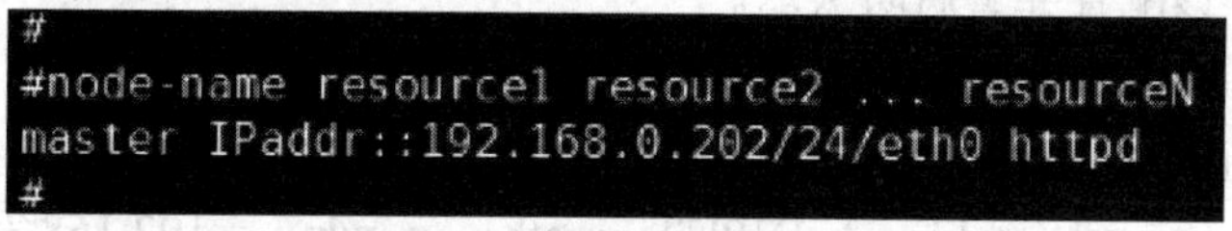

图 3-8-2 配置文件 haresources

此配置语句表示指定集群中的 master 作为主服务器，通过主服务器的网卡"eth0"对外提供 Web 服务，提供服务的虚拟 IP 地址为 192.168.0.202，子网掩码为 255.255.255.0。

此配置指定在 Heartbeat 服务启动时，主服务器 master 得到虚拟 IP 地址 192.168.0.202，并启动 Apache 服务。在停止时，Heartbeat 将首先停止 Apache 服务，然后释放虚拟 IP 地址 192.168.0.202。

② 从服务器。

通过 vi 命令打开主配置文件 haresources，添加内容与主服务器相同。

3) 修改认证密钥文件

因主从服务器是通过局域网连接，为了确保安全，需要启用 md5 认证方式。

① 主服务器。

通过 vi 命令修改认证密钥文件 authkeys，修改内容如下：

启用 auth 项：设置 auth 项的值为 3，指定使用 md5 认证方式。

启用"3 md5 Hello!"：启用 md5 认证方式。

效果如图 3-8-3 所示。

```
auth 3
#1 crc
#2 sha1 HI!
3 md5 Hello!
```

图 3-8-3   配置文件 authkeys

修改完毕保存、退出后，用 chmod 命令将该文件的权限改为"rw-------"，否则 Heartbeat
服务无法启动。修改命令如下：

    [root@master ~]# chmod 600 /etc/ha.d/authkeys

② 从服务器。

通过 vi 命令修改认证密钥文件 authkeys，修改内容、文件权限与主服务器相同。

4) 增加防火墙策略

因 Heartbeat 服务使用了 UDP 的 694 号端口，因此必须在主、从服务器中设置开放端
口的规则。

① 主服务器。

通过 iptables 命令添加防火墙规则，命令如下：

    [root@master ~]# iptables-A INPUT -i eth1 -p udp -s 192.168.3.3 --dport 694 -m
comment --comment "heartbeat-slave" -j ACCEPT

命令中，为了确保安全，应只针对从服务器的心跳端 IP 地址放行 UDP 的 694 号端口。

添加后，保存该配置并重启防火墙。

② 从服务器。

通过 iptables 命令添加防火墙规则，命令如下：

    [root@slave ~]# iptables-A INPUT -i eth1 -p udp -s 192.168.3.2 --dport 694 -m
comment --comment "heartbeat-master" -j ACCEPT

添加后，保存该配置并重启防火墙。

4. HA 集群测试

启动主、从服务器的 Heartbeat 服务。以主服务器为例，命令如下：

    [root@master ~]# service heartbeat start

命令输入后，会显示服务启动完成。查询服务状态，会显示已经在"master"上运行，
具体过程如图 3-8-4 所示。

```
[root@master ~]# service heartbeat start
Starting High-Availability services: INFO:  Resource is stopped
Done.

[root@master ~]# service heartbeat status
heartbeat OK [pid 3365 et al] is running on master [master]...
```

图 3-8-4   检查 Heartbeat 服务启动情况

一分钟左右，两台服务器上的 Apache 服务会被 Heartbeat 服务启动。注意：整个过程不需要手动启用 Apache 服务。

1）双机均正常的情况下查看虚拟 IP 地址

在主服务器中输入命令检查虚拟 IP 地址是否已启用，命令如下：

　　　　[root@master ~]# ip a

效果如图 3-8-5 所示。

```
[root@master ~]# ip a
1: lo: <LOOPBACK,UP,LOWER_UP> mtu 16436 qdisc noqueue state UNKNOWN
    link/loopback 00:00:00:00:00:00 brd 00:00:00:00:00:00
    inet 127.0.0.1/8 scope host lo
    inet6 ::1/128 scope host
       valid_lft forever preferred_lft forever
2: eth0: <BROADCAST,MULTICAST,UP,LOWER_UP> mtu 1500 qdisc pfifo_fast state UP qlen 1000
    link/ether 00:0c:29:db:57:15 brd ff:ff:ff:ff:ff:ff
    inet 192.168.0.248/24 brd 192.168.0.255 scope global eth0
    inet 192.168.0.202/24 brd 192.168.0.255 scope global secondary eth0 虚拟IP地址已启用
    inet6 fe80::20c:29ff:fedb:5715/64 scope link
       valid_lft forever preferred_lft forever
```

图 3-8-5　主服务器上的虚拟 IP 地址已启用

在从服务器中输入命令检查是否拥有虚拟 IP 地址，界面如图 3-8-6 所示。

```
[root@slave ~]# ip a
1: lo: <LOOPBACK,UP,LOWER_UP> mtu 16436 qdisc noqueue state UNKNOWN
    link/loopback 00:00:00:00:00:00 brd 00:00:00:00:00:00
    inet 127.0.0.1/8 scope host lo
    inet6 ::1/128 scope host
       valid_lft forever preferred_lft forever
2: eth0: <BROADCAST,MULTICAST,UP,LOWER_UP> mtu 1500 qdisc pfifo_fast state UP qlen 1000
    link/ether 00:0c:29:5c:f6:71 brd ff:ff:ff:ff:ff:ff
    inet 192.168.0.247/24 brd 192.168.0.255 scope global eth0
    inet6 fe80::20c:29ff:fe5c:f671/64 scope link
       valid_lft forever preferred_lft forever
```

图 3-8-6　检查从服务器是否拥有虚拟 IP 地址

2）从客户端验证网站

在客户端打开浏览器，输入主服务器的网站 IP 地址和虚拟 IP 地址，均显示相同网页内容，如图 3-8-7 所示。

在客户端浏览器地址栏中，输入从服务器的网站 IP 地址，显示效果如图 3-8-8 所示。

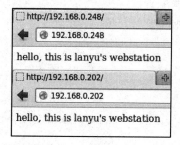

图 3-8-7　测试主服务器

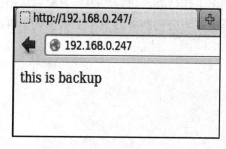

图 3-8-8　测试从服务器

3) 主服务器宕机情况测试

将主服务器关机，模拟宕机的情况。等待一分钟左右，在从服务器中输入命令检查虚拟 IP 地址是否转移，显示效果如图 3-8-9 所示。

```
[root@slave ~]# ip a
1: lo: <LOOPBACK,UP,LOWER_UP> mtu 16436 qdisc noqueue state UNKNOWN
    link/loopback 00:00:00:00:00:00 brd 00:00:00:00:00:00
    inet 127.0.0.1/8 scope host lo
    inet6 ::1/128 scope host
       valid_lft forever preferred_lft forever
2: eth0: <BROADCAST,MULTICAST,UP,LOWER_UP> mtu 1500 qdisc pfifo_fast state UP qlen 1000
    link/ether 00:0c:29:5c:f6:71 brd ff:ff:ff:ff:ff:ff
    inet 192.168.0.247/24 brd 192.168.0.255 scope global eth0
    inet 192.168.0.202/24 brd 192.168.0.255 scope global secondary eth0  虚拟IP已转移到备用服务器
    inet6 fe80::20c:29ff:fe5c:f671/64 scope link
       valid_lft forever preferred_lft forever
```

图 3-8-9　虚拟 IP 地址转移至从服务器

再次在客户端浏览器中输入网站地址 192.168.0.202，则显示从服务器的网站内容。

◇ 技能训练

测验习题

训练目的：

掌握中小型企业服务器 HA 主从模式集群配置的方法。

训练内容：

依据任务 3.8 中服务器 HA 主从模式集群的配置方法，对蓝雨公司的
Web 服务器 HA 主从模式集群进行配置。

参考资源：

1. 中小企业服务器 HA 主从模式配置集群技能训练任务单；

2. 中小企业服务器 HA 主从模式集群配置技能训练任务书；　　技能训练 3-13

3. 中小企业服务器 HA 主从模式集群配置技能训练检查单；

4. 中小企业服务器 HA 主从模式集群配置技能训练考核表。

训练步骤：

1. 学生依据蓝雨公司的实际需求，分析服务器 HA 主从模式集群的需求并制定方案。

2. 制定工作计划，进行服务器 HA 主从模式集群配置。

3. 形成蓝雨公司服务器 HA 主从模式集群配置报告。